천문대의 시간 천문학자의 하늘

천문대의 시간 천문학자의 하늘

초판 1쇄 발행일 2018년 6월 15일 **초판 2쇄 발행일** 2018년 10월 10일

지은이 전영범

펴낸이 박재환 | **편집** 유은재 김예지 | **관리** 조영란

펴낸곳 에코리브르 | **주소** 서울시 마포구 동교로 15길 34 3층(04003) | **전화** 702-2530 | **팩스** 702-2532

이메일 ecolivres@hanmail.net | **블로그** http://blog.naver.com/ecolivres

출판등록 2001년 5월 7일 제10-2147호

종이 세종페이퍼 | **인쇄 · 제본** 상지사 P&B

ISBN 978-89-6263-181-4 03440

책값은 뒤표지에 있습니다. 잘못된 책은 구입한 곳에서 바꿔드립니다.

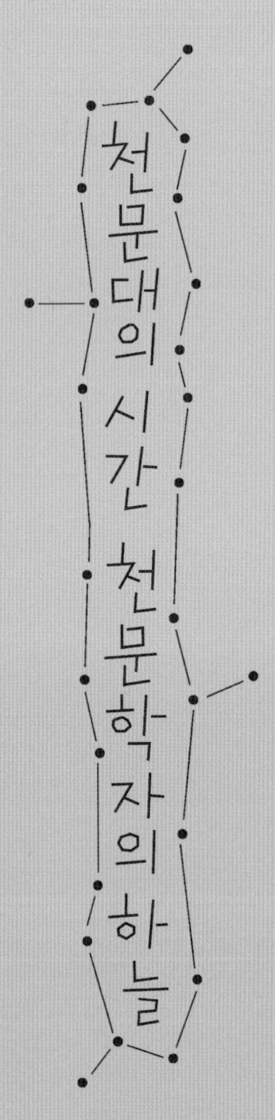

전영범 지음

에코리브르

아내 양희에게

책머리에

새벽 4시. 아직도 관측 중이다. 천문대의 긴 하루는 아침 해가 떠야 끝난다. 나는 1992년, 보현산천문대 건설이 시작되는 시점에 천체사진 관측 전문가로 합류했고 필요한 장비를 갖추는 일부터 시작했다. 사계절 풍경과 밤하늘을 보면서 보현산 꼭대기에서 생활한 지도 벌써 25년이다.

처음에 보현산천문대 1.8미터 광학망원경은 완전하지 않았다. 이상이 발생해서 관측을 도와주는 오퍼레이터가 1층 관측실에서 4층에 있는 망원경까지 많게는 하룻밤에 20번 이상 뛰어서 오르내렸다. 영하 15도 이하로 떨어지는 추위에 떨며 밤새 연구진이 망원경을 점검하곤 했다. 이후 제작사 측에서 정상적인 설치를 포기했고, 우리 손으로 망원경 운영 시스템을 모두 교체한 뒤 20여 년이 지난 지금까지 잘 사용하고 있다. 그래서 한국은행에서 1만 원권에 1.8미터 망원경을 넣고 싶다고 천문대를 찾아왔을 때, 나는 자신 있게 국내에서 가장 큰 '우리 망원경'이라는 이야기를 할 수 있었다.

도시를 조금만 벗어나도 볼 수 있었던 은하수의 화려한 모습과 초롱초롱한 별들을 기억한다. 이제는 도시의 밝은 불빛 때문에 보현산 천문대에서도 이러한 밤하늘 풍경을 보기 어렵게 되었다. 그래도 우리나라에서는 최적의 장소로 고른 곳이기에 종종 멋있는 은하수를 볼 기회가 있다. 자연의 경이로움에 감탄하지 않을 수 없다. 그럴 때면 괜히 카메라를 들고 나와 하늘 사진을 찍는다. 결국 천문학은 별을 봐야 제 맛이다.

과학자는 평생 연구만 하는 사람들일까? 내가 아는 제한적인 분야지만 천문학을 하는 많은 이들이 여러 방면에서 전문적으로 활동하고 있다. 과학사에 좋은 업적을 남기기도 하고, 다양한 스포츠 등의 취미 활동을 즐기기도 한다. 그 가운데 나는 사진을 찍어 기록으로 남기기를 좋아한다.

이 책은 천문학자의 연구에 대한 이야기이자 내가 좋아하는 사진 이야기다. 그리고 천문대에서 어떻게 관측이 이루어지는지 구체적으로 보여주고 싶었다. 우리나라가 25미터 거대 마젤란 망원경 건설에 참여하는 등 새로운 기회가 열리는 지금, 관심 있는 많은 이들에게 천문학을 구체적으로 소개하는 기회가 되었으면 한다.

천문학은 문자 그대로 하늘을 이야기하는 학문이다. 인류는 탄생 이래로 하늘을 바라보며 끊임없이 호기심을 키웠다. 천문학자로서 나는 "우리는 우주에 대한 근원적 의문에 과학으로 답한다"는 문구를 되새긴다. 소백산천문대에서 발전기를 손으로 돌려 전화를 연결하던 때부터 지금까지, 나는 늘 깨어 있는 연구자이기를 바라고 노력한다.

2018년 5월

전영범

차례

3 천체관측에서 천체사진까지

4 밤하늘 관측 여행

1
우주의 실험실

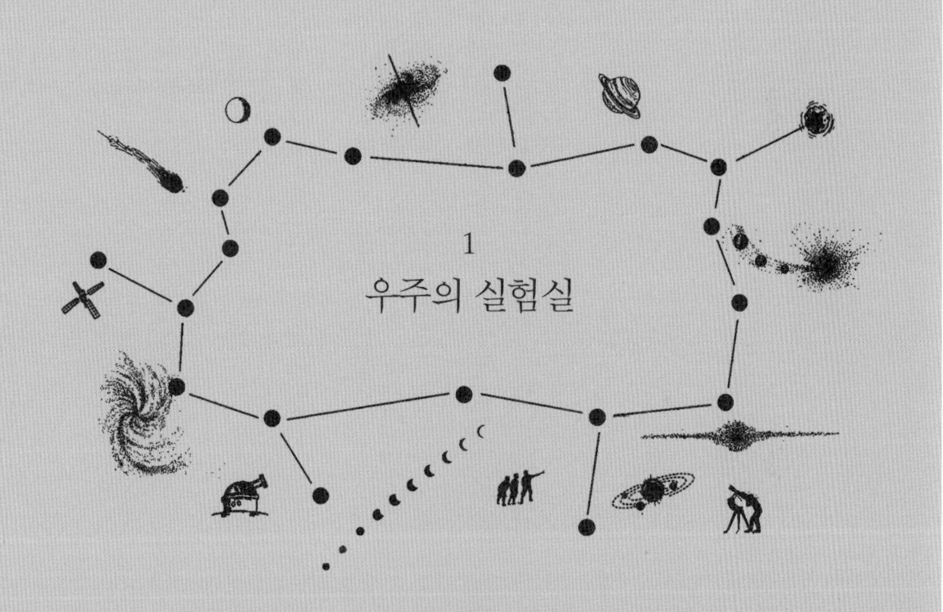

불빛과 천문대

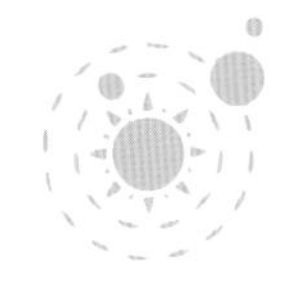

"별 좀 보여주세요!"

보현산천문대에서 25년을 지낸 지금도 가끔 생각나는 말이다. 1997년이었던가, 천문대가 문을 연 지 얼마 되지 않은 때였다. 소리가 나는 것 같아 문을 하나하나 열고 나가니(천문대에 있는 1.8미터 망원경 관측실까지는 문을 4개 열고 들어가야 한다) 아이들이 있는 한 가족이 기대에 찬 눈빛으로 "별 좀 보여주세요!"라고 했다. 그런데 나는 "천문대는 밤하늘을 관측하는 곳입니다. 여기까지 차로 올라오시면 전조등 때문에 관측에 심각한 영향을 받습니다. 어서 내려가세요" 하고 돌려보냈다.

약간은 무안을 주는 말투였던 듯싶다. 관측실로 돌아오는 순간 후회가 밀려왔다. 얼른 다시 나갔지만 그들은 이미 떠난 뒤였다. 아이를 데리고 구불구불한 산길을 한참 올라왔을 텐데 그 마음을 헤아리지 못했다. 돌아가는 부모의 마음도 마음이지만 아이들의 실망한 모습이 눈에 선했다. 당시에는 밤에 차로 올라와 별을 보여달라고 하는 경우가 한두 번이 아니어서 직원들 모두 예민했다. 보통 가능한 한 상황을 설명하고 돌려보냈지만 그날은 한참 관측하던 중이어서 순간적으로 짜증이 났다.

연구용 망원경에는 언제나 CCD(charge coupled device) 카메라 같은 관측 장비가 붙어 있어서 눈으로 별을 보기는 어렵다. 이는 어느 천문대나 마찬가지며 심지어 관측하는 천문학자들도 망원경을 통해 눈으로 별을 보는 일은 거의 없다. 예전에는 1년에 하루나 이틀, 일반인 대상으로 별 보기 행사를 할 때는 가능했는데 그럴 때면 천문대 직원들도 별 한번 보려고 자정을 넘기며 행사가 끝나기를 기다리곤 했다. 이제는 이러한 행사를 하지 않아 보현산천문대에서 1.8미터 망원경으로 별을 볼 수 있는 기회는 더 드물다. 천문대에 근무하지만 별은 볼 수 없다고 하니 재미있는 일이다.

1년에 한 번 하던 밤하늘 별 보기 행사는 하루에 6000명 이상이 찾아올 정도로 주목을 받았다. 당시 행사에 참가한 이들은 어려움을 각오해야 했다. 1100미터가 넘는 산 정상에 많은 차량이 한꺼번에 몰렸고 주차장에서 망원경 돔까지 어두운 밤길을 걸어서 올라야 했으며, 망원경까지 가기 위해 다시 돔 밖에서 길게는 2시간 넘게 줄을 서서 기다려야 했다. 산꼭대기라 바람도 많이 불고 추웠는데 행사의 특성상 어린이와 함께하는 가족 나들이가 많았기에 오랜 대기 시간은 가장 큰 어려움이었다.

그렇게 망원경까지 와서 별을 보는 시간은 일인당 10초에서 30초 남짓이었다. 게다가 하늘이 맑아야 별을 볼 수 있기 때문에 안개를 뚫고 올라와서 별은 보지 못하고 망원경만 구경하고 내려간 사람도 많았다. 그래도 큰 불만 없이 즐거워하던 관람객들에게는 지금까지도 고맙고 한편으로는 더 많은 시간을 함께 보낼 수 없어서 미안한 마음

이다. 지금은 산 아래 마을에 영천보현산천문과학관이 생겨서 매일 밤 별을 보여주고 있으며 전국적으로 천문과학관과 천문대가 생겼다. 보현산천문대에서 별 보기 행사를 하지 않지만 별을 볼 기회는 더 많아진 것이다. 그래서 조금은 편한 마음으로 행사를 멈추고 연구에 집중할 수 있게 되었다.

그림 1.1 보현산천문대 밤하늘 별 보기 행사. 산 아래부터 길게 차량의 불빛이 이어져 있다. 여러 대의 작은 망원경으로 별을 보기도 하고, 건물 안에서는 천체 관련 강연이 이루어졌다. 오른쪽 뒤의 불빛은 기상청의 면봉산 레이더 관측소다.

천문대가 찾는 사람이 적은 오지에, 그것도 높은 산 정상에 있는 이유는 도시의 불빛을 피하기 위해서다. 지금도 보현산천문대에는 가로등이 없어서 밤에 밖으로 나가려면 손전등이 필요하다. (대개 천문대에 관측을 가면 숙소 열쇠와 더불어 조그만 손전등을 준다.) 보현산천문대는 1996년 4월에 준공되었는데 그 무렵 1.8미터 망원경의 돔 건물을 배경으로 밤하늘 사진을 찍고 있으면 갑자기 돔이 훤해지기도 했다. 깜짝 놀라 주변을 살펴보면 아무것도 없지만 천문대로 올라오는 꾸불꾸불한 산길 저 아래 차량 불빛이 있었다. 돔에 비친 빛은 눈이 밤하늘에 완전히 익숙해진 뒤에나 보이는 밝기였지만 차량의 불빛은 생각보다 먼 곳까지 영향을 준다.

보현산천문대 1.8미터 망원경은 계산상으로는, 육안으로 볼 수 있는 한계 등급인 6등성 별보다 400만 배 이상 어두운 별까지 관측이 가능하다. 이 망원경으로 관측 가능한 한계 등급이 약 22.5등급이고 한 등급 차는 밝기 2.5배 차이여서 $2.5^{(22.5-6.0)}$=3680000으로 계산된다. 약 400만 배에 해당하는 셈이다. 눈으로 감지할 수 없는 극히 어두운 빛도 관측에 영향을 주니 하물며 돔까지 훤해지는 차량 불빛은 말할 필요가 없다. 관측 자료에 어느 정도 오차를 유발하는지 정량적으로 정밀하게 연구해보지는 않았지만 빛이 비치는 순간 분명히 영향을 줄 것이다.

천체망원경은 사진을 찍는 CCD 카메라 등 관측 기기에 주변 잡광이 직접 닿지 않도록 설계되어 있다. 그래서 차량 불빛이 사진에 직접 찍히지는 않지만 그 불빛은 밤하늘로 올라가고 망원경 앞쪽 대기에서 산란되어 망원경을 통해 관측 기기에 닿는다. 그러면 관측한 영상의 배경 하늘이 뿌옇게 밝아진다. 배경 하늘이 밝아지면 그만큼 어두운 천체의 관측이 어려워진다.

보현산천문대에서 보면 대구시의 불빛은 팔공산에 가려서 직접 보이지 않는다. 하지만 이 도시 불빛은 역시 하늘로 올라가며 그 방향의 하늘 전체를 밝게 만들기 때문에 팔공산이 대구의 불빛을 앞에서 가리든 안 가리든 관측에 영향을 크게 받을 수밖에 없다. 사실 훨씬 가까운 도시인 영천의 불빛보다 오히려 더 피해가 크다. 그런데 도시 불빛보다 더 큰 영향을 주는 것이 바로 차량 불빛이다. 도시 전체의 밝기는 차량 1대에 견주면 비교할 수 없이 밝지만 망원경 바로 옆에서 비추는 차량의 불빛은 망원경이 구조적으로 많이 차단하더라도 도시 전체의 밝기보다 더 영향을 줄 수 있다. 그래서 대부분의 관측자들은 야간 차량 출입에 아주 민감하다.

"별 좀 보여주세요!" 얼마나 기대에 찬 마음이었을까? 잊히지 않는 그날을 생각해 지금도 가능하면 별을 보고 싶어 하는 사람들에게 조금이라도 더 친절하려고 노력한다. 그렇게 찾아왔던 이들은 나에게는 그때가 마지막이었다. 이제 정문에 차단기를 설치해 별을 보여달라고 관측실 문을 두드리는 경우는 없다. 천문대라면 별을 보는 즐거움이 있어야 하는데 연구를 핑계로 모두가 나눌 기쁨이 줄어드는 것은 아닌지 모르겠다. 하지만 보현산천문대는 별을 보여주는 곳이 아니라 연구를 위해 존재하고 안전 문제도 있어 야간 출입을 통제하니 찾아오는 분들의 너른 이해를 구한다.

보현산천문대의 하루

천문대에 근무하면 늘 낮과 밤이 뒤바뀐 생활을 하거나 밤낮 구분 없이 일할 것 같지만 실제로는 정시 출근, 정시 퇴근이다. 하지만 일단 관측을 시작하면 낮과 밤이 뒤바뀐다. 천문학자들은 매년 상반기와 하반기에 관측 제안서를 제출하고 엄격한 심사를 거쳐서 관측 시간을 얻는데 전국의 광학천문학 관련 연구자가 대부분 지원하기 때문에 연간 길어야 1주에서 2주를 받는다. 즉, 기껏해야 1년에 2주쯤 밤을 새우는 셈이다.

물론 천문대에 근무하는 연구자는 다른 이유로 밤을 새우는 경우가 많다. 집이 멀어서 한 번 올라오면 하루나 이틀씩 산에 머무르기도 한다. 이럴 때 날씨가 좋으면 1.8미터 망원경이 아니어도 다른 작은 망원경이나 일반 카메라로 천체를 관측하기도 한다. 또한 기기 점검이나 관측자가 포기한 시간 등 우연히 찾아오는 관측 기회도 있다. 그리고 가끔은 관측 중에 발생하는 장비 이상 같은 돌발적인 문제에 대응하기도 한다.

1.8미터 망원경을 이용한 관측이 며칠씩 이어지면 일어나는 시간이 점점 늦어지고 늦잠을 자 점심도 놓치기 쉽다. 저녁은 서둘러 먹어야 한다. 잘못하면 하루 한 끼 식사로 끝날 수 있다. 그러다 보니 밤참 준비는 필수다. 가을과 겨울에는 날씨가 맑아서 이삼일만 연속적으로 관측하면 관측자나 오퍼레이터나 지쳐서 식사 중에 점점 말이 줄어든다. 저녁 식사를 마치고 지는 해를 보면서 돔으로 올라가면 돔은 이미 활짝 열려 있다. 매일 오퍼레이터가 일찍 올라와서 미리 점검하고 공기 순환을 위해 열어두기 때문이다. 오퍼레이터는 망원경과 장비를 책임지고 관측을 지원하는 역할을 한다. 그래서 관측자보다는 오퍼레이터가 훨씬 힘들고, 잠을 더 설친다.

플랫 보정이란

1층에 있는 관측실에 들어서면 분주하게 준비를 시작한다. 오퍼레이터는 4층 망원경실에 올라가서 장비 점검을 마무리하고, 다시 내려와서 망원경을 동쪽으로 보낸다. 그사이에 관측자는 플랫 영상을 얻을 준비에 들어가는데 하늘을 1장씩 찍으면서 적당히 어두워지기를 기다린다. 천문대의 일상적인 기후와 대기가 안정적이라면 플랫 영상을 얻는 과정은 잘 짜인 프로그램으로 자동 처리할 수도 있다. 그렇지만 대부분은 적당한 밝기에서 관측자가 감각적으로 판단해 노출하는데 각각의 플랫 영상 간에 거의 균질한 밝기가 나오도록 찍는다.

플랫 영상은 CCD 관측 영상을 보정하기 위한 것이다. CCD 카메라는 일반 디지털카메라처럼 많은 감광 소자를 가지고 있다. 이전에 사용하던 보현산천문대의 2k CCD 카메라는 2048화소×2048화소, 약

그림 1.2 보현산천문대의 관측 기기와 관측 영상.
위쪽에 있는 고분산분광기는 천체의 스펙트럼 영상을 얻어서 천체의 온도를 측정하거나 미세한 움직임을 찾아내는 장비다.
가운데의 CCD 카메라로는 눈으로 보는 천체 영상을 얻어서 밝기를 측정할 수 있다. 이 사진은 1.8미터 망원경의 관측 장비 교체 모습이며 모든 장비는 돔 천장에 있는 크레인을 이용해 움직인다.
아래쪽은 적외선카메라다. 가스 구름 속에 숨어 있는 천체의 연구에 유용하다. 배경 영상은 허블 우주망원경으로 찍은 오리온성운이고 적외선카메라를 이용하면 가스 구름에 묻혀 있는 별을 볼 수 있다.

400만 화소의 감광 소자가 있었다.

일반 디지털카메라보다는 훨씬 적지만 화소당 크기가 월등히 커서 CCD 센서 전체 크기는 약 50밀리미터×50밀리미터로, 35밀리미터 풀프레임보다 관측 면적이 3배 정도 더 넓었다. 하지만 망원경의 초점거리가 14400밀리미터로 길어서 관측 시야는 11.6분각×11.6분각이었다. 이것은 한 변이 1도각의 5분의 1배도 안 되는 관측 시야다. 현재의 4k CCD 카메라는 조금 더 커져서 1600만 화소에 14.5분각×

14.5분각이 되었다. 전체 면적은 약 60밀리미터×60밀리미터로, 35밀리미터 풀프레임의 약 4.2배로 늘었다. 화소당 크기가 2k CCD 카메라보다 작아서 화소 수는 4배지만 면적은 1.5배 정도 늘었다. 그런데 이러한 1600만 화소 하나하나는 특성이 모두 다르다. 거기에 더해 필터나 CCD 표면에 묻은 먼지 때문에 도넛 모양의 얼룩이 생기기도 하고 망원경 자체의 특성으로 주변부가 어두워지기도 한다. 이를 한꺼번에 해결할 수 있는 방법이 플랫 보정이다.

방법은 아주 간단하다. 망원경을 통해 균질한 빛을 CCD 면에 쪼이면 즉 적당한 밝기의 균질한 광원을 찍으면 발생할 수 있는 여러 가지 문제가 CCD 영상에 모두 나타난다. 그리고 그 영상으로 실제 관측한 영상을 나누어주면 밝은 부분은 어두워지고 어두운 부분은 밝아져서 모든 화소가 같은 조건으로 보정된다. 이때 중요한 요소는 균질하면서 적당한 밝기의 광원이다. 천문대에서는 일몰 후 또는 일출 전에 하늘이 적당한 밝기가 되었을 때 태양의 반대편 하늘을 찍어서 플랫 영상을 얻는다.

적당한 하늘 밝기가 지속되는 시간은 20여 분뿐이다. 이 짧은 동안 필요한 플랫 영상을 얻어야 한다. 관측에 사용하는 필터별로 각각 3장 이상을 얻어야 하고 보통 2개 이상의 필터를 사용하기 때문에 생각보다 시간이 넉넉하지 않다. 무엇보다 CCD 카메라는 일반 디지털카메라와 달리 CCD에 찍힌 영상을 모두 읽어내는 데 시간이 걸린다. 경우에 따라서는 1분에서 4분 이상 필요하다. 사진 1장을 찍고 1분에서 4분을 기다려야 다음 장을 찍을 수 있는 것이다. 그래서 더더욱 시간이 부족하다.

플랫 영상을 찍을 때 중요한 점 가운데 하나는 필터별로 각 영상을 만들 때 망원경을 조금씩 움직여서 찍어야 하는 것이다. 이렇게 하면 균질한 하늘을 찍을 때 같이 찍혀서 나타나는 별을 모두 제거할 수 있다. 3장 이상의 플랫 영상을 합치면 각각의 영상에 나타난 별을 모두 제거한 균질한 플랫 영상을 만들 수 있다. 별이 너무 많아서 3장을 합성해도 잘 안 없어지면 4장 이상, 더 많은 플랫 영상을 얻어야 한다.

시간이 흘러 하늘이 어두워지면 CCD 화면에는 별만 밝게 나타난다. 노출을 아무리 길게 주어도 더 이상 하늘 밝기가 밝아지지 않는다. 그러면 플랫을 찍을 수 있는 시간이 끝난다. 플랫 영상을 찍을 때는 1장이라도 잃어버리지 않도록 잔뜩 긴장한다. 경우에 따라서는 돔 안에 인공 광원을 만들어서 플랫 영상을 얻는 데 사용하기도 한다. 보현산천문대에서는 초창기에 시험용으로 만들어서 써본 적이 있지만 실제 관측에 적용한 적은 없다.

렌즈 교환이 되는 디지털카메라로 사진을 찍어본 사람은 종종 영상 속에 나타나는 먼지 무늬 때문에 신경을 썼을 것이다. 한두 개면 포토샵 같은 프로그램으로 간단히 지울 수 있지만 개수가 많아지면 골치 아픈 일이 된다. 일반 디지털카메라로 찍은 영상도 플랫 영상을 얻어서 보정하면 먼지로 인한 많은 얼룩을 쉽게 제거할 수 있다. 대부분 전문적인 천체사진가라면 필요한 경우 이러한 보정을 한다.

암잡음 보정하기

디지털카메라는 천체사진을 찍을 때처럼 장시간 노출할 경우 플랫 보정에 더해 열 때문에 발생하는 암잡음 보정을 먼저 해야 한다. CCD

카메라 같은 디지털 관측 장비는 자체적으로 전기적 암잡음이 발생하는데, 영하 100도 이하로 냉각하면 이런 암잡음이 거의 발생하지 않는다. 암잡음은 CCD의 온도, 즉 열 때문에 발생해서 열잡음이라고도 한다. 보현산천문대 1.8미터 망원경의 CCD 카메라는 영하 100도 이하로 냉각하기에 암잡음이 거의 발생하지 않는다.

지금은 냉매 순환 방식이지만 과거의 2k CCD 카메라는 액체질소를 주입해서 온도를 낮추었다. 액체질소는 영하 190도 이하로 냉각하기 때문에 오히려 온도를 높여야 할 정도다. CCD 카메라에 액체질소를 주입하면 보통 하룻밤 관측을 버티고 다 날아가버린다. 그래서 매일 새로 공급해야 하는데 오퍼레이터의 큰 임무가 액체질소 채우는 것이었다. 만약 도움을 받지 못하면 관측자가 직접 채워야 한다. 1.8미터 망원경의 새로운 4k CCD 카메라는 액체질소가 필요 없지만 여전히 다른 관측 장비인 고분산분광기의 CCD 카메라에 액체질소가 쓰인다. 그래서 도로가 어는 겨울이면 가끔씩 액체질소를 공급하기 위해 산 아래까지 내려가서 직접 싣고 올라온다.

상용되는 전기 냉각 방식의 CCD 카메라는 보통 영하 20~30도로 냉각하는데 이 경우에는 사용하는 온도에 따른 암잡음이 발생한다. 하지만 일정한 온도를 유지해 관측한다면 별도의 암잡음 보정 영상을 얻어서 어렵지 않게 해결할 수 있다. 보통 디지털카메라는 사용하는 노출 시간이 짧아서 이 암잡음을 무시한다. 최근의 좋은 디지털카메라는 길게 노출한 뒤 곧바로 자동으로 보정 영상을 얻어서 암잡음을 바로잡는 기능을 가진 것도 있다.

천체사진가들은 디지털카메라로 천체사진을 많이 찍는데 종종 30초 이상 긴 노출을 사용하기 때문에 암잡음이 문제가 될 수 있다.

그래서 별도로 암잡음 보정을 해주는 경우가 많다. 일반 디지털카메라도 냉각 장치가 있으면 암잡음을 줄일 수 있어서 좋지만 전기 소모량이 크기 때문에 현실적으로 적용하기 어렵다. (디지털카메라는 대부분 CMOS 칩을 사용한다. CMOS는 전력 소모량이 적고 영상을 빨리 읽어내는 데 이점이 있다.) 따라서 CCD 화소의 암잡음이 적은 제품을 끊임없이 개발하고 있다. 일부 전문적인 천체사진가는 디지털카메라를 개조해 냉각 장치를 부착한다. 이 경우에는 배터리의 용량이 문제가 되니 외부 전원을 사용하기도 한다.

시상 좋은 날

플랫 영상을 얻고 나면 다소 여유가 생긴다. 아직 하늘이 충분히 어두워지기 전이니 커피도 한잔하고 농담도 주고받는다. 망원경을 관측 대상으로 옮겨 초점을 맞추고 별상의 크기를 조사해 그날의 관측 여건을 파악한다. 시상은 대기를 통과한 별빛이 흔들려서 퍼져 보이는 정도를 나타낸다. 시상이 좋다는 것은 별이 작게 보이고 주변 별과 분해가 잘됨을 뜻한다. 별이 밀집된 영역을 주로 연구하는 나 같은 연구자는 언제나 시상 좋은 날을 간절히 기대한다.

보현산천문대에서 얻을 수 있는 가장 좋은 시상은 1초각 정도다. 딱 한 번 0.7초각이 채 안 되는 시상을 얻은 기록이 있는데 노출 후 화면에 띄운 영상에서 별이 안 보여서 CCD 카메라에 문제가 생긴 줄 알고 놀란 기억이 생생하다. 별상이 워낙 작았기 때문인데 화면의 상을 크게 확대해서 별을 확인할 수 있었다. 세계적으로 좋은 천문대는 보통 0.5초각 이하의 시상을 가지고 있다. 0.5초각보다 작은 시상은

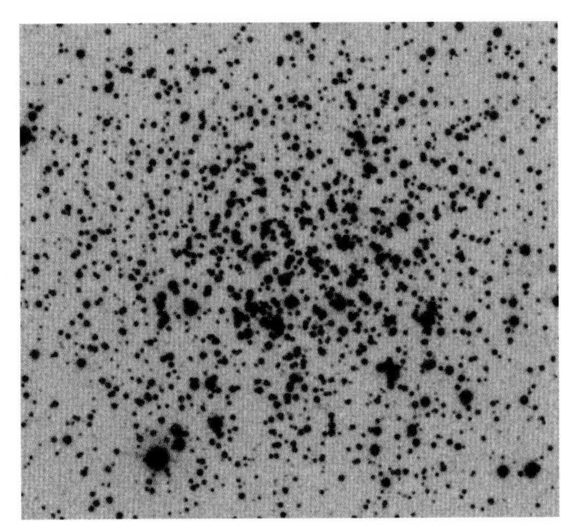

1초 시상

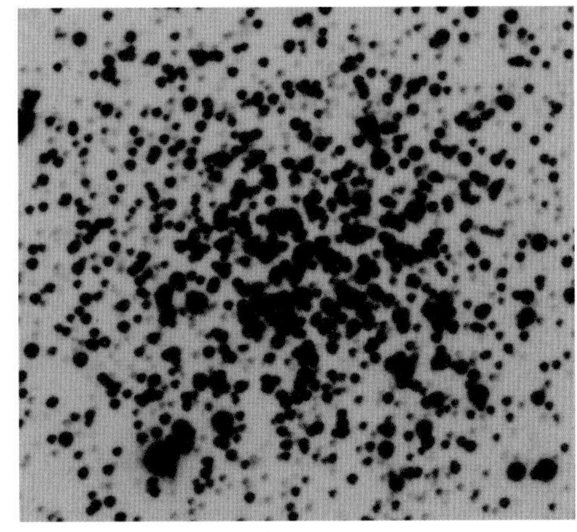

2.5초 시상

그림 1.3 같은 대상(구상성단 NGC 5466)을 1초 시상과 2.5초 시상으로 찍은 사진이다. 시상이 안 좋으면 별이 커지고 주변 별과 분해가 잘 안 된다. 그래서 찾아낸 별의 개수도 적어진다.

생각만으로도 즐겁지만 아직 경험해보지 못했다. 대기의 영향을 받지 않는 허블 우주망원경의 시상은 0.05초각이라고 하니 그 정밀도는 상상하기 어렵다.

초점을 맞추고 나서 하늘이 충분히 어두워지면 본격적인 관측을 시작하는데 이제부터는 지루함과의 싸움이다. 연구 주제에 따라서 밤새 정신없이 천체를 찾아다녀야 하는 경우도 있고 한두 대상을 밤새 반복해서 관측하기도 한다. 내가 주로 하는 변광성 연구는 같은 대상을 반복해서 보는 '지루한' 관측이다. 하지만 관측 중에 시상이 바뀌거나 초점이 변하거나 날씨가 달라지면 좀 복잡해진다. 노출 시간을 늘리기도 하고 초점을 다시 맞추기도 하며 경우에 따라서는 아예 관측 대상을 바꾸기도 하고 극단적일 때는 포기하기도 한다. 상황을 잘 살펴서 조금이라도 더 좋은 영상을 1장이라도 더 많이 얻으려고 노력한다.

새벽 4시. 밤참은 이미 오래전에 먹었고 여전히 관측 중이며 관측자에게는 가장 힘든 시간이다. 이 시간쯤 되면 간혹 오퍼레이터도 관

그림 1.4 보현산천문대에 해가 진 뒤. 겨울밤의 긴 하루를 예상하는 맑은 하늘이다.

측자도 깜박깜박 조는데 아직까지 동시에 졸아서 문제가 생긴 적은 없다. 새벽 천문박명 시간이 지나면 관측을 끝낼 준비를 한다. 관측한 CCD 영상의 배경 하늘이 밝아지기 시작하면 관측을 멈출 때다.

많은 사람이 생각하는 박명 시간은 시민박명이며 관측자는 천문박명을 기준으로 한다. 천문박명은 하늘이 완전히 어두워져서 천체 관측에 지장이 없는 시간으로, 태양이 지평선 아래로 12도 또는 18도 이하로 내려간 시점을 기준으로 하며 천문학자들은 보통 중간 값인 15도를 사용한다. 실제 관측은 하늘이 다소 밝아져도 포기하지 않고 계속하는데 대략 저녁에는 천문박명 30분 전, 새벽에는 30분 뒤까지 한다. 새벽 플랫을 찍을 시점이 되면 망원경을 태양의 반대쪽인 서쪽 하늘, 약 60도의 고도로 보낸다. 저녁 플랫 찍을 때와 같은 방법으로

플랫 영상을 얻고 나면 관측이 종료된다.

오퍼레이터가 돔의 슬릿을 닫고 망원경을 정리하면 관측자는 CCD 카메라의 영점 보정 영상을 찍기 위한 준비를 하고 10장 이상의 연속 노출을 한다. 영점 보정은 CCD 카메라로 관측한 영상을 가장 먼저 보정해주는 것으로 CCD 카메라가 가진 기준점을 맞추는 과정이다. 즉 영점 영상 10여 장을 얻어서 평균을 만들고 관측 영상에서 평균 영상을 빼주는 과정이다.

관측을 마치면 아침 해를 보면서 숙소로 내려온다. 가끔은 아침을 먹고 자기도 하지만 보통은 숙소에 들어가서 드러눕기 바쁘다. 여름에는 밤이 짧아서 제법 여유가 있지만 겨울이면 잠을 잘 시간이 턱없이 부족하다. 겨울에는 밤이 길어서 하루에 거의 14시간을 관측실에

그림 1.5 일주운동(3시간 45분). 1.8미터 망원경 돔 위에 북극성이 보이며 오후 6시 30분~10시, 이 시간대에는 많은 비행기가 북극성 주위를 지나간다.

서 보낸다. 1일 8시간 근무는 관측자와 오퍼레이터에게는 전혀 해당되지 않는 조건인 셈이다. 일주일 동안 관측을 할 때 가장 싫어하는 경우는 일주일 내내 날씨가 안 좋아서 관측을 못한 경우다. 그런데 또 겨울에 내내 맑아버리면 그야말로 초주검이다. 나는 이럴 때를 농담 삼아 두 번째 운이 없는 경우로 친다. 하지만 기분은 좋다. 원하는 자료를 충분히 얻을 수 있을 테니까. 관측은 이렇게 흘러간다.

그렇다면 연구자가 아닌 다른 사람들은 뭘 할까? 관측 일정에 맞추어서 장비를 교체하고, CCD 카메라 등의 냉각을 위한 액체질소를 챙기고, 청소도 하고, 관측자와 직원들을 위한 식사도 준비하고, 산꼭대기까지 오지 않는 우편물도 직접 가서 챙겨 온다. 겨울에는 도로 위의 눈도 치워야 하고, 여름이면 모두 모여서 짧게는 2주, 길게는 2개월 동안 망원경 정비 작업을 한다. 언제부터인가 망원경 정비 때문에 여름휴가를 제대로 간 적이 없다. 하지만 시원한 산 정상을 떠나기 싫기도 해서 달리 불만은 없다.

관측 장비가 노후되면 유지 보수와 더불어 새로운 장비로 대체할 고민도 병행해야 하며 이럴 때면 본원 기술 지원은 필수적이다. 천문대에서는 조용한 가운데 끊임없이 일이 진행된다. 어떨 때는 절보다 더 고요하지만 보이지 않는 모두가 자신이 맡은 일에 몰두한다.

가끔은 퇴근하는데 남아 있는 사람들이 "잘 다녀오세요" 한다. 뭔가 어색하다. 난 집에 가는데 다녀오라니. 정작 집에서는 "언제 와?" 한다. 퇴근길에 엘리베이터에서 만난 이웃이 "산에 다녀오십니까?" 하고 알은척을 한다. 나는 "네" 대답했다. 그런데 어떻게 이분이 내가 산에 근무하는 것을 알았을까. 혼자 웃고 말았다. 거울에 비친 내 복장을 보니 등산하고 온 모습이었다. 배낭 비슷한 가방에 겨울 방한복, 등산화는 아니지만 비슷한 신발이다. 그리고 정말 산에 다녀왔다. 집이 다른 도시에 있는 직원은 주중에는 내내 천문대에 머문다. 그러다 보면 집이 천문대고, 집에는 다녀오는 셈이다.

날씨와 천문학자

언제부턴가 밖으로 나오면 먼저 하늘부터 올려다보는 버릇이 생겼다. 처음에는 별다른 생각 없이 밤하늘이 좋아서 보았다. 천문학을 시작하고 나서는 밤하늘이 맑으면 좋은 날씨에 관측을 안 하고 노는 게 안타까웠고 비라도 오면 즐겁게 노는 날 하필 비가 오느냐고 투덜댔으니 어느 쪽이 본심이었을까?

도심의 밤하늘에서는 별이 수백 개 이상 반짝이는 모습은 보기 어렵다. 밝은 곳에서는 수십 개도 찾을 수 없을 것이다. 그럼에도 하늘을 올려다본다. 별들의 반짝임이 적으면 대기가 안정되었다는 뜻이기에 좋은 관측이 기대되고, 아무리 맑아도 별이 유난히 초롱초롱하면 흔들려서 시상이 나쁘기 때문에 좋은 관측이 어렵다. 또한 달이 밝아도 관측이 어렵다. 문득 밤하늘을 보는 순간 여러 가지 생각이 스쳐 지나간다. 하늘을 올려다보고 좋아만 해도 충분할 텐데 있는 그대로 즐기지 못한다.

다른 나라의 천문대에 관측 갈 때는 물론이고 외국에서 열리는 천

그림 1.6 보현산천문대의 여름 은하수. 이제는 도시의 밝은 불빛 때문에 기억 속 화려한 모습은 보기 어렵다.

문학회에 참가할 때도 혹시나 하는 마음에 항상 밤하늘을 찍을 수 있는 카메라 장비를 챙긴다. 짐의 절반 이상이 삼각대를 포함한 카메라 장비이며 가끔 무게가 많이 나가면 옷을 한 벌 빼지언정 카메라 렌즈는 1개 더 챙긴다. 어쩌면 나한테만 해당하겠지만, 직업병일까 싶다. 처음에는 별을 보는 것이 좋았고 사진을 배우면서부터는 기록으로 남기는 것을 좋아했다. 천문학을 하면서는 맑은 밤하늘을 흘려버리는 것을 아쉬워한다. 밤하늘의 별을 보고 유성이 떨어지는 모습에 감탄하기만 해도 좋은 것을.

천문학자는 (이것도 나한테만 해당할지 모르지만) 망원경을 직접 손으로 조작해 별 찾는 것을 귀찮아한다. 어렵기도 하지만 평소 관측할 때는 좌표만 입력하면 망원경이 자동으로 별을 찾아가기 때문이다. 그래서 밤하늘 별자리를 잘 모르고, 손으로 망원경을 움직여서 원하는 천체를 찾는 것은 나에게 힘든 일이다. 그래도 웬만한 사람이면 아는 여름의 백조자리, 독수리자리, 거문고자리, 전갈자리, 겨울의 오리온자리, 큰개자리, 작은개자리, 쌍둥이자리, 마차부자리, 언제나 볼 수 있는 북두칠성 그리고 무엇보다 북극성은 잘 알고 있다.

요즘은 남반구의 남십자성과 마젤란은하 등도, 더불어 밤하늘 별자리가 남반구와 북반구 합쳐서 88개인 것도 안다. 북반구의 별자리 이름은 그리스로마 신화에서 온 것이 많고 남반구의 별자리는 마젤란 같은 탐험가가 세계 일주를 하면서 새로이 이름을 붙인 것이 있어서 배나 항해 도구와 관련된 것이 많다는 정도는 안다. 하지만 아마추어 천문가라면 이들 별자리 사이사이에 있는 작은 별자리와 유명한 천체들을 잘 알고 망원경을 조작해 쉽게 찾아낸다.

그리고 별을 찾는 것을 즐기는 사람도 많다. 프랑스의 천문학자 샤를 메시에(Charles Messier, 1730~1817)는 혜성을 찾는 데 헷갈리니 미리 혜성과 닮은 것을 찾아 100여 개의 천체에 번호를 붙여놓았다. 이를 메시에 천체라고 부르며, 봄철이면 하룻밤에 이 천체들을 찾는 '메시에 마라톤'을 하는 사람들도 있다. 요즘은 자동 추적 기기가 발전해 아마추어용 망원경에 별 찾는 장치가 장착되어 있기도 하다. 조만간 아마추어 천문가들도 굳이 별을 수동으로 찾고 싶어 하지 않을지도 모르겠다.

관측을 하다 보면 '하늘이 열렸다'라는 말을 자주 쓴다. 1.8미터 망원경으로 천체를 관측할 때면 마음을 비우고 하늘이 열리기를 기다린다. 보현산천문대나 소백산천문대는 맑은 날이 드물어 특히 더 간절하다. 대학원 시절 소백산천문대에 관측하러 가면 낮에 아무리 날씨

가 맑아도 모두 조용히 기다렸다. 날씨가 자주 바뀌어서 언제 하늘이 닫힐지 모르기에 절실함만 안고 있었다. 이러한 마음은 지금도 비슷하다.

그림 1.7 칠레에 있는 미국 국립 천문대인 세로톨롤로 천문대에서 본 은하수. 이러한 은하수 아래에서는 언뜻 발아래에 별빛 때문에 생긴 그림자가 느껴진다.

천문학자, 그 가운데서도 주로 가시광 관측을 하는 광학 관측천문학자는 날씨의 변화를 하늘에 맡긴다. 세계 최고의 날씨 조건을 가진, 1년 중 관측일이 300일이 넘는 칠레의 천문대나 하와이 마우나케아의 천문대까지 가서도 날씨가 안 좋아서 전혀 관측을 못하고 돌아올 수 있는 것이 천문학자의 숙명이다. 나는 호주의 사이딩스프링 천문대(Siding Spring Observatory, SSO)에 관측을 두 번 갔는데 한 번은 완전히 실패했고, 또 한 번은 매일 관측은 했지만 바람이 많이 불어서 좋은 자료를 얻지 못했다. 호주의 사이딩스프링 천문대는 보현산천문대와 비슷한 부분이 있지만 더 좋은 점도 많다. 1년 중 맑은 날이 절반 정도여서 좋은 편은 아니지만 우리만큼 습하지 않아 다소 흐려도 관측이 가능한 날은 200일 이상이다. 무엇보다 캄캄한 밤하늘은 부럽기 그지없다.

칠레에 있는 미국 국립 천문대 가운데 한 곳인 세로톨롤로 천문대(Cerro-Tololo Inter-American Observatory, CTIO)에 갔을 때도 2008년에는 배정받은 9일 모두 성공적으로 관측했는데, 그 이듬해에는 닷새 내내 구름이 지나다녀서 겨우 3분의 1도 안 되는 자료를 얻었다. 편도 40시간씩 걸려서 가는 곳이라 제대로 관측을 못하면 돌아오는 비행기에서 영 기운이 나질 않는다. 아무리 날씨를 하늘에 맡긴다지만 마음이 편하지 않은 것은 어쩔 수 없다. 열린 하늘이 하루라도 더 많기를 기대하면서 지금도 많은 천문학자가 보현산천문대를 찾는다. 하늘이 열려야 '별 볼 일'이 생긴다.

새로운 발견

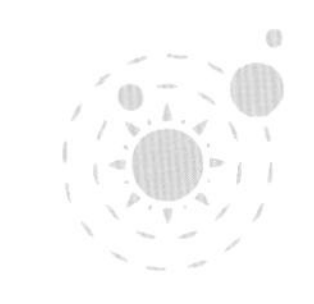

천문학의 본질은 새로운 천문 현상의 발견에 있다. 많은 대형 지상망원경과 허블 우주망원경을 비롯한 다양한 우주망원경으로 그동안 입증하지 못한 많은 천문 현상을 찾아냈고, 그 과정에서 예상하지 못한 현상을 발견하는 일도 있는데 결국 이러한 발견이 천문학의 바탕이 된다.

최근 중력파가 발견됨으로써 우주를 보는 새로운 창이 열리게 되어 모두 기대에 차 있다. 중력파는 이미 100여 년 전에 아인슈타인이 예측했지만 파동의 세기가 워낙 미약하여 많은 노력에도 검출되지 않다가 마침내 2015년 처음으로 검출되어 2016년 2월 발표했다. 2017년 8월까지 중력파가 5번 검출되었다. 그 공로로 중력파를 검출한 연구팀은 2017년 노벨물리학상을 수상했다.

아인슈타인은 질량, 즉 천체가 있으면 중력에 의해 주변의 시공간이 휘게 된다고 보았다. 그런데 이 천체가 움직여서 중력이 바뀌면 휘어진 시공간은 호수에 돌을 던졌을 때처럼 빛의 속도로 파동의 형태

그림 1.8 강한 중력을 가진 블랙홀 2개가 서로 돌다가 합쳐지는 과정에 발생하는 중력파의 변화와 두 블랙홀의 거리 및 상대 속도. 두 블랙홀의 거리가 가까워짐에 따라 점점 빨라져서 마지막에 하나로 합쳐지고 안정된다. 이러한 과정에 나타나는 중력파의 변형을 상대론적 수치 해석으로 예측하고 관측에서 입증했다. 이 모든 과정이 불과 0.2초 내에 이루어졌으며 변형의 크기는 약 10^{-21}배로 극히 미약해서 검출하기 어려웠다(R1).

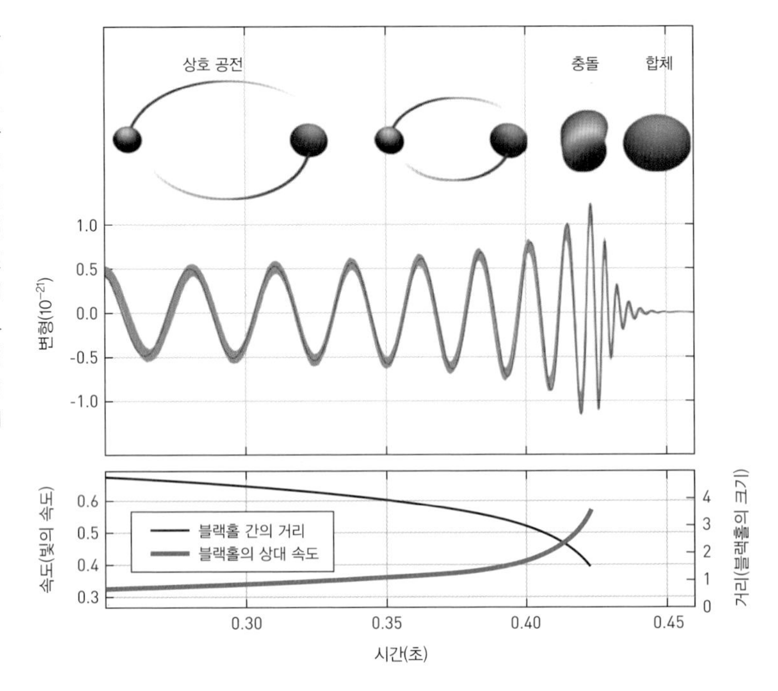

로 퍼져 나간다는 것을 예측했다. 하지만 우주의 천체들에 의해 생길 수 있는 중력파의 세기는 너무 약해서 지금까지의 기술로는 검출이 불가능했다. 그런데 과학자들은 레이저를 이용해 두 거울 사이의 거리를 아주 정밀하게 측정할 수 있는 LIGO(Laser Interferometer Gravitational-Wave Observatory: 레이저 간섭계 중력파 검출기)를 마침내 개발했고 아주 무거운 두 블랙홀이 충돌해 합쳐지는 순간 방출된 중력파를 발견할 수 있게 된 것이다.

블랙홀은 스스로 빛을 내지 않는 천체이므로 그동안 직접 관측이 안 되었다. 주변에서 방출되는 엑스선이나 감마선 또는 블랙홀의 중력에 의해 빨리 움직이게 되는 근처 별들의 움직임으로부터 간접적으로 존재를 확인할 수 있었다. 하지만 이제 중력파를 관측함으로써 블랙홀의 질량과 블랙홀까지의 거리 등을 직접 결정할 수 있게 되었다. 아직은 중력파의 관측이 얼마나 중요한 역할을 할지 상상하기 힘들지만 빛이 아닌 중력파로 우주를 관찰하는 중력파 망원경을 만든 셈이다.

천문학은 실험이 없다. 대신 관측을 한다. 이는 천문학이 다른 자연과학과 구분되는 중요한 요소다. 우리가 변화를 감지할 수 있을 만큼 빠른 기간 안에 이루어지는 천문 현상이 극히 드물다. 또한 대부분 대상이 너무 커서 지구에서는 관련된 실험을 할 수 없다. 하지만 천문학에는 우주라는 거대한 실험실이 존재한다. 탄생 이후 지금까지 우주가 수행한 엄청나게 많은 실험의 결과가 하늘에 있다.

우주의 나이는 오차를 내포하지만 최근 138억 년(또는 137억 년)으로 알려졌다. 따라서 우주가 태어난 뒤 138억 년 동안 별과 은하의 탄생 등 수없이 많은 실험이 이루어졌고 지금도 진행된다. 그리고 실험의 결과가 밤하늘을 아름답게 빛내며 결과의 많은 부분은 여전히 숨어서 찾아주기를 기다린다. 이런 것을 알고 싶어 하는 우리 역시 명백하게 그 실험의 결과물로 탄생했다.

보통은 이러한 실험의 다양한 결과에 아름답다거나 경이롭다는 수식어를 붙이겠지만 천문학자는 천체망원경을 이용해 관측으로써 어떤 실험을 통해 아름답고 경이로운 자연이 만들어졌는지를 밝힌다. 특히 새로운 천문 현상을 이해하려 노력하고, 새 발견은 실험의 결과를 이해하는 중요한 요소가 된다. 우리가 1억 광년 떨어진 천체를 찾아낸다면 곧 1억 년 전의 우주를 보는 것이고 10억 광년 떨어진 천체를 찾아낸다면 10억 년 전의 우주를 보는 것이다. 더 멀리, 138억 광년의 거리에 가까운 천체를 찾아내면 우리는 우주의 탄생 초기 모습을 보게 된다. 곧 우주에서는 거리가 시간 개념으로 바뀔 수 있음을 뜻한다.

천문학자는 관측을 통해 우주를 이해한다. 25미터, 30미터, 40미터급 등 점점 더 큰 망원경을 만들고 있으며 감마선, 엑스선, 적외선 영역을 관측할 수 있는 새로운 망원경, 6.5미터 우주망원경, 킬로미터급의 전파망원경군을 만들었거나 만들고 있다. 더불어 천체망원경 이상으로 중요하게 생각하는 정밀한 관측 기기를 개발하고 있는데 이 모든 것은 우주의 근원을 이해할 실험의 결과를 찾기 위한 수단이다.

연구를 목적으로 하는 천문대는 모든 실험이 그러하듯 기록을 하는 곳이다. 그래서 '별을 본다'보다 '관측한다'는 말을 더 많이 사용한다. 아마도 천문학자가 시도 때도 없이 관측이라는 단어를 사용해 생소하게 여겨질 수도 있다. 때에 따라서는 그저 별을 볼 때도 관측한다는 말로 대신한다. 천문학자는 '천체를 본다'는 뜻으로 '관측'을 사용하며 실험에 대응하는 의미로도 '관측'이라는 단어를 쓴다. 그리고 관측을 통해 연구에 필요한 자료, 즉 데이터를 얻는다.

신라시대의 첨성대나 조선시대의 관천대 등은 육안으로 별을 보는 곳이었다. 별의 위치를 측정하는 간의 같은 도구를 사용하기도 했지만 기본적으로 모든 관측은 육안으로 이루어졌을 것이다. 그리고 반드시 기록이 따랐다. 그 당시에도 눈으로 보고 위치와 특성을 손으로 적었으며 그렇기 때문에 첨성대나 관천대도 분명한 천문대라고 할 수 있다.

현대의 천문대에서는 기록의 방법이 손에서 필름 사진을 거쳐 디지털 CCD 카메라로 바뀌었다. 20세기 초만 해도 변광성의 밝기가 변하는 모습을 망원경을 통해 눈으로 보고 손으로 기록했다. 유성우 관측 때는 유성이 떨어지는 상황을 눈으로 보고 말로 녹음해 손으로 옮기는 기록 방법을 사용한다.

때로는 아마추어 천문가의 활동도 기록이 이루어질 경우 천문학 연구에 중요한 역할을 하기도 한다. 실제로 외계 행성 탐사에 아마추어 천문가의 관측 자료가 중요하게 사용되기도 했다. 결국 관측은 육안이나 망원경을 통해 이루어지지만 얼마나 기록이 잘 이루어졌는가가 연구 자료로서의 중요성을 판가름한다.

자연과학의 다른 분야와 마찬가지로 천문학 연구 또한 관측 자료를 바탕으로 한 어렵고 지루한 과정을 거쳐야 결과가 나온다. 천문학자는 하룻밤이나 일주일 이상의 관측 자료로 수개월에서 1년 이상 연구해 논문으로 발표한다. 경우에 따라서는 수년에서 수십 년씩 관측해야 좋은 연구 결과를 얻을 수 있는 '지루한' 학문 분야이기도 하다.

우주를 향한 끝없는 질문

행성의 고리

천문학 연구에 창의력과 도전은 중요한 요소다. 태양계 내 목성형 행성 가운데 토성의 고리는 이미 알려졌지만 목성, 천왕성, 해왕성의 고리는 1970년대 말에 발견되었다. 훨씬 전부터 이들 행성에 고리가 존재함을 예측했지만 관측으로 입증한 것은 천왕성 1977년, 목성 1979년, 해왕성 1984년이다. 천왕성과 해왕성의 고리는 별가림(occultation) 현상을 이용해서 발견했다.

천왕성의 고리가 우리에게 평면으로 보이는 시기에 맞추어 천왕성 바로 옆의 별을 관측하면 천왕성의 고리 때문에 별이 한순간 가려진다. 별은 위치가 변하지 않지만 행성은 위치가 바뀐다. 따라서 간혹 행성이 별을 가리는 순간이 발생하는데 이때 행성에 고리가 있으면 먼저 고리가 별을 가려서 별의 밝기가 어두워지는 것이다. 이러한 별가림 현상을 관측하고 연구해 고리의 존재를 확인했다. 단순하지만 신선한 아이디어다.

물론 짧은 순간에 이루어지는 별가림 현상을 관측할 기록 장비가 필요하니 여기에 관측자의 장의력이 들어간다. 지금은 아주 짧은 시간에 많은 영상을 찍을 수 있는 CCD 카메라 같은 디지털 장비를 어렵지 않게 구할 수 있지만 디지털카메라가 없던 당시에는 그에 상응하는 일종의 초고속 카메라 같은 약한 빛에 반응하는 별빛 측정 장비를 만들어야 했다. 같은 방법으로 해왕성에서도 고리를 발견했다. 목성은 보이저 1호가 지나가면서 먼저 만났기 때문에 직접 사진을 찍어서 지구로 보냈고 고리를 발견했다. 당시 과학 잡지에서 본 목성의 고리 사진은 신선한 충격이었으며 대화하다가 행성의 고리 이야기만 나오면 주변 사람들에게 보여주기도 했다.

천체망원경의 집광력과 분해능

천문학자는 가능한 큰 망원경을 만들고자 한다. 망원경이 커야 빛을 더 많이 모으고, 더 자세히 볼 수 있으며, 더 먼 우주를 볼 수 있다. 천체망원경의 가장 중요한 기능은 빛을 모으는 능력, 즉 집광력과 천체를 구분하는 분해능이다. 별에서 나오는 빛은 둥근 공처럼 방사상으로 퍼져 나간다. 그래서 별빛을 모아서 더 밝게 보려면 빛을 모으는 렌즈나 거울의 구경이 커야 한다. 분해능 역시 구경이 크면 좋아진다. 하지만 얼마나 정밀하게 렌즈나 거울을 가공했는지, 망원경이 얼마나 천체를 잘 추적하는지, 대기 조건은 얼마나 좋은지 등 다른 조건들도 좋아야 분해능이 좋아진다.

일반적으로 작은 망원경에는 굴절 렌즈를 많이 사용하지만 대부분의 천체망원경은 오목거울로 빛을 모으는 반사식이다. 오목거울로 된 주 반사경을 주경, 주경에서 반사된 빛을 다시 뒤로 반사시켜서 CCD 카메라와 같은 관측 장비로 보내주는 볼록거울로 된 반사경을 부경이라고 부른다. 만약 빛을 모으는 데 굴절 렌즈를 이용하면 렌즈가 커질수록 가운데 부분이 더불어 두꺼워지고 무거워진다. 그런데 렌즈를 고정할 가장자리는 제한적이어서 결국 렌즈의 뒤틀림을 막을 방법이 없다. (여기서 말하는 뒤틀림은 우리가 거의 감지하지 못할 정도로 미세하다.)

우리가 렌즈나 거울을 만들 때 표면 가공 정밀도를 파장의 4분의 1로 요구했다면 1마이크로미터 파장에 4분의 1, 0.25마이크로미터의 정밀도를 뜻한다. 짧은 파장은 더 정밀해야 하며 실제로는 20분의 1을 요구하기에 허용되는 거울의 뒤틀림은 상상 이상으로 작다. 이러한 세밀한 조건을 만족하기가 어려워서 큰 망원경은 모두 반사식 거울을 사용한다. 거울은 한쪽면만 사용하기 때문에 뒷면에서 필요한 만큼 많은 위치를 떠받칠 수 있기에 아무리 큰 거울도 뒤틀림이 없도록 할 수 있다. 이제는 기술이 발전해 수십 장, 수백 장의 작은 거울을 붙여서 하나처럼 만들기도 한다.

능동광학의 정밀한 보정

이러한 이야기에 능동광학(active optics)과 적응광학(adaptive optics)을 빼놓을 수 없다. 능동광학은 거울 뒤에 많은 액추에이터(actuator)를 부착해 거울을 밀고 당겨서 광학계의 뒤틀림을 실시간으로 보정하는 기술이다. 관측한 별의 상을 바탕으로 액추에이터 하나하나를 밀고 당겨서 상이 최적의 상태가 되도록 거울을 뒤틀어준다. (물론 뒤트는 크기는

그림 1.9 안데스산맥을 배경으로 놓일 25미터 거대 마젤란 망원경. 위는 8.4미터 오목거울 7장을 붙여서 25미터 크기 거울이 되는 모습이다. 세계 최대 망원경이 될 GMT는 우리나라 천문학의 미래를 밝혀준다. © GMTO Corporation

극히 미약하다.)

보현산천문대의 1.8미터 거울은 뒷면에 균질한 힘이 가해지도록 18군데에 받치는 지지점이 있다. 만약 능동광학계를 적용한다면 18개의 지지점에서 받치는 힘을 조정해 관측하는 내내 별상이 최적이 되도록 보정할 수 있을 것이다. 하지만 1.8미터 망원경에는 능동광학계가 없다. 이런 경우는 거울을 두껍게 해서 뒤틀림을 최소한도로 줄인다. 그래서 가장자리 부분이 약 25센티미터로 두껍다.

이와 달리 능동광학 기술이 적용된 망원경은 거울의 두께가 얇아도 뒤틀림을 정밀하게 보정할 수 있다. 현재 세계에서 가장 큰 광학망원경인 하와이에 있는 10미터 구경의 켁(Keck) 망원경은 구경 1.8미터 거울 36장을 합쳐서 만들었는데 두께가 7.5센티미터로, 보현산천문대

1.8미터 망원경의 3분의 1에 지나지 않는다. 또한 현재 개발 중인 30미터 망원경(Thirty Meter Telescope, TMT)과 39미터 유럽 초거대 망원경(European Extremely Large Telescope, E-ELT)은 각각 두께 5센티미터에 지나지 않은 1.4미터 구경의 거울 492장과 798장을 붙여서 하나의 거울로 만든다. 옆에서 보면 종이처럼 얇게 느껴질 것이다. 이러한 거울은 능동광학 기술 없이는 완벽하게 하나가 되는 것을 기대하기 어렵다.

우리나라가 개발에 참여한 25미터 거대 마젤란 망원경(Giant Magellan Telescope, GMT)은 8.4미터 거울 7장을 붙였는데 두께는 약 70센티미터로 이들보다는 훨씬 두껍다. 다른 거대 망원경과 달리 두껍게 해서 뒤틀림이 적게 설계한 것이다. 하지만 7장을 하나의 거울처럼 조정해야 하고 각각의 거울도 뒤틀림 없이 유지하기 위해서는 능동광학 기술이 필수적이다.

과거에 팔로마산 5미터 망원경이 세계 최대 망원경으로 40년 이상 군림했던 것은 뒤틀리지 않게 더 큰 거울을 만드는 기술적인 어려움이 컸기 때문이었다. 하지만 컴퓨터와 거울을 만드는 기술도 발전해서 더 큰 거울도 만들 수 있게 되었고 이제는 구경 8.4미터의 단일 거울까지 만들 수 있다. 이보다 큰 10미터급 이상의 망원경은 작은 거울을 많이 붙여서 만든다. 30미터 망원경은 각각의 거울 조각에 3개씩, 모두 1476개의 액추에이터를 부착해 전체 거울이 하나가 되도록 만들려고 한다(R2). 25미터 거대 마젤란 망원경도 6개의 지지점과 165개의 변형 액추에이터를 7개 거울 각각에 설치해 뒤틀림을 보정할 예정이다(R3).

적응광학의 분해능

적응광학은 실제 관측에서 대기 변화를 보정해 마치 우주에서 관측한 것과 같은 정밀한 분해능을 얻을 수 있는 기술이다. 레이저를 관측 영역 바로 외곽으로 쏘아서 하늘에 가상의 별을 만들고, 그 가상의 별이 요동치는 모습을 보고 대기의 상태를 파악해 적응광학계로 보정한다. 대형 망원경의 야간 관측 영상을 보면 하늘로 올라간 레이저 빛을 쉽게 발견할 수 있다. 능동광학계가 초당 1회 정도 보정한다면 적응광학은 빠른 대기 변화에 대응해야 하기 때문에 초당 수백 번에서 수천 번씩 보정한다.

달이나 행성 사진을 찍을 때 1000분의 1초 이하의 짧은 노출로 찍으면 가끔 선명한 사진을 얻을 수 있는 것과 비슷한 원리다. 이 경우 우연히 1장을 얻게 되지만 적응광학 기술을 적용하면 초당 수천 번까지 대기 효과를 보정해 사진을 찍기 때문에 아주 선명한 상을 얻을 수 있다. 마치 지상에서 허블 우주망원경으로 찍은 것과 같은 분해능의

그림 1.10 GMT의 적응광학. 관측 영역 밖에 레이저를 이용해 가상의 별을 6개 만들어서 대기 변화를 측정해 보정하면 오른쪽과 같이 1초 시상 속 많은 천체의 구조를 볼 수 있다. © GMTO Corporation

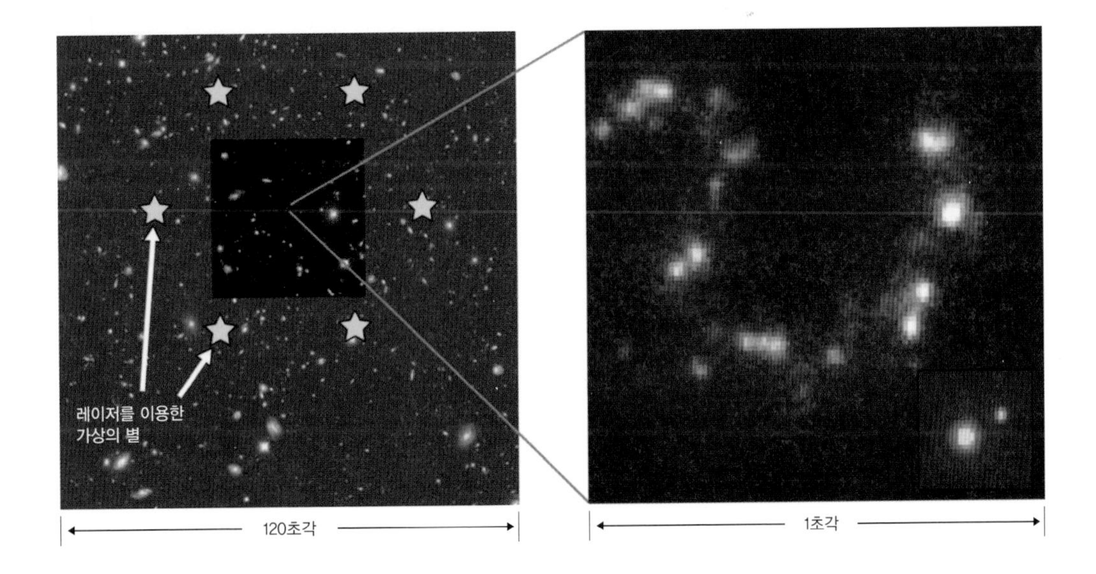

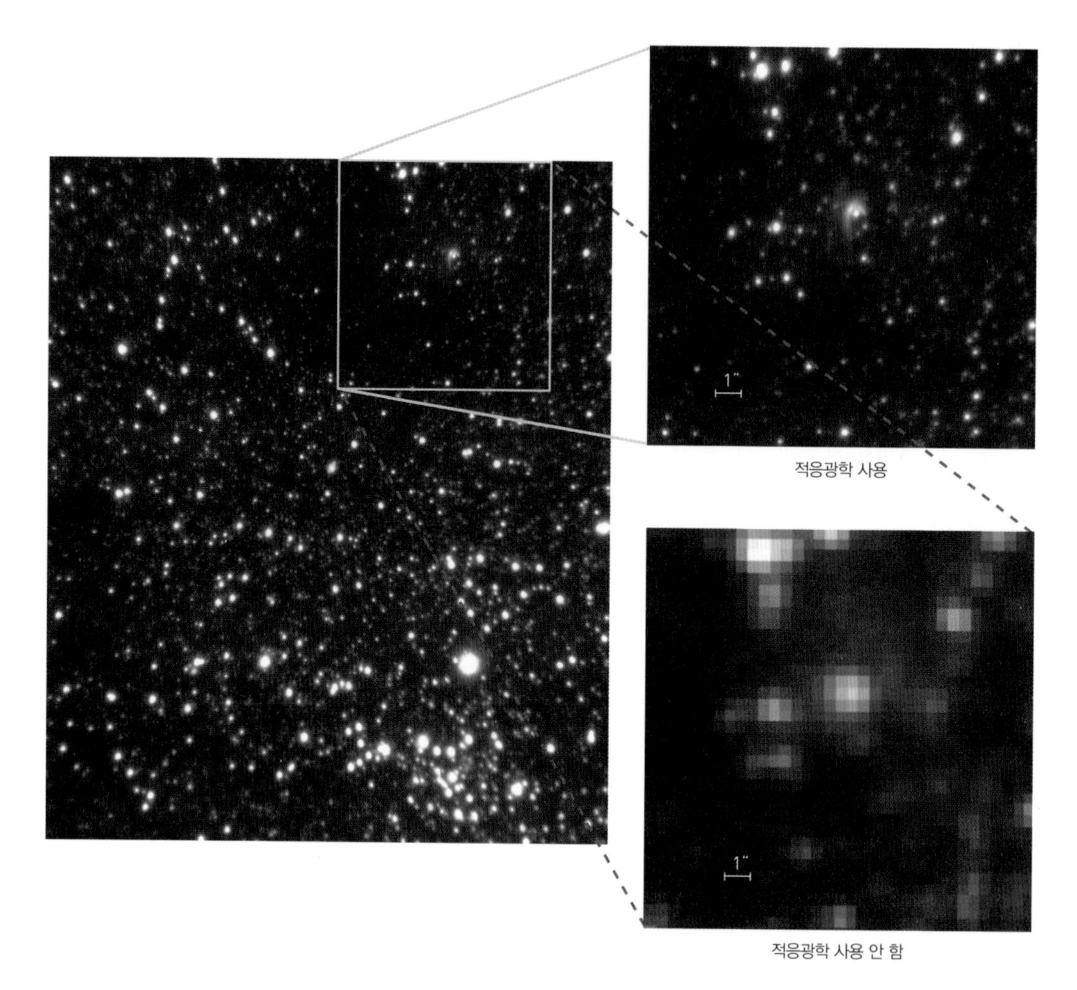

그림 1.11 8미터 제미니 망원경의 적응광학을 이용해 우리은하 중심 부분을 찍은 영상. 적응광학을 사용하지 않았을 때와 비교하면 쉽게 적응광학의 성능을 이해할 수 있다. © Gemini Observatory

사진을 얻을 수 있는 것이다.

빠르고 미세하게 보정하기 위해 적응광학에 사용되는 거울은 아주 얇다. 25미터 거대 마젤란 망원경에는 7개의 주경에 대응하는 구경 1.1미터의 부경이 7개 있다. 각 부경은 두꺼운 것도 있지만 두께가 2밀리미터밖에 안 되는 적응광학을 위한 부경도 있다. 이 부경은 거울 뒤에서 각각 670여 개의 액추에이터가 잡고 있으며(R4), 7개 모두에 있는 총 4700여 개의 액추에이터 하나하나가 부르르 떨듯이 초당 수

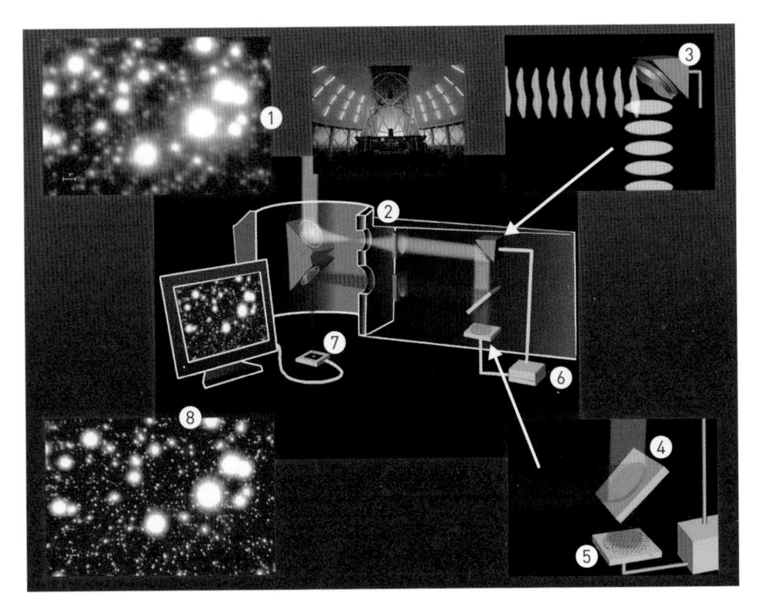

그림 1.12 8미터 제미니 망원경의 적응광학 ⓒ Gemini Observatory

1. 0.26초각의 대기 시상(근적외선 H 밴드): 적응광학이 없는 영상.
2. 빛을 평행광으로 만드는 장치.
3. 마음대로 구부릴 수 있는 거울로 빛을 보낸다. 들어가는 빛은 대기 요동으로 상이 찌그러져 있지만 아래로 반사되어 나오는 빛은 균질하게 만들어진다.

4~5. 빛을 나누는 거울. 긴 파장(적외선)의 빛은 반사시키고, 짧은 파장(가시광)은 투과해서 대기 상태를 측정하는 센서(5)로 간다.

6. 이것을 보정하기 위해 컴퓨터(6)가 계산해 다시 3번에서 조정한다. 이 과정을 많게는 1초당 수천 번 반복하며 대기 상태를 보정한다.

7~8. 이 과정을 반복해서 7번에 맺히는 상이 8번과 같이 정밀하게 만들어준다. 이렇게 얻은 시상은 0.06초각이다.

1, 8. 적응광학을 사용하지 않은 1번의 0.26초각 상이 적응광학을 사용해서 8번의 0.06초각의 정밀한 상이 되었다.

천 번씩 대기 상태에 맞춰서 밀고 당기며 보정하도록 설계되었다. 능동광학과 적응광학 기술을 개발하지 못했다면 거대 망원경을 만들 엄두도 못 냈을 것이다. 하지만 이런 일이 얼마나 힘들지 상상해보라!

우주에 대한 무한한 호기심

이제는 또 다른 뛰어난 발상으로 중력렌즈 효과를 이용해 외계 행성을 찾고 있다. 멀리 떨어진 별을 바라볼 때 그 앞을 지나는 다른 별이 있다면 그 별의 중력 때문에 먼 뒤쪽의 별에서 오는 빛이 안쪽으로 휜다. 돋보기로 빛을 모으는 역할을 중력이 하는 것이다. 즉, 중력이 렌즈처럼 작용한다고 해서 중력렌즈 현상이라고 일컫는다. 이렇게 중력 때문에 빛이 휘는 각도는 아주 미세하기 때문에 가까운 지구나 태양계 안에서는 어렵고 멀리 떨어진 별에서 관측 가능하다. 또한 이러한 중력의 효과로 나란히 놓인 두 별이 시선 방향에 일직선으로 다가갈수록 별이 밝아진다. 경우에 따라서는 수백 배 이상 밝아지기도 한다.

보통 중력렌즈는 중력의 효과가 큰 은하나 은하단이 원인이 되지만 별에서도 일어날 수 있으며 이를 미시중력렌즈(microlensing)라고 한다. 만약 렌즈 현상을 일으키는 앞쪽의 별에 행성이 있다면 이 행성 역시 중력렌즈 현상을 일으킬 수 있고 이를 분석해 외계 행성을 찾아낼 수 있다.

태양계 밖의 다른 별에 속한 행성, 즉 외계 행성을 찾기 위해 케플러 우주망원경 같은 탐사 전용 망원경이 동원되어 우주에 퍼진 천체들을 체계적으로 연구하고 있다. 우리나라도 중력렌즈 현상을 이용한 외계 행성 탐사를 추진 중이다. 남반구 밤하늘을 24시간 관측할 수 있도록 칠레, 호주, 남아프리카공화국에 똑같은 1.6미터 망원경을 1대씩 설치하는 한국중력렌즈망원경네트워크(Korea Microlensing Telescope Network, KMTNet)라는 관측망을 구성했다. 이 관측망은 중력렌즈 현상을 관측해 지구를 닮은 외계 행성을 찾는 것이 주된 목표다. 우리는

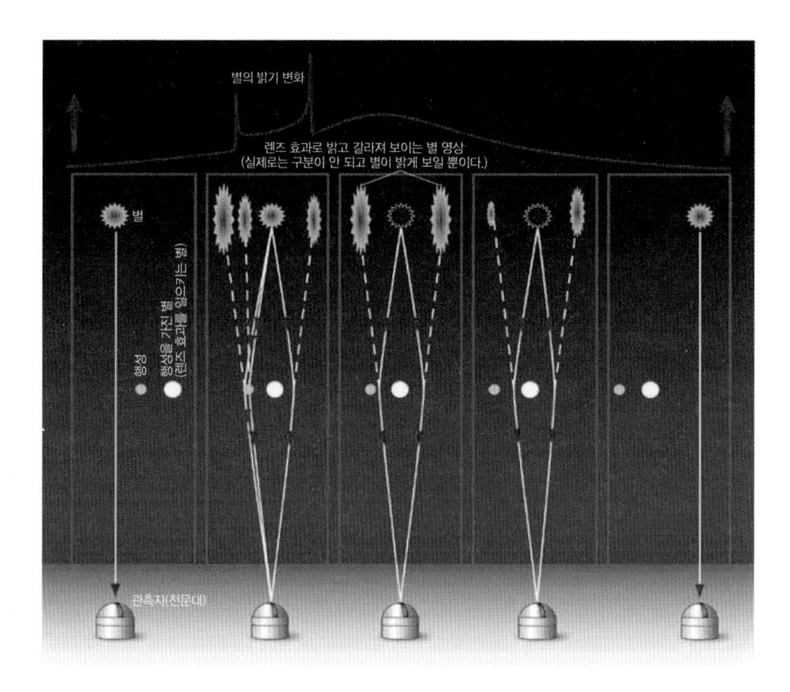

그림 1.13 중력렌즈 효과. 망원경은 풍선이 부풀듯 우주로 퍼져 나가는 빛을 모아서 밝게 만든다. 보통은 굴절 렌즈, 반사거울을 생각하지만 천체가 있으면 중력이 존재하고, 그러면 그 주변을 지나는 빛이 휘어서 안쪽으로 모이며 망원경의 렌즈 역할을 한다. 단지 우리가 임의로 움직여서 볼 수 있는 망원경이 아닌 시선 방향에 일정한 범위 내로 정확히 일직선으로 만나야 볼 수 있는 현상이다. 이 그림은 우리가 어떤 별을 보고 있는데, 그 사이로 행성 하나를 가진 별이 지나갈 때 발생하는 중력렌즈 효과를 설명한 것이다. 앞뒤의 두 별이 거의 시선 방향에 일치하는 일정한 범위 안에 들어오면 별이 밝아지기 시작하고, 시선 방향에 일치할수록 점점 밝아지다가 두 별이 다시 벌어지면 어두워진다. 아래쪽은 두 별이 지나가는 모습을 나타낸 그림이며, 위쪽은 이때의 밝기 변화를 보인 것이다. 만약 앞쪽의 별이 행성을 가지면 위쪽 그림처럼 2개의 정점이 나타나고 이 현상을 이용해 외계 행성을 찾을 수 있다. 우리나라의 KMTNet 망원경도 이 방식을 이용해 외계 행성을 찾는다. ⓒ OGLE

별을 보면서 우주를 이해하고 한편 태양계 밖의 또 다른 지구를 찾아 그곳에 생명체가 있는지 알고자 한다.

2500개가 넘는 외계 행성을 찾아내 크게 실적을 내고 있는 케플러 우주망원경이나, 초신성 관측을 통해 멀리 있는 초신성이 더 빨리 멀어지는 현상을 발견해 우주가 가속 팽창하고 있다는 증거를 찾아낸 경우도 창의적인 발상이 중요한 업적을 남긴 예다. 이외에도 작은 적외선우주망원경인 코비(Cosmic Background Explorer, COBE)로 전 하늘을 관측하여 우주의 온도가 약 영하 270도(2.7K)로, 우주가 빅뱅 이후 식어갔다고 예측한 현재의 온도와 정확히 일치하는 결과를 얻었다. 중력파의 발견 또한 새로운 발상과 더불어 끊임없는 노력이 없다면 과학의 발전을 기대하기는 어렵다는 것을 단적으로 보여주는 예다. 결국 좋은 아이디어가 우주를 이해하는 중요한 원동력이 되는 셈이다.

천문학은 인간이 본능적으로 가진 우주를 향한 호기심에 답하고 우주로 진출하고자 하는 욕망에 가능성을 키워주는 중요한 역할을 한다. 이는 천문학자의 소명이자 내가 속한 한국천문연구원의 중요한 임무다. 이제는 과학과 기술이 크게 발전해 과거에는 상상하기 어려웠던 많은 천문 현상의 관측이 가능해졌다.

지상에서는 구경 10미터급의 대형 망원경을 넘어서 25미터에서 40미터급의 거대 망원경을 만들고 있고 100미터급까지 기획되었다. 우주 공간에는 허블 우주망원경을 비롯해 많은 우주망원경이 올라가서 지상에서는 대기에 흡수되어 관측이 불가능했던 감마선, 엑스선, 원적외선 등을 포함한 전 파장 대역을 관측할 수 있게 되었다. 특히 계속 늦어지고 있지만, 2020년에 우주에 올라갈 제임스웹 우주망원경은 구경이 6.5미터인데 2.4미터인 허블 우주망원경보다 월등히 크다. 이 우주망원경이 올라가면 허블 우주망원경으로도 다가가지 못한 더 먼 우주를 더 자세히 들여다볼 수 있게 되며 새로운 천문 현상을 더 많이 발견할 수 있을 것으로 기대한다.

여전히 도전할 연구 대상은 많다. 밤하늘에 반짝이는 별만 해도 1000억의 1000억 개가 넘는다. 은하 하나는 1000억 개 이상의 별을 가지고 있는데 그러한 은하가 우리 우주에는 1000억 개 이상 존재하기 때문이다. 어떤 연구자는 1조의 1조 개라고도 한다. 이들 별이 각자 모여서 만든 그룹, 즉 성단이나 은하, 은하단, 초은하단이 있고 각각의 별은 죽고 다시 태어나기를 반복한다. 뿐만 아니라 우주에는 우리가 모르는 암흑물질과 암흑에너지가 95퍼센트 이상, 우주의 대부분을 차지한다고 하는데, 우리는 무엇을 고민하고 있는 것일까?

이제는 별들 주위의 행성까지 찾는다. 겨우 수천 개 남짓 찾았을 뿐이지만 이제는 대부분의 별에 행성이 있는 것이 자연스럽다. 별 주변 행성은 또한 얼마나 많을까? 우리 지구가 속한 태양계에는 행성만 해도 지구를 포함해 8개이고 명왕성과 같은 왜소행성과 위성의 숫자는 이제 세기도 어렵다. 게다가 소행성과 더 작은 물질들도 셀 수 없이 많다. 따라서 우주에는 적어도 별의 개수 이상의 행성이 존재하고 그 수에 억을 곱할 정도로 많은 별의 잔해가 있다고 보아도 과하지 않다. 그렇다면 이제 지구와 비슷해서 생명체가 살 수 있는 행성만 센다면 얼마나 될까?

외계 생명체를 찾아서

NASA의 외계 행성 통계 사이트에 따르면 2017년 3월 2일 기준, 외계 행성은 모두 3458개였다. 그 가운데 생명체가 존재할 수 있는 영역(habitable zone)에 위치한 행성이 49개였다(Planetary Habitability Laboratory, PHL). 2016년 8월, 지구에서 가장 가까운 별 알파 센타우리(α Centauri)에서도 외계 행성이 발견되었다. 알파 센타우리는 별 A와 B가 서로 돌고 멀리 떨어진 세 번째 별인 C가 이들과 다시 돌고 있는 삼중성계다. 이 가운데 알파 센타우리 C, 다른 이름으로는 프록시마 센타우리(Proxima Centauri)에서 행성을 발견한 것이다.

보통 행성은 행성이 속한 별 이름에 소문자로 'b, c, d……'순으로 붙여서 부르기 때문에 이 행성은 프록시마 센타우리 b(Proxima Centauri b 또는 α Centauri Cb)다. 'a'는 별 자체에 붙이는 것으로 사용하지 않는다. 이 행성은 4.2광년밖에 떨어져 있지 않다. 발견 당시에는 지구와 가장 비슷한 외계 행성이었고 지구를 닮은 정도를 나타내는 ESI(Earth Similarity Index) 지수는 0.89다. 지구가 기준이므로 지구는 ESI 지수가 1.0이다.

2017년 2월에는 〈네이처〉에 '트라피스트-1(TRAPPIST-1)'이라는 별에서 한꺼번에 7개의 지구형 외계 행성이 발견된 내용이 발표되었다. 그 가운데 하나는 프록시마 센타우리 b보다 더 지구를 닮아 0.90의 ESI 지수를 보였다. 아직 ESI 지수 1.0은 발견되지 않았지만 머지않아 발견될 가능성은 얼마든지 있다. 지구와 비슷한 행성들이 계속 발견되니 이제는 외계 행성에 생명체가 있는지 더욱 궁금해진다.

태양계에서 생명체가 존재할 수 있는 영역에 있는 행성은 지구와 화성이다. 지구에는 생명체가 존재한다는 것을 이미 알고 있지만 화성은 확인되지 않았다. 이런 이유로 여러 대의 탐사선을 직접 보내서 생명체의 존재를 조사한다. 직접 가서 찾고 있는 화성에서도 아직 생명체의 존재를 확신하지 못하니 훨씬 먼 외계 행성에 있을 생명체의 존재를 이야기하는 것은 더더욱 어렵지 않겠는가. 천문학은 얼마든지 도전해볼 만한 학문이다.

지금은 보현산천문대 1.8미터 망원경이 우리나라 최대 광학망원경이지만 25미터 거대 마젤란 망원경, GMT가 완성되면 우리도 세계 최대 망원경의 주인이 된다. GMT는 미국 카네기 천문대의 주도로 우리나라와 호주, 브라질, 미국의 여러 대학이 참여하는데 우리는 전체 비용의 10퍼센트를 분담하고 있다. 그 비용만 1000억 원 가까이 되며, 이는 세계 최대 망원경의 관측 시간 가운데 10퍼센트를 우리 마음대로 활용할 수 있음을 뜻한다. 우리나라는 다가올 GMT 시대를 대비해 이미 수년 전부터 8미터 제미니(Gemini) 망원경의 운영 파트너로 참여하는 등 관련한 연구 인력 양성에 많은 노력을 기울이며 도전적으로 활약하고 있다.

천문학에는 우리가 우주에 의문을 가지는 한 너무나 많은 연구 주제가 있다.

2
천문학자의 발견 기록

천체를 보는 방법

내가 망원경으로 처음 본 천체는 목성이었다. 초등학교 5학년 가을, 친구가 가져온 작은 천체망원경으로 본 목성은 뜻밖의 모습이었다. 밤하늘에 밝게 뜬 것이 토성이라고 생각하고 망원경을 맞추었는데 고리가 없었다. 알고 보니 목성이었다. 토성의 멋진 고리를 보려고 기대해서 잠시 실망했지만 초점을 맞춘 순간 목성 표면의 줄무늬가 선명하게 보여 깜짝 놀랐다. 줄무늬가 그렇게 쉽게, 선명하게 보일 거라고는 생각하지 못했다. 그리고 목성 옆으로 일렬로 나란히 선 4개의 위성이 신비로웠다.

목성의 줄무늬와 위성은 토성의 고리와 더불어 10배 이상의 조금 높은 배율의 쌍안경으로도 볼 수 있는 좋은 육안 관측 대상이다. 천체망원경이라면 배율을 높여서 좀더 자세히 볼 수 있다. 그날 토성은 뜨기 전이어서 못 본 듯하고 이미 떠오른 달은 산에 가려 안 보였던 것 같다. 많은 사람이 토성의 테를 본 적은 있어도 목성의 줄무늬는 잘 보지 못했을 것이다. 망원경으로 천체를 볼 기회가 있다면 목성 주변에 일렬로 나란히 놓인 갈릴레이 위성과 목성 표면의 줄무늬를 우선으로 권하고 싶다. 어쩌면 목성의 대적반이 반겨줄지도 모른다. (나는 아직까지 목성의 대적반을 맨눈으로 보지 못했다.) 목성을 본 그날, 나는 친구를 졸라서 망원경을 빌려왔다.

망원경 만들기

다음 날 아침, 망원경으로 먼저 평소 궁금했던 건너편 산 아래 있는 하얀 점을 보았다. 2킬로미터 이상 떨어져 있는 하얀 점이 토끼장을 뛰어다니는 토끼였음을 그때 알았다. 천체망원경의 성능에 또다시 감탄했다. 우연이었겠지만 아침 시간의 안정된 대기 조건이 맞아떨어져서 자세히 볼 수 있었을 것이다. 돌아보면 작고 어설픈 천체망원경으로 목성을 본 그때의 기억이 내가 천문학을 하려고 마음먹은 가장 큰 사건인 듯하다.

그 뒤 관심은 계속 커졌지만 비싼 망원경을 사기는 어려웠고 학교에서도 접할 수 없어서 직접 만들기로 했다. 먼저 쌍안경 한쪽 부분만이라도 만들려고 했는데 중간에 들어갈 프리즘을 구하기가 어려웠다. 정밀하게 가공된 직각 프리즘을 찾을 수 없었다. 과학실에 있던 실험용 프리즘도 표면이 거칠었고 깨끗한 것이 없었다. 그래서 옛날 영화에 나오는 해적들이 가지고 다니던 휴대용 고배율 망원경을 만들기로 했다.

당시 알고 있던 망원경의 원리는 볼록렌즈에 오목렌즈를 사용하는 이른바 갈릴레이식 망원경이었다. 볼록렌즈로 빛을 모으면 상이 뒤집어지는데 오목렌즈를 이용해 바로 세우는 방식이다. 하지만 실망스

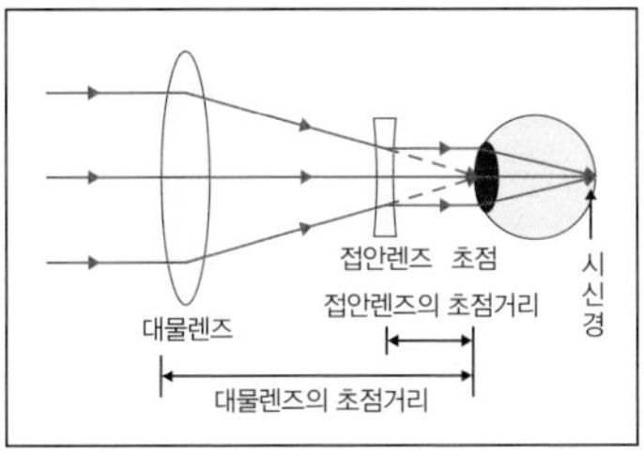

갈릴레이식 굴절망원경

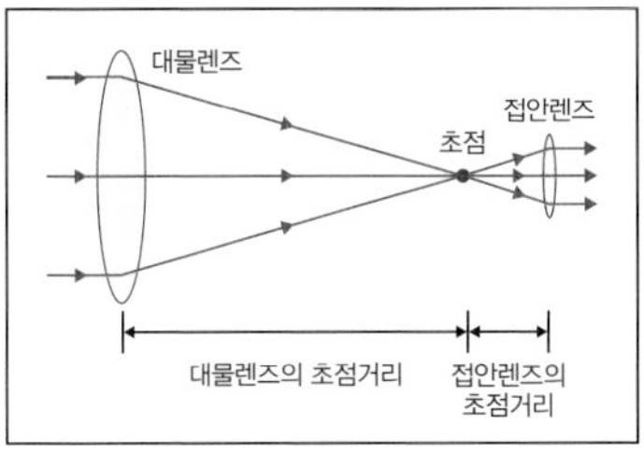

케플러식 굴절망원경

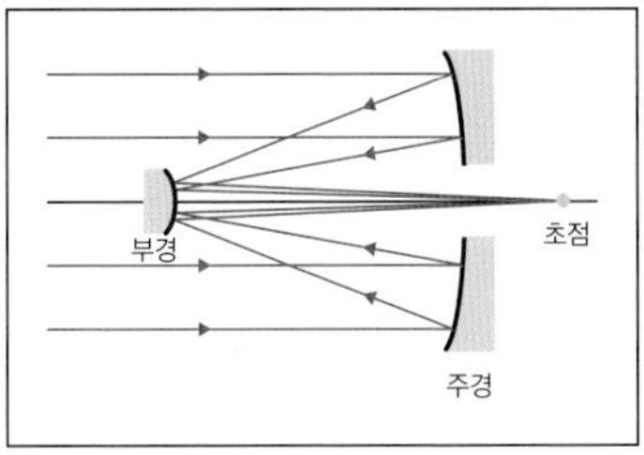

카세그레인식 반사망원경

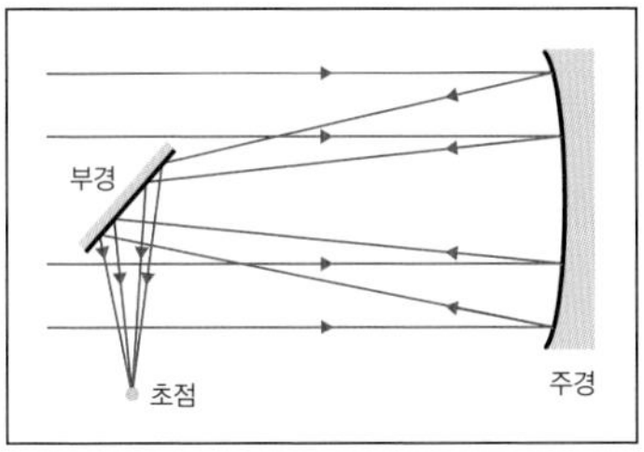

뉴턴식 반사망원경

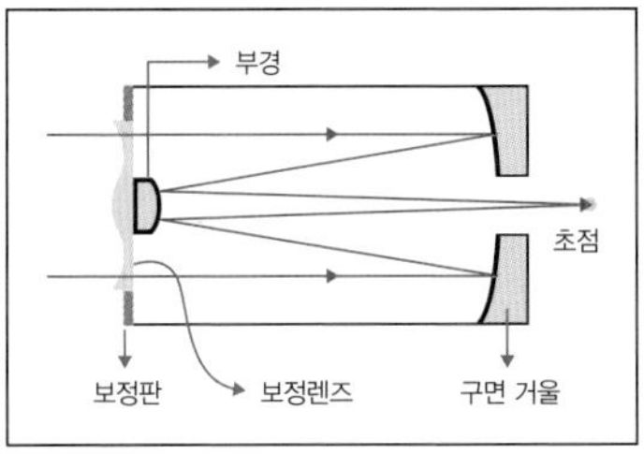

슈미트-카세그레인 망원경

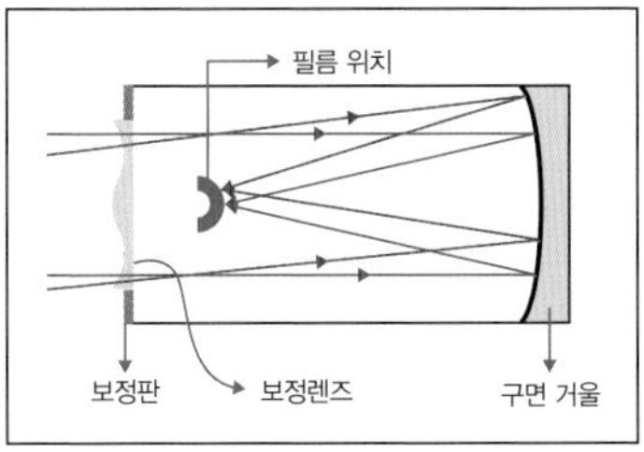

슈미트 망원경

그림 2.1 망원경의 원리. © 한국천문연구원

럽게도 이런 형태의 망원경은 대부분 배율이 4~5배였는데 이 정도면 맨눈으로 보는 것과 큰 차이가 없다. 갈릴레이식 망원경은 배율을 높이면 시야가 좁아지기 때문에 눈으로 보기가 어려워진다. 그래서 오페라 관람 등 근거리에서 조금 더 자세히 보는 용도로 많이 사용해 '오페라 망원경'이라는 별명도 가지고 있다. 갈릴레이는 20배 이상 배율을 가진 천체망원경을 만들어서 목성을 포함한 행성들을 관측했는데 시야가 극히 좁아서 관측이 아주 어려웠을 것이다.

어쨌든 나는 갈릴레이식 망원경의 낮은 배율 때문에 실망해 한동안 잊고 지냈다. 그러던 어느 날 백과사전을 넘기다가 볼록렌즈와 볼록렌즈를 이용한 망원경의 원리를 보게 되었고 다시 관심이 부풀었다. 이러한 망원경은 케플러식이라고 불리며 대부분의 천체 관측용 굴절 망원경은 이 형태다. 단, 갈릴레이식은 상이 똑바로 보이지만 케플러식은 거꾸로 보인다. 이러한 분류는 육안으로 천체를 볼 때 이야기며, 사진을 찍거나 다른 관측 장비를 부착할 때 케플러식과 갈릴레이식의 분류는 큰 의미가 없다. 눈으로 들여다보는 접안렌즈 부분에 CCD 카메라나 일반 사진기를 부착해 관측해서 차이가 없기 때문이다.

당장 부산 국제시장에 있던 과학 재료 상점에 가서 그곳에 있던 굴절렌즈를 모두 뒤졌고 표면이 깨끗하고 초점거리가 가능한 긴 것을 하나 구할 수 있었다. 대부분 표면이 거칠어서 균질하게 상을 확대하지 못했다. (당시 안경점에 갔다면 훨씬 좋은 렌즈를 구할 수 있었을 것이다.) 마침 집에 있던 장난감 같았던 현미경의 접안렌즈를 빼서 새로 사온 굴절렌즈 뒤에 대충 대보니 아주 먼 풍경이 눈앞으로 다가왔다. 케플러식 망원경의 배율은 앞쪽의 대물렌즈 초점거리를 접안렌즈 초점거리로 나눈 것이 되는데, 내가 만든 망원경의 배율은 20배 정도였다. 배율은 높였지만 멀리 떨어진 사람이 뒤집어져 보였다. 이제 이것을 고정만 하면 망원경이 된다. 두꺼운 마분지와 스티로폼, 수도 파이프 조각으로 형태를 만들고 접착테이프로 감아서 완성했다.

요즘은 모두 흔한 재료지만 당시에는 귀했다. 한동안 이 망원경을 품에 넣고 다니면서 괜히 한번씩 꺼내서 먼 곳을 보곤 했다. 물론 친구들에게 자랑하면서. 그런데 고등학교에 들어가서 신체검사를 하는데 오른쪽 눈의 시력이 유달리 안 좋았다. 망원경을 가지고 놀던 후유증이 아닐까. 그래서 요즘 누군가 망원경을 산다고 하면 가급적 질이 좋은 것을, 아니면 쌍안경을 권한다.

망원경을 만드는 데 쏟은 관심과는 달리 망원경으로 천체를 본 인연은 그다지 깊지 않다. 대학 시절 사진 동아리 활동을 하면서도 별 보는 것이 즐거웠고 당시 막 만들어진 천문 동아리에도 가입했다. 1981년 봄, 부산 동래산성 대피소에서 M81과 M82 외부은하를 천체 망원경을 통해 볼 수 있었다. M81과 M82는 메시에가 발견한 81번과 82번 천체를 뜻하며 서로 가까이 있다. 선명하진 않았지만 지금 생각하면 부산 외곽에서 보았고 외부은하인 점을 고려하면 대단한 것이었다. 하지만 그때는 실망스럽기만 했다. 성운이나 외부은하를 망원경으로 보면 뿌옇다. 그래서 멍하게 초점을 흐리듯이 봐야 잘 보인다고들 한다. 평소 사진으로 보던 멋진 모습을 기대했지만 그냥 희미할 뿐이었고 내가 좋아하는 사진 관측도 할 수 없었다. 천문 동아리 활동으로 천체를 본 것은 이때가 처음이자 마지막이었다.

측광학과 천체사진

천문학 공부를 시작하던 때 사진측광학(사진을 이용해 별의 밝기를 측정하는 연구 분야)을 배우면서 천체사진에 눈을 떴다. 필름 현상과 인화의 기본 원리를 새로 배웠다. 저강도상반칙불궤(low intensity reciprocity failure)라는 필름의 특성은 어두운 빛을 다루는 천체사진를 찍는 데 치명적인 요소이며 이를 해소하기 위해 초증감 처리(hypersensitization)라는 기술이 적용되는 것을 알게 되었다. 아날로그 필름은 셔터를 열어서 감광유제에 빛이 닿으면 빛의 세기에 따라 감광유제 속의 은이 반응해 일정량의 잠상(潛像)이 형성된다. 보통은 노출 시간을 길게 하거나 조리

그림 2.2 유리 건판. 1.8미터 망원경은 4인치×5인치와 8인치×10인치 건판 또는 필름을 사용할 수 있다. 약 A4 용지 크기의 시야를 가지는데, 이렇게 넓은 시야는 수차 보정 렌즈가 필요하여 실제로는 지름 16센티미터 원형으로 상이 맺힌다.

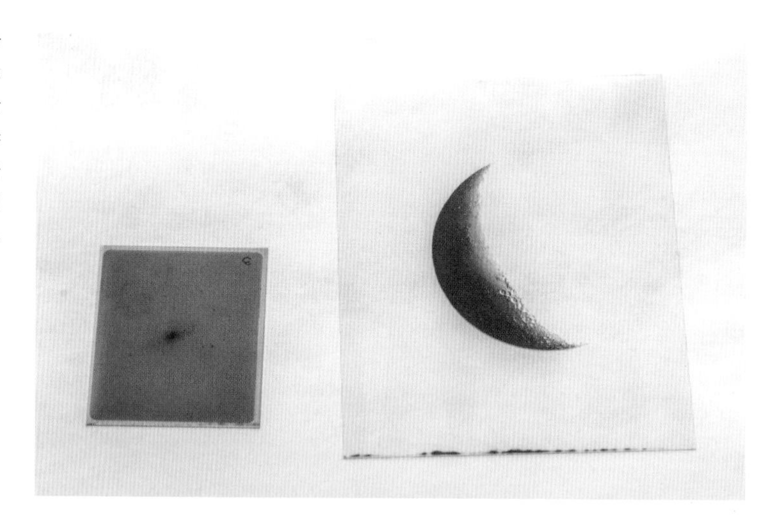

개를 많이 열면 들어온 전체 빛의 양이 증가하고 잠상은 빛의 양에 비례해 커진다. 이렇게 노출한 필름을 암실에서 현상하면 잠상이 성장해 실제 상이 나타나고 정착 과정에서 남아 있는 감광유제를 모두 제거하면 우리가 아는 인화를 위한 필름이 된다.

천문학에서 사용하던 연구용 천체사진은 필름보다는 유리판에 감광유제를 바른 건판(乾板)을 썼다. 그래서 종종 천체사진을 이야기할 때 필름이라고도 하고 건판이라고 표현하기도 한다. 밝은 빛 아래서 찍는 보통 사진과 달리 밤하늘 천체로부터 오는 빛은 세기가 약해서 건판에 노출을 해도 감광유제 속의 은 입자가 제대로 반응하지 않아서 잠상 형성이 잘 되지 않는 현상이 발생한다. 때로는 만들어진 잠상이 너무 작아서 안정적이지 않아 다시 없어지기도 한다. 그래서 아무리 길게 노출해도 천체의 영상이 제대로 찍히지 않는 저강도상반칙불궤 현상이 발생하는 것이다. 따라서 약한 빛에도 반응을 잘하도록 노출하기 전에 필름 또는 건판에 여러 가지 기술로 미리 특수 처리하는데 이것을 초증감 처리라고 한다.

초증감 처리는 건판을 넣은 통에 질소 가스 또는 수소가 혼합된 질소 가스를 채우거나 계속 흘리면서 장시간 보관하기도 하고 초증감 처리 시간을 단축하기 위해 건판을 뜨겁게 구워서 약한 빛에 민감하게 반응하도록 하는 등 다양한 방법이 있다. 경우에 따라서는 드라이아이스를 이용해 건판을 아주 낮은 온도로 유지해서 한 번 얻은 잠상이 사라지지 않도록 할 수도 있다.

천체사진 건판은 디지털 과정을 거쳐야 측광 자료로써 연구에 이용할 수 있다. 건판에 찍혀 있는 별은 밝으면 크고 농도가 짙으며, 어두우면 작고 희미하게 나타나는데 이들을 측정해 별의 밝기를 나타내는 등급으로 환산하는 과정이 사진측광이다. 사진측광을 위해서는 아이리스(Iris) 측광기나 PDS(Photometric Data System)라는 장비가 필요하다. 아이리스 측광기는 필름에 나타난 별의 크기를 측정해 하나하나의 밝기를 구하는 장비다.

이와 달리 PDS는 필름에 담긴 영상 전체를 정밀하게 읽어서 디지털 영상으로 만든다. 디지털로 변환된 영상은 현재의 CCD 영상처럼 별의 밝기를 측정할 수 있다. 이렇게 구한 측광 자료는 디지털 변환 과정이 일정하지 않아서 기존에 알려져 있거나 아니면 광전측광(광전자 증배관을 사용해서 약한 별빛을 1000만 배에서 10억 배까지 증폭해서 천체의 밝기를 잰다) 등으로 별도로 구해 표준화한 별의 등급과 일일이 상관관계를 얻어야 하는 등 이후에도 어려운 과정을 거쳐야 연구 결과가 나온다. 그런데 아이리스 측광기나 PDS는 천체망원경 가격에 버금가는 고가의 장비였다. 요즘은 CCD를 이용한 간단한 필름 스캐너도 이 정도 성능은 되니 이제는 아무도 이 장비들을 찾지 않는다. 아이리스 측광기나 PDS는 천체망원경의 주 관측 장비가 필름, 즉 건판 카메라에서 디지털인 CCD 카메라로 바뀌면서 한순간에 필요 없게 되었다. 안타깝지만 천문학의 발전에서 하나의 역사가 된 셈이다.

천체사진을 위한 기술

보현산천문대의 1.8미터 망원경은 천체사진을 찍는 데에 최적화되어 있었다. 1980년대 말까지만 해도 디지털 CCD 카메라가 일반화되기 전이어서 관측 장비에 천체사진기를 포함할지 논란은 있었지만 여전히 중요한 장비였다.

보현산천문대 건설 과정에서 나는 천체사진 관측 전문가로 합류했고 필요한 장비를 갖추는 일부터 추진했다. 암실을 만들고 현상과 인화 장비를 구비했다. 그리고 그에 앞서 천체사진 건판의 초증감 처리법을 개발하는 과제를 수행했다. 초증감 처리는 우리나라에서는 한 번도 시도하지 않았던 기술이어서 보현산천문대의 새 망원경을 위해 이를 확보하는 것은 무엇보다 시급했다. 그래서 합류하자마자 6개월 내내 지하 암실에 틀어박혀서 여러 가지 방법으로 실험하고 힘들게 설치한 PDS로 결과를 분석해 초증감 처리 기술을 완성했다. 더불어 보다 나은 천체사진을 얻기 위한 기술도 배웠다.

아날로그 시절, 컬러 천체사진은 3가지 필터로 찍은 각각의 흑백필름을 암실에서 합성해 만들었다. 인쇄를 위해 컬러필름을 색분해해서 각각의 흑백필름으로 나누는 것을 거꾸로 하는 과정과 같다. 천체사진을 보다 멋지게 만들기 위해서는 컬러 합성과 영상 증폭 기술, 세부 구조를 잘 재현할 수 있는 흐린마스크(unsharp mask) 기법 등 우리나라에서는 처음 시도한 여러 기술들이 필요했다. 보현산천문대 초창기에

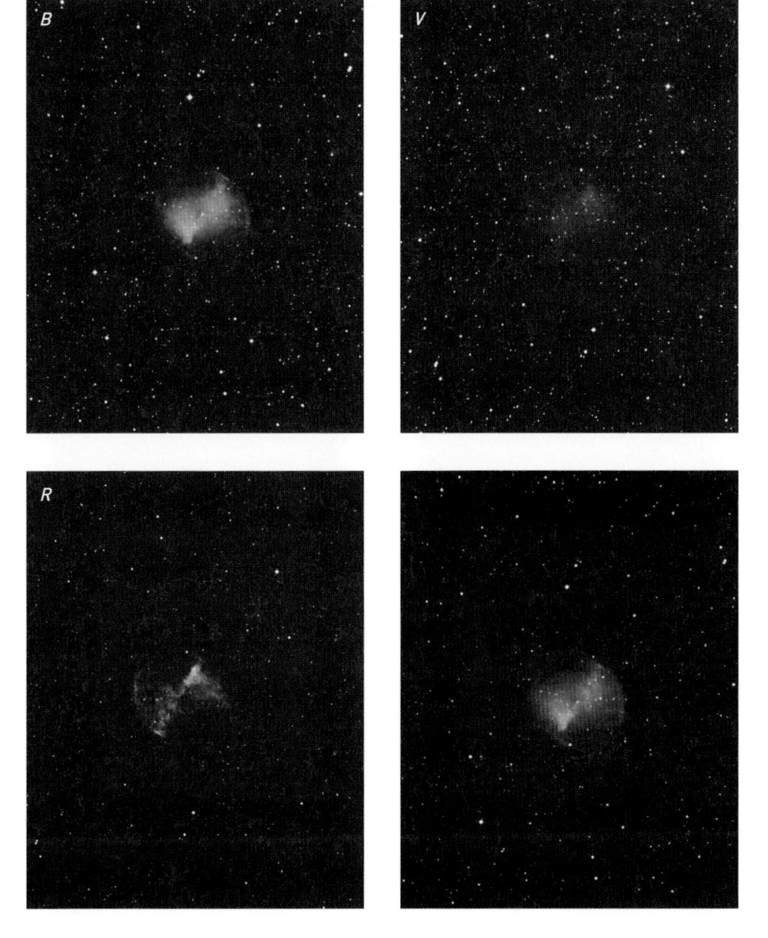

그림 2.3 흑백 필름으로 컬러 영상 만드는 법. *B*, *V*, *R* 필터로 각각 찍은 흑백 영상의 건판으로 암실에서 컬러 필름에 차례로 빛을 준다. 이때 3장의 흑백 영상 빛을 컬러 필름에 정확히 같은 위치에 비추어야 하며, 각 필터 별로 노출 차이를 잘 보정하는 것이 중요하다. 디지털 시대에는 상상하기 어려운 힘든 과정이다(그림 3.7 참조).

이러한 기술을 적용해 많은 천체사진을 얻었다. 그래서인지 나를 아는 천문학자들과는 지금도 천체사진과 관련된 이야기로 인사를 주고받곤 한다.

연구소에 들어와서 첫 과제로 초증감 처리 기술 개발을 정리하고 호주 AAO(Anglo-Australian Observatory: 지금은 영국이 빠져서 'Australian Astronomical Observatory'라고 한다) 천문대의 데이비드 말린(David Malin) 박사에게 천체사진 관측을 위한 여러 가지 기술을 배웠다. 1994년 봄

그림 2.4 영상 증폭. 나선팔 부분의 약한 빛을 밝게 처리했다.

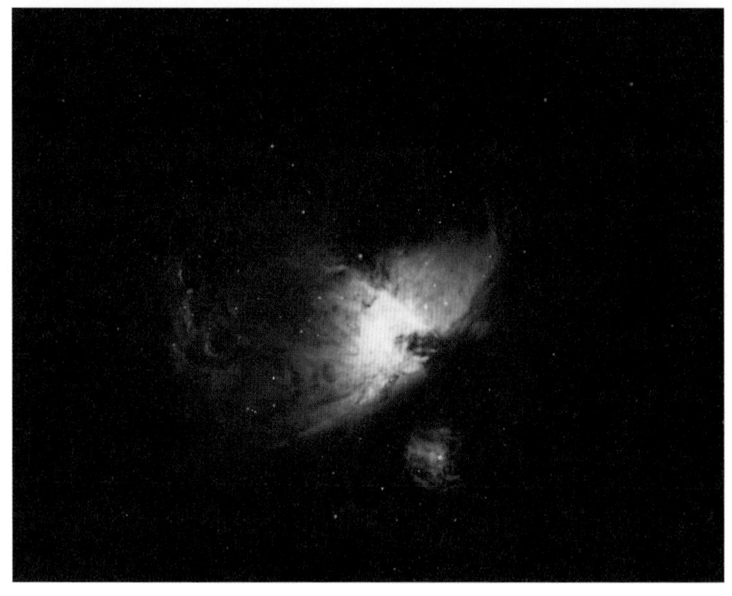

그림 2.5 흐린마스크 처리. 밝은 천체의 세부 구조가 잘 드러나도록 해준다.

에 3주간 방문해 기술을 익혔는데 호주의 천문대 상황은 우리에게 필요한 것이 무엇인지 파악하는 데 큰 도움이 되었다. 당시 AAO 본부는 오래된 느낌을 물씬 풍겼지만 부분적으로 고쳐서 현대적 느낌이 섞여 있었고 천체사진이 벽면에 가득했다. 천문학 강연을 듣기 위해 들렀던 AAO 본부의 시청각실도 무척 효율적이었지만 무엇보다도 복도 벽면에 걸린 안드로메다은하 흑백사진이 기억에 남아 있다. 잠시 멈추고 들여다보았다. 예술 작품을 보는 듯했고, 말린 박사의 서명이 선명했다.

그는 천체사진을 전문적으로 찍고 다양한 천체사진을 만드는 천문학자였는데 코닥(Kodak)사의 중요한 기술 위원이기도 했다. 천문학에 필요한 필름이나 건판의 발전을 위해 연구하며 호주 사진학계를 주도하던 분이었다. 어쩌면 당시 내가 가장 동경하던 일이 아니었을까 싶다. 말린 박사의 연구실에는 사진 관련 기기와 건판을 보관하는 장 그리고 암실이 붙어 있었다. 그는 여러 가지 기술을 이틀에 걸쳐 자세하게 시연해주었고 하루를 더해 배운 대로 직접 해보았다. 그리고 그 과정에 사용하는 약품과 필름 등 관련 자료를 기록했으며, 이 기록은 보현산천문대의 암실을 꾸미는 기본 바탕이 되었다.

돌아가기 전에 마무리한 초증감 처리 결과를 본 말린 박사는 이를 연구 논문으로 발표할 것을 권했다. 이미 내가 국내 논문으로 발표한 내용이 많아서 결국 출판은 못했다. 말린 박사는 그 뒤 천문대에서 사진 기술이 더 이상 필요하지 않아 일찌감치 은퇴했지만 간혹 사진 건판을 이용한 연구 관련 논문에서 공동 연구자로 이름이 나오기도 해서 반갑기도 했다. 그때 그에게 배운 기술은 지금까지 큰 도움이 되고 있다.

그림 2.6 유성이 은하를 관통한 모습. 〈스카이 앤드 텔레스코프〉 1994년 6월호에 실린 사진이다. ⓒ David Malin, AAT

말린 박사와의 또 다른 일화 하나를 덧붙이고 싶다. 호주의 UK 슈미트 망원경은 35.6센티미터×35.6센티미터 크기의 아주 넓은 유리 건판을 이용한다. 필름 면적으로 치면 35밀리미터 카메라 풀 프레임의 150배에 달한다. 슈미트 망원경은 천체사진만을 찍기 위한 망원경이어서 때로는 '슈미트 카메라'라고도 불린다. UK 슈미트 망원경은 1.8미터 크기의 반사경을 가지고 있지만 앞쪽에 붙은 보정용 렌즈가 1미터여서 1미터 망원경으로 분류한다.

초점거리는 3000밀리미터가 넘지만 넓은 유리 건판을 사용하기 때문에 시야는 6.4도각×6.4도각으로, 35밀리미터 카메라 풀 프레임과 비교할 때 대략 400밀리미터 망원렌즈를 사용한 화각이다. 기본적으로 UK 슈미트 망원경으로 1장의 사진을 얻기 위해서는 30분 또는 1시간씩 노출하고, 초증감 처리 등 긴 준비 과정과 정밀한 현상을 거친다.

UK 슈미트 망원경 돔에서 이 모든 과정을 사흘 동안 같이 작업한 다음 날, 말린 박사가 사진 1장을 보여주었다. 보자마자 '아! 사진 1장 버렸네' 하고 생각했다. 그런데 말린 박사는 진짜 행운이었다고 말했다. 사진 한가운데에 밝은 유성이 떨어져서 마치 빛이 스며든 것처럼 보였다. 그래서 나는 어렵게 찍은 사진 건판 하나를 망쳤다고 생각한 것이었다. 그런데 자세히 보니 유성이 작은 은하의 중심을 멋지게 관통했고, 이러한 순간이 발생할 확률을 생각해보니 더없이 귀한 사진이 맞았다.

만약 일반 35밀리미터 카메라에 400밀리미터 망원렌즈를 부착해 천체를 찍고 있다면 그 좁은 시야로 밝은 유성이 떨어질 확률은 극히 낮을 것이다. 게다가 유성이 은하 중심을 관통할 확률은 또 얼마나 낮겠는가? 나는 1장이라도 완벽한 사진을 얻고 싶은 마음에, 힘들게 작업한 사진에 유성이 지나가서 망쳤다고 생각해버린 것이다.

사이딩스프링 천문대에서 돌아온 다음 날 말린 박사의 연구실에 들어서니 그는 이 사진을 〈스카이 앤드 텔레스코프(Sky & Telescope)〉 잡지사에 보내려고 포장하는 중이었다. 한국에 돌아오자마자 이 잡지를 구독해 이때 찍은 사진이 나오기를 기다렸고, 한 달 뒤 1994년 6월호에 실렸다. 이 사진은 천문 현상의 가치를 바라보는 나의 사고방식을 바꾸었기에 아직도 아껴두고 그때를 기억한다.

1만 원권 지폐 속 천문학

우리나라 국민이면 알게 모르게 보현산천문대 1.8미터 망원경을 자주 접한다. 1만 원권 지폐 뒷면에 혼천의와 나란히 놓인 것이 바로 이 망원경이기 때문이다. 지폐가 2007년에 바뀌었으니까 벌써 10년이 넘었는데 잘 모르는 사람이 의외로 많다. 천체망원경이라면 보통은 굴절렌즈를 이용한 긴 경통 형태를 생각하기 쉬워서 얼핏 보아 1.8미터 망원경이 천체망원경이라는 생각이 들지 않을 수도 있겠다.

보현산천문대의 연구원들은 처음에 이 망원경의 이름을 '도약'이라고 붙였다. 공식적으로는 사용하지 않았지만 컴퓨터의 관측자 계정으로도 사용했고, 여러 부분에서 여전히 '도약'이라는 명칭을 쓰고 있다. 이러한 바람처럼 우리나라 천문학은 발전하고 있다. 앞서 소개했듯 이미 남반구에 3대의 1.6미터 망원경을 설치해 외계 행성을 찾는 한국중력렌즈망원경네트워크 즉 KMTNet을 가동 중이고, 25미터 구경의 세계 최대 망원경인 거대 마젤란 망원경 사업에 참여해 새롭게 도약하고 있기 때문이다.

신권이 나오기 1년 6개월 전의 일이다. 한국은행에서 새 1만 원권 지폐에 천문학 관련 내용이 들어갈 예정이고 현대 천문학을 대표하는 천체망원경을 넣고 싶다는 의견을 전해왔다. 처음에는 보편적으로 알려진 작은 굴절망원경을 쓰려다가 그보다는 우리나라에서 가장 큰 망원경을 넣자는 이야기가 나와서 보현산천문대를 찾았다고 했다. 한 가지 걸리는 점은 보현산천문대 1.8미터 망원경이 순수 국내 기술로 만든 것이 아니라는 문제였다. 하지만 연구원들은 망원경을 건설하며 겪은 어려웠던 점을 설명했고 그러한 여러 문제점을 자체적으로 해결해 우리 기술로 만든 것과 다름없다는 의견을 제시했다.

설치 단계에서 예상보다 강하게 부는 바람 때문에 망원경이 안정되지 않았다. 그래서 시험 관측 기간 내내 망원경이 오작동해 어려움이 컸다. 바람이 강한 겨울에는 시종일관 망원경이 흔들려서 상이 찌그러지거나 아니면 망원경 자체가 비상 정지해버려 관측이 아주 어려웠다. 이 문제는 제작사 측에서 해결하지 못해 결국 포기했다. 그 뒤 우리가 남은 설치비를 이용해 전자부를 완전히 새로 만들었다. 그리고 망원경 구동 시스템을 'TCS2(Telscope Control System 2)'라고 불렀다. 설치하자마자 제대로 사용도 못하고 TCS2로 업그레이드한 것이다. 지금은 망원경 구동 컴퓨터가 노화되어 TCS3로 개선했지만 TCS2로 1.8미터 망원경을 20여 년 동안 문제없이 사용할 수 있었다. 이러한 노력을 이해한 한국은행 측에서도 흔쾌히 이 망원경을 새 1만 원권에 넣기로 결정했다. 어쩌면 1.8미터 망원경은 TCS2가 되는 순간 이미 한 번 도약을 한 셈이었다.

새 지폐에 1.8미터 망원경이 들어가는 내용은 물론 대외비였다. 언제쯤 말할 수 있나 하며 기다리던 어느 날 시안이 왔다. 그리고 한국

그림 2.7 1만 원권에 뒷면에 혼천의와 함께 등장하는 보현산천문대 1.8미터 망원경. 내가 기록용으로 찍은 이 사진을 바탕으로 도안을 했다.

은행에서 망원경 사진을 찍어 갔지만 결국은 내가 찍은 망원경 사진을 사용하기로 했다. 돔 꼭대기까지 올라갈 수 있는 사다리의 맨 위에서 촬영한 것인데 이후 사다리의 위치를 바꿔서 다시 찍을 수 없는 사진이다.

디자인과 관련해서 조금이나마 논란이 되었던 것은 망원경 위에 같이 올라가 있는 사각형 수납장이었다. 이 안에는 망원경 구동 컴퓨터와 운용에 필요한 기기가 들어 있고 우리가 만든 필수품이라는 의견에 모두 동의해 그대로 두기로 했다. 하지만 망원경 가운데 튀어나온 잡광가리개는 복잡하게 보여 지우는 등 어수선한 부분들은 말끔히 정리했다.

지폐가 언제 나오는지 물어봤지만 막연한 시점만 알 수 있었고 기다림의 연속이었다. 결국 나 역시 방송에서 처음 신권 소식을 들었고 내용도 살펴보았으며 함께 디자인한 분과 축하 인사를 나누었다. 내가 오래전에 찍은 망원경 사진이 1만 원권에 들어가는 영광을 누리게 되었다.

그해 여름, 캐나다 변광성 학회에 참가했을 때 새 지폐를 가지고 가서 사람들에게 보여주었다. 캐나다에서는 우표에 두어 번 망원경이 들어간 적은 있지만 지폐에 들어간 예는 없다고 한다. 새 1만 원권 뒷면은 바탕에 천상열차분야지도가 있고 1.8미터 망원경과 함께 왼쪽에 혼천의가 있다. 한마디로 우리나라의 천문학을 이야기하는, 전 세계 어디에서도 볼 수 없는 과학 지폐다. 이러한 지폐를 만드는 데 기여하게 되어 뿌듯하다. 내가 찍은 사진이 들어간 우리나라 지폐라니!

밤하늘에 빛나는 과학자

어느 날 우연히 소행성 1개를 발견했다. 그리고 그 소행성을 추적 관측하다가 더 많은 소행성을 찾았다. 관측을 이어가 총 120개의 새로운 소행성을 발견했고 2002년 2월, 처음으로 소행성 하나에 고유 번호 34666번을 받았다. 고유 번호를 받으면 발견자가 이름을 부여할 수 있다. 발견자 이름을 붙일 수 있으면 좋겠지만 소행성에는 발견자가 이름을 붙일 수 있을 뿐이다. 막상 붙이고 싶은 이름이 너무 많아 연구원 내에서 논란이 되었다. 결국 나는 첫 소행성이니까 기념으로 발견한 천문대 이름으로 결정했다. 2002년 5월, 소행성 '보현산(Bohyunsan)'으로 정식 승인을 받았다. '보현산'은 소행성 '통일' 이후 우리나라에서 이름을 붙인 두 번째 소행성이다.

그 뒤 2004년에는 5개의 소행성에 고유 번호를 한꺼번에 받았다. 나는 다시 이름 때문에 고민했다. 그 과정에서 우리나라 과학기술인 명예의 전당에 헌정된 분들의 이름을 연대순으로 소행성에 붙이자는 의견을 따르기로 했다. 2005년과 2006년에 2개의 소행성에 이름을 붙

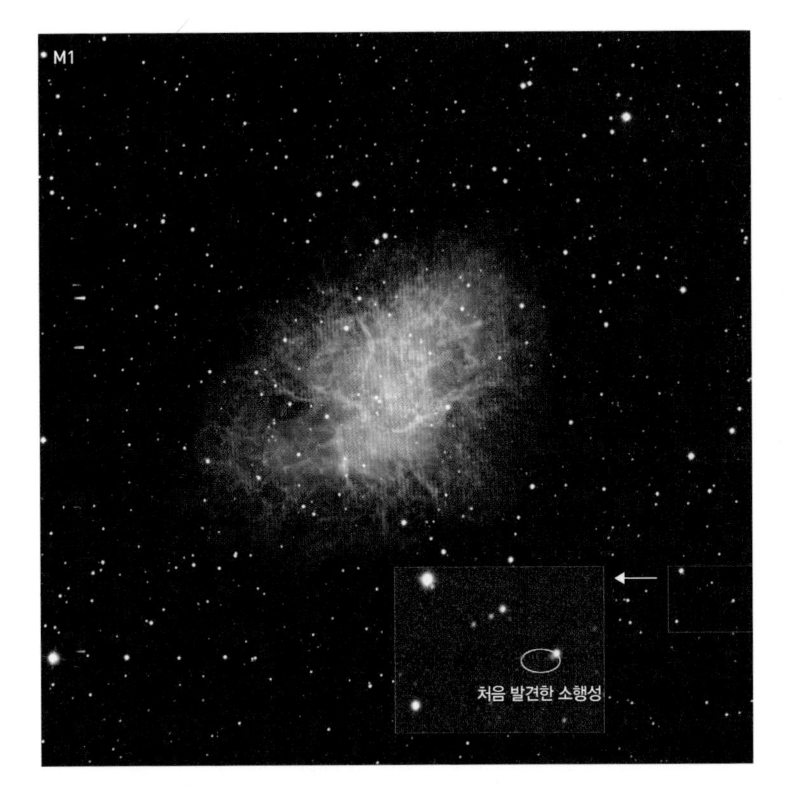

그림 2.8 M1 초신성 잔해를 관측한 영상에서 소행성 하나를 발견했다. 이 소행성을 추적 관측하다가 모두 120개의 소행성을 새로 찾았다.

였고 지금까지 최무선, 이천, 장영실, 이순지, 허준, 김정호, 홍대용, 유방택, 이원철, 서호수 총 10명의 과학기술인 이름이 들어갔다. (이 가운데 유방택은 우리나라 과학기술인 명예의 전당에 헌정되지는 않았지만 천상열차분야지도를 만드는 데 크게 기여했다.)

이제 고유 번호를 받은 것만 70개가 넘는다. 그 가운데 11개에 이름을 부여했으니 아직 이름을 붙일 60여 개의 소행성이 남았다. 한꺼번에 모두 이름을 붙일 수는 없고 두 달 동안 2개를 붙일 수 있다. 또한 정치적이거나 애완동물 이름 등은 엄격하게 제한한다. 너무 많으면 가치가 줄어들기에 이름을 헌정하는 데 신중을 기하는 것이다.

이제는 소행성 발견으로 이름을 부여하는 자체가 큰 의미를 가지지

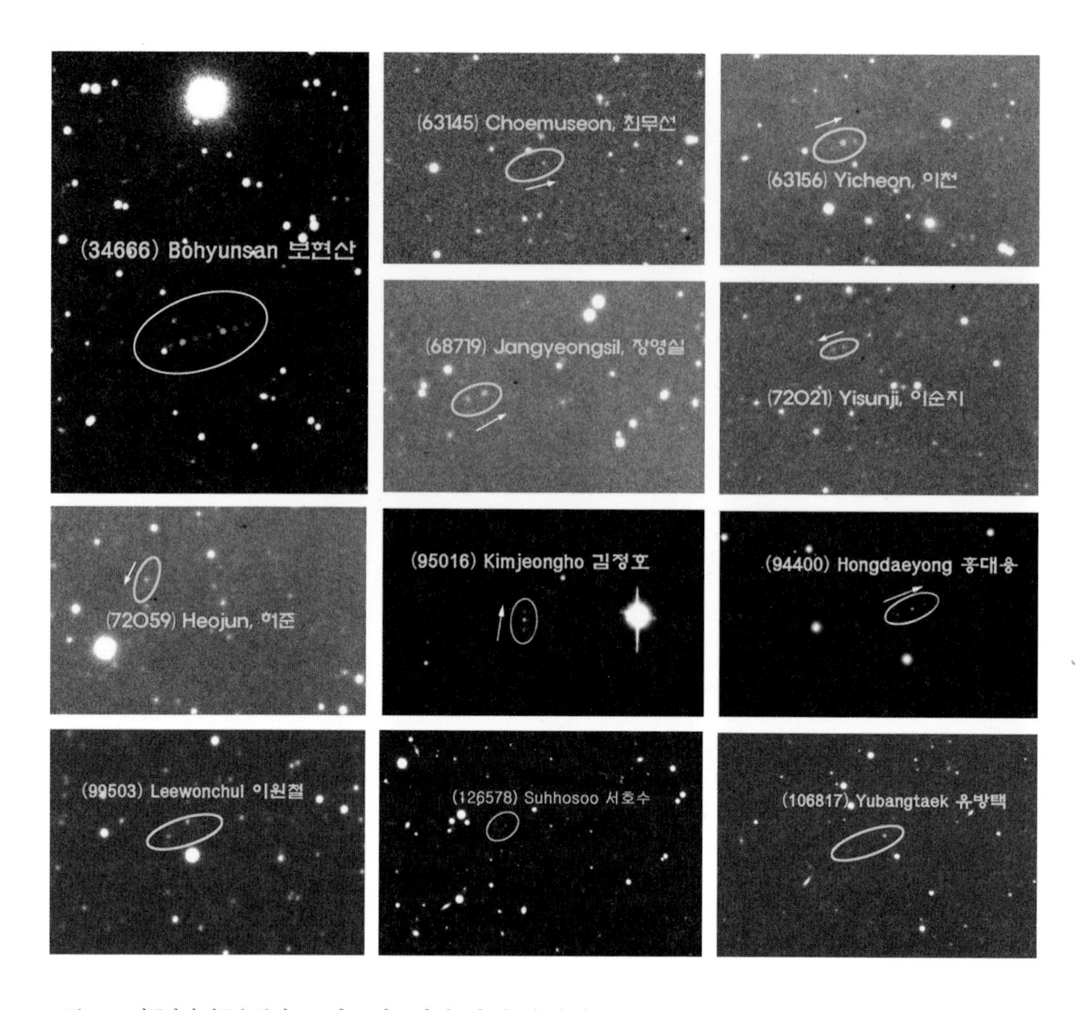

그림 2.9 지금까지 이름을 부여한 소행성 11개. 첫 소행성은 '보현산', 우리나라 과학기술인 명예의 전당에 헌정된 과학자 가운데 9명과 천상열차분야지도를 만드는 데 기여한 '유방택'의 이름을 붙였다.

않는다. 워낙 많이 발견되었기 때문이다. 하지만 소행성이 많다는 것은 그만큼 지구에 충돌할 확률이 높다는 뜻이다. 1908년 시베리아 퉁구스카에 떨어진 소행성은 겨우 지름 50미터 크기였지만 유럽에서도 충격이 감지되었을 정도였으며 2013년에는 러시아 첼랴빈스크에 지름 15미터로 추정된 소행성이 유성처럼 떨어지다가 폭발해 많은 사람이 다치고 건물 유리창이 파손되는 등 피해가 컸다. 보통 지름 5~10미터 크기면 히로시마 원폭 정도의 에너지를 가지므로 그 폭발의 세기를 짐작해볼 수 있다. 소행성은 하나라도 지구에 떨어지면 큰 위협이 되며 언제든 떨어질 수 있기 때문에 전 세계의 많은 망원경을 이용해 지속적으로 찾고 있다. 지금은 지름 1킬로미터 이상의 소행성은 대부분 찾았다고 보지만 이보다 작은 훨씬 많은 소행성이 우리가 예상할 수 없는 방향에서 다가올 수 있다.

지금도 소행성을 발견한 때를 생각하면 들뜬다. 어느 날 우연히 발견한 소행성이 천문대의 단조로운 일상에서 언론 취재나 방송 출연 등 내가 세상으로 나가는 계기를 만들어주었다. 연구자에게 이러한 활동은 연구에 방해가 될 수 있지만 때로 활기를 주기도 한다.

소행성 발견 당시 처음 9일 동안의 내용을 정리해보았다. 그때 1.8미터 망원경의 관측 시간을 마침 내가 확보하고 있어서 추가 관측이 가능했다.

2000년 11월 22일

구상성단의 변광성 연구를 위한 관측을 하던 중 시상이 너무 좋아서 초신성 잔해인 M1을 찍었다. 이미 한 차례 찍은 적이 있었지만 시상이 안 좋아서 아쉬웠던 참이었다. 컬러 합성을 위해 B, V, R와 B, V, $H\alpha$ 필터(필터에 대해서는 127쪽 참고)로 2세트를 찍었다. 다음 날 영상 처리를 해서 곧바로 합성했고 M1의 멋진 모습에 감탄하고 있었는데, 오른쪽 아래 구석에서 색이 분리된 천체를 발견했다. 이는 움직이는 천체가 찍혔음을 뜻한다. 만약 기존에 알려진 소행성이라면 목록에 나와야 하는데 그 별 부근에 알려진 소행성이 목록에 없어서 새로운 것일 가능성이 컸다. 이미 많이 발견되어 비교적 밝은 소행성은 새로운 것이 아닐 수 있다. 하지만 M1 영상에서 발견한 소행성은 밝기가 아주 어두워서 알려지지 않았을 가능성이 높았다.

때마침 내가 계속해서 관측 중이었으므로 곧바로 추가 관측을 했다. 국제천문연맹(The International Astronomical Union, IAU) 소행성 센터(Minor Planet Center, MPC) 홈페이지에는 관측한 자료를 넣으면 원하는 시간대의 이동한 좌표를 알려주는 서비스가 있다. 소행성은 계속 움직이기 때문에 시간에 따른 좌표가 항상 다르다. 그래서 처음 관측한 위치를 바탕으로 추가 관측할 시간대의 위치를 계산해주는 것인데 정확하게 움직이는 천체를 다시 찾았다. 이 소행성 부근에는 기존에 알려진 소행성이 없으니 새로운 것일 가능성이 아주 높다고 생각했다.

떨리는 마음으로 결과를 확인했다. 새로운 발견으로 인정받아 정식 고유 번호를 받으려면 시간이 걸리지만, 우선 첫 단계로 최소한 2일의 관측이 필요하며 이미 그 자료를 얻은 것이다. 그 당시 국내에서 발견한 소행성은 3개뿐이었고 그 가운데 '통일' 하나만 고유 번호를 받아서 이름을 부여한 상황이었다. 나머지 2개는 아직 자료가 부족해 고유 번호를 받지 못했다. 그래서 이보다 먼저 새로운 소행성으로 임시 이름을 받을 수 있기를 기대했다. 여러 번의 시행착오를 거쳐 소행성 센터에 'YB01'이라는 이름으로 결과 자료를 보냈고 연구원 내의 소행성 탐사팀에도 함께 알렸다.

11월 24일

자고 일어나니 축하 인사가 쇄도했다. 소행성 센터에서 메일도 보내왔다. 'YB01 K00W09Q'. YB01에 K00W09Q라는 임시 이름을 부여한다는 내용이었다. 이후 새로운 소행성임을 정식으로 인정받기 위해서는 꾸준한 관측으로 완전한 궤도가 알려져야 하고 보통 2년 이상 걸린다. 실제 소행성팀의 주 관심사는 지구 근접 소행성이며 YB01처럼 먼 소행성대의 천체는 개수가 많고 발견 빈도도 높아서 중요도가 낮다. 밝은 소행성은 대부분 발견되었지만 상대적으로 무척 어두운 소행성은 많이 남았고 이들은 작은 망원경으로 발견하기가 어렵다.

날씨가 계속 맑아서 구상성단 관측 중에 YB01을 한 차례 더 추적 관측했다. 그러다가 갑자기 날씨가 안 좋아져서 구상성단을 관측하기 어려운 상황이 되어 YB01의 추적 관측을 이어갔다. 다시 날씨가 좋아져서 구상성단 관측을 했고, 마지막에 'YB01 K00W09Q'를 한 번 더 찍었다. 그런데 화면에서 YB01 왼쪽 아래에 움직이는 천체가 있는 듯해 망원경을 조금 옮겨 다시 찍었다. 그 결과 또 다른 움직이는 천체 2개가 보였다. 좌표 계산을 했더니 이들은 기존에 알려진 소행성일 가능성이 컸다. 어쨌든 YB01과 두 소행성에 대해 좌표와 등급을 측정해 소행성 센터로 보냈다.

날씨 변화 때문에 여유 있게 추가 관측을 할 수 있어서 새로운 소행성을 찾았고 YB01은 초기에 정밀한 자료를 얻어서 이후 다른 사람이 이 소행성을 관측해도 초기 발견자가 바뀔 가능성이 낮아졌다. 소행성은 처음 발견해 임시 이름을 받아도 추가 관측 자료가 미흡한 상황에서 다른 사람이 더 좋은 자료를 내면 우리 자료는 그쪽으로 넘어가고 임시 이름도 통합된다.

다음 날은 날씨가 맑아서 소행성 관측은 못했고 예정된 구상성단 관측을 했다. 하지만 관측 중에 그동안 찍었던 소행성 영상을 자세히

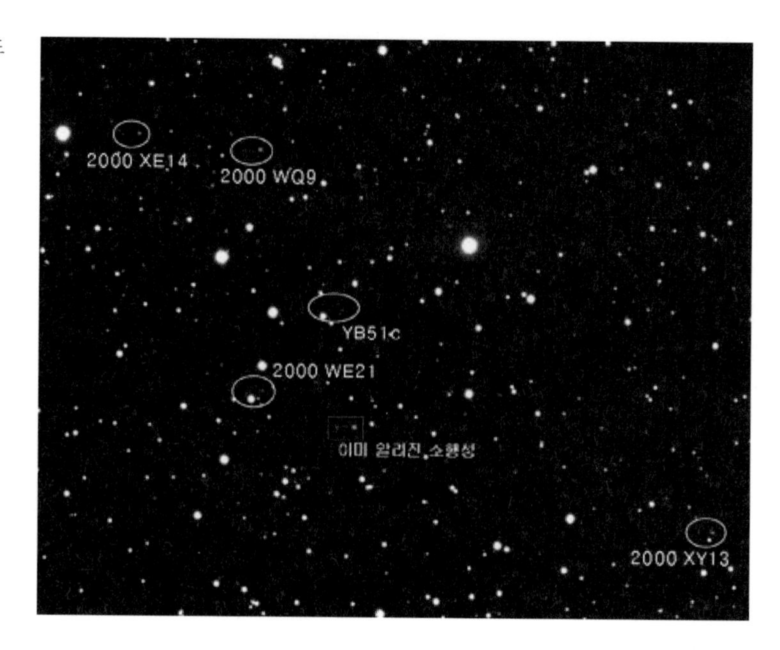

그림 2.10 소행성 추적 관측 도중 여러 개를 한꺼번에 찾았다.

살펴서 또 다른 소행성을 찾았다. 워낙 어두워서 보지 못했던 것을 추가로 찾아낸 것이다. 그러나 임시 이름을 얻으려면 최소한 이틀 치 자료가 필요하기 때문에 YB02라 명명한 뒤 추가 관측이 필요했다.

11월 26일

24일에 관측한 자료를 자세히 조사해 알려진 소행성이라고 생각했던 것들이 리스트에 없어 새로운 소행성일 수 있음을 알게 되었다. 25일에 발견한 YB02의 확인 관측과 더불어 이들도 추가 관측을 해야 하는데 날씨가 안 좋았다. 결국 YB02는 관측 시간을 놓쳤다. 하지만 새로운 소행성일 가능성이 있는 2개는 새벽에 좋지 않은 날씨임에도 무리해서 200초 이상의 긴 노출로 관측했고 YB03과 YB04로 명명했다. 이 과정에서 도움을 주던 오퍼레이터가 YB04 아래에서 또 하나를 발견해 YH01로 이름 짓고 추가로 새로운 소행성을 발견해 YB05라고 해서 YB01과 함께 소행성 센터로 보냈다.

11월 27일

두 소행성의 임시 이름을 받았다. 'YB03 K00W21E'와 'YB04 K00W 21D'였다. 이제 3개의 임시 이름을 받았고 보내지 못한 자료 하나가 남았다. 이날부터는 구상성단 관측이 끝났고 영상 관측을 하게 되어 소행성 관측에 시간을 사용하기가 비교적 자유로워졌다. 관측을 시작하면서 YB02의 움직이는 속도와 방향을 고려하니 24일 이전 영상에서도 관측되었을 것 같아서 확인했고, 예측한 위치에 나타났다. 즉시 측광해서 25일 결과와 더불어 소행성 센터로 보냈으며 이날의 관측을 시작했다. 먼저 초저녁에 YB02를 찍고 영상 관측을 하는 도중 YB01, YB03, YB04, YH01의 추적 관측을 했다. 이번에는 관측 후 즉시 소행성의 위치를 확인했다.

새로 찍은 YB02 영상에서 추가로 소행성을 찾아 YB06으로, YB04의 왼쪽 아래에서 아래로 움직이는 새로운 소행성을 찾아서 YB07로 이름 붙였다. 새벽 2시에 모든 자료를 정리해 소행성 센터로 보냈다. 이제 YB01, YB02, YB03, YB04, YB05, YB06, YB07, YH01로 개수가 늘었다.

관측 중에 YB02가 'YB02 K00W21R'로 임시 이름을 통보받았다. 새벽에 생각하니 22일의 M1 영상에 YB03이 있어야 한다는 계산이 나와서 한참 찾으니 눈에 띄었다. 그 결과도 즉시 소행성 센터에 보냈다. 그러고 보니 YB07도 이전 영상에서 찾을 수 있어야 할 듯해

26일의 영상을 살폈고 왼쪽 가장자리 끝에 있었다. 이 역시 바로 보냈다. 이제 YB07도 두 번 관측한 자료를 보낸 셈이다. 기본적으로 두 번 이상 관측해야 새로운 관측자의 관측 자료로 인정을 받을 수 있기 때문에 두 번 관측하는 것이 상당히 중요하다. 그사이에 'YB07 K00W28V'로 임시 이름을 받았다.

11월 28일

그동안 보낸 자료 가운데 YH01은 임시 이름을 받았고 YB06은 예상대로 알려진 소행성이었다. 'YH01 K00W26Z', 'YB06 (K00Q99H'. 소행성 확인 통보에서 한쪽에 '('가 있으면 알려진 소행성을 뜻한다. 23일의 영상 합성 과정에서 새로 2개(YB08, YB09)를 찾았다. 이날은 그동안 관측한 소행성을 정리하는 마음으로 전체를 다시 관측했다.

시상의 변화가 심해 노출을 많이 주고 찍었는데 이 과정에서 YH01의 오른쪽 아래에서 1개(YB11), YH01 바로 아래에서 2개(YB10, YH12)를 더 발견했다. YB08과 YB09는 이전 자료와 더불어 임시 이름을 받을 수 있는 여건이 마련되었고, YB11과 YB12는 한 번 더 관측해야 한다. 그리고 YB10은 알려진 소행성으로 추정되었다.

이런 식으로는 끝이 없을 것 같았다. 그동안 1.8미터급 망원경으로 이러한 작업을 한 적이 없었는데 아무래도 큰 망원경으로 장시간 노출하면 발견 확률이 높아지는 듯했다.

11월 29일

자고 일어나니 YB10은 알려진 소행성이었고('YB10 (K00R62E'), 두 번 관측한 YB08과 YB09는 'YB03z K00W50V', 'YB09 K00W50U', YB11과 YB12는 아직 결과를 받지 못했다. YB03z는 YB08이다. 소행성 센터의 기록 가운데 YB08은 이미 있었기 때문에 이름을 바꾼 것 같았다.

날씨가 안 좋아질 듯해 관측을 서둘렀다. 먼저 YB02를 4장 찍어서 확인하던 중 왼쪽 위에서 새로운 소행성 YB13을 찾았다. 어느 것이 YB02인지 확인한 후 즉시 YB02 자료와 함께 소행성 센터에 자료를 보냈다. 발견한 소행성들의 확인을 위해 지속적으로 추가 관측을 할 필요가 있었다. 그런데 그 과정에서 자꾸 더 발견하게 되니 정신이 없었다. 언제까지 관측해야 할지 난감해졌다. 이대로라면 감당하기 어려웠고 한계에 부딪힐 것 같았다. 그래서 소행성팀의 도움을 받고 싶었다.

아직 2개를 확인 관측해야 하는데 날씨가 좋지 않아 더 이상의 관측은 못했다. 점점 관측해야 할 대상이 많아져서 어려워졌고 너무 많아지니까 흥분도 조금씩 가라앉았다.

그러고 나서 천체 영상을 찍으면 반드시 소행성 찾는 과정을 먼저 진행한 뒤 자료를 처리하는 버릇이 생겼다. 그러나 M1에서 소행성들을 발견한 이후 컬러 영상 합성 사진에서는 아직까지 더 찾지 못했다. 사실 컬러 합성을 위한 천체사진을 찍는 과정에서 소행성을 발견할 확률은 아주 낮다고 보아야 한다. 시야도 좁고 대부분 충분히 노출을 주지 못하기 때문이다.

관측을 마치기 전인 새벽에 소행성 센터로부터 YB13도 새로운 소행성일 것 같으니 추가 관측을 요청한다는 메일을 받았다. 그러나 임시 이름을 받으려면 한 번 더 관측해야 되는데, 밤을 꼬박 새우고 아침 8시가 되었다. 자료를 정리해 보내느라 잠을 설쳤다.

11월 30일

옆방 자명종 소리에 잠을 깼다. 겨우 3시간 잤다. 억지로 잠을 청하고 다시 일어나니 오후 3시 30분이었다. 내가 쓸 수 있는 마지막 관측일이었다. 날씨가 안 좋았으나 기상 영상에서 구름이 움직이는 모습으로 보아 자정쯤이면 갤 것으로 기대되었다. 하지만 밤새 습도가 높아 관측을 못했다. 그래서 기다리는 동안 지나간 영상을 다시 점검해 YB11, YB13을 찾았고 YB12로 추정되는 것도 추가로 찾았다. 새로운 소행성도 하나 찾아서 YB14로 이름 지었다. 새로운 소행성으로 추정했던 YB13은 이미 알려진 소행성이었다. 그리고 이미 보낸 자료에서 같은 소행성이 중복되어 나오기 시작했다.

처음 소행성을 발견한 메시에 천체 M1 관측일을 포함한 9일의 기록이다. 여기서 내가 임의로 붙인 이름이나 소행성의 임시 이름 등이 중요한 것은 아니지만 소행성 관측 과정을 이해하는 데 도움이 된다. 이후 소행성 관측을 위해서는 정규 관측 시간은 이용하지 못하고 다른 관측 시간 가운데 시작과 끝 무렵, 하늘이 밝아져서 관측 자료를 확보하기 어려운 시간과 날씨 여건상 연구용 관측이 어려울 때 등의 시간을 이용해 틈틈이 추가 관측을 했다. 그 뒤 120개까지 임시 이름을 받았다. 그 가운데 2000 WQ9, 2000 WE21, 2000 WD21, 2000 WR21,

2000 WZ26, 2000 WV28, 2000 WV50, 2000 WU50, 2000 WY13, 2000 XZ13, 2000 XJ2, 2000 XK2, 2000 XA14, 2000 XB14, 2000 XC14, 2000 XD14, 2000 XE14, 2000 XJ15, 2000 XK15, 2000 XL15, 2000 XM15, 2000 XA44, 2000 XB44, 2000 XC44, 2000 XD44 등은 한국천문연구원에서 공식적으로 발표한 소행성들이며 우리나라에 본격적인 소행성 연구 시대를 여는 계기가 되었다.

이들 소행성은 화성과 목성 사이의 소행성대에 분포하며, 장반경 2.2~3.4AU(지구와 태양 간의 거리), 이심률 0.0~0.25로 원궤도에 가깝게 공전하고 있었다. 소행성은 크기가 최대 수백 킬로미터에 이르지만 이번에 발견한 소행성들은 1~6킬로미터로 작다. 앞서 언급했듯 이제는 임시 이름이 아니라 고유 번호를 받은 소행성이 70개이며 이들은 내가 이름을 부여할 수 있다.

참고로 소행성 발견자가 이름을 부여하는 과정은 다음과 같다. 먼저 움직이는 천체를 발견하면 가급적 20분이 넘는 간격으로 2회 이상 찍는다. 만약 꼬리가 있으면 혜성이다. 멀리서 혜성을 발견하면 움직임이 느릴 수 있다. 아주 느리다면 명왕성이 있는 카이퍼벨트에 위치한 소행성이다. 하지만 이들은 10분 단위의 간격으로는 움직임을 알 수 없고 일 단위의 간격이 필요하다. 그래서 만일 이틀 이상의 관측 자료가 있다면 한번쯤 찾아보는 것도 좋다. (하지만 밝기가 대부분 22~23등급으로 아주 어두워서 1.8미터 망원경으로도 찾아내기 어렵다.) 최소 이틀 치 이상의 자료를 국제천문연맹 소행성 센터에 보내면 새로운 소행성인지 아닌지를 판가름해준다. 이때 관측자가 임의로 이름을 붙여서 보내는데, 나는 YB로 시작해 번호순으로 부여했다.

보내야 할 자료는 별의 좌표와 관측 시간 그리고 등급(밝기)이다. 정해진 형태가 있으며 그에 맞지 않으면 받아주지 않는다. 이러한 정보는 소행성 센터 홈페이지(http://www.minorplanetcenter.net/iau/mpc.html)에서 알 수 있다. 만약 관측 시점에 새로운 소행성이면 임시 번호를 부여해준다. 'YB01 K00W09Q'처럼 받은 번호는 이메일로 회신되어 오고 알려진 소행성이라면 'YB06 (K00Q99H'처럼 한쪽에 '('를 붙여서 온다. '('는 임시 번호로 올 수도 있고 확정된 고유 번호로 올 수도 있으며 고유 이름으로 올 수도 있는데, YB06은 아직 고유 번호가 없고 고유 이름도 없는 소행성이지만 다른 사람이 먼저 관측해서 임시 번호만 받았음을 뜻한다.

이럴 경우 우리 자료는 먼저 관측한 관측자에게 소유권이 넘어간다. 경우에 따라서는 다른 사람이 관측한 것이 우리 자료에 더해질 수도 있다. 그래서 120개의 새로운 소행성을 찾고 나서 일정한 시간이 지나니 여러 개는 다른 사람의 소행성 자료에 더해지고, 또 다른 사람의 자료를 받아와서 추가 관측을 하지 않고도 고유 번호를 받은 것이 많아졌다. 2~3년간 꾸준히 관측해 자료를 보내면 마침내 이동 궤도가 결정되고, 그 시점에 완전한 새 소행성으로 고유 번호가 부여된다. 그 뒤 관측자는 이름을 부여할 수 있다. 내가 이름을 부여한 첫 소행성인 'Bohyunsan'은 고유 이름이며 고유 번호는 34666번이다.

별과 지구의 거리

변광성은 밝기가 변하는 별을 뜻한다. 어떤 의미에서 모든 별은 정도의 차이가 있을 뿐 밝기가 변한다. 태양조차 미세한 밝기 변화가 있다. 흑점이 많을 때와 적을 때, 태양 표면의 쌀알 조직이 물이 끓는 것처럼 오르내릴 때의 아주 미세한 변화 등을 관측할 수 있다. 하지만 태양을 변광성이라고 부르지는 않는다. 즉 우리가 감지할 수 있는 범위에서 밝기가 변하는 별을 변광성이라고 한다. 변광성에는 별의 크기가 커졌다 작아졌다를 반복해 밝기가 변하거나(맥동변광성), 별과 별이 서로 돌면서 상대 별을 가리며 밝기가 변하거나(식쌍성 또는 식변광성), 신성이나 초신성처럼 급격하게 폭발해 밝기가 변하는 등 다양한 종류가 있다.

맥동변광성의 밝기 변화

내가 주로 관심을 가지는 변광성은 맥동변광성이며 그 가운데서 구상성단 안에 많이 있는 RR Lyrae 변광성과 주기가 짧은 SX Phoenicis 변광성이다. RR Lyrae 변광성은 거문고(Lyra)자리의 변광성 가운데 RR번째 변광성을 뜻한다. 이 별과 비슷한 특징을 가진 변광성을 대표해서 RR Lyrae 변광성이라고 한다. SX Phoenicis 변광성도 주로 구상성단에서 발견되며, 불사조(Phoenix)자리의 SX번째 변광성으로 대표되는 맥동변광성의 종류다. RR Lyrae 변광성보다 어둡고 밝기 변화도 작아서 보현산천문대 1.8미터 망원경의 좋은 연구 대상이다.

RR Lyrae 변광성은 별 자체가 가지는 고유한 밝기인 절대등급이 거의 일정해 관측을 통해 밝기(등급)만 구하면 그 변광성까지의 거리를 구할 수 있다. 이것은 곧 그 별이 속한 구상성단과의 거리를 구할 수 있음을 뜻하며 경우에 따라서는 더 먼 거리에 있는, 이를테면 안드로메다은하에 속할 경우 그 은하의 거리도 알 수 있게 되는 셈이다. SX Phoenicis 변광성도 주기만 구하면 밝기를 알 수 있고 그렇다면 거리를 구할 수 있다. 하지만 RR Lyrae 변광성보다 어둡고 변광 진폭이 작아서 관측이 그만큼 힘들다. 물론 변광성은 별의 진화 과정에서 태양같이 안정된 삶을 살다가 죽기 전에 내부가 불안정해져서 팽창과 수축을 반복하는 단계의 별이기 때문에 그 자체의 특성을 연구하는 것도 별의 일생을 이해하는 중요한 요소다.

맥동변광성은 일반적으로 밝아졌다가 다시 어두워지는 밝기 변화가 일정한 주기로 반복된다. 그런데 맥동변광성 가운데 세페이드 변광성이라는 종류는 주기와 별의 절대등급 사이에 좋은 상관관계가 있어서 주기만 알면 절대등급을 알 수 있고 절대등급을 알면 거리를 구할 수 있다. SX Phoenicis 변광성 역시 비슷한 특징을 보이지만 세페이드자리의 델타(δ Cephei) 별로 대표되는 세페이드 변광성이 훨씬 밝고, 밝기 변화도 커서 관측이 쉬우며 훨씬 멀리까지 관측할 수 있다. 절대등급은 모든 별을 10파섹(parsec, pc: 파섹에 대해서는 94~95쪽 참고)의 거리에 두었을 때를 가정한 밝기다. 따라서 별의 고유한 밝기라고 할 수 있으며 어떤 별의 관측등급과 절대등급 차이는 곧 거리를 나타낸다. 이를 거리지수라고 한다.

별의 고유한 밝기를 알아내는 것은 아주 어려운 일이다. 하지만 변광성의 주기를 구하는 것은 밝기 변화만 살피면 되니 비교적 수월하다. 따라서 이러한 변광성을 이용하면 쉽게 거리를 구할 수 있다. 이것을 '주기-광도 관계'라고 부르며, 발견한 사람은 19세기 말에서 20세기 초까지 하버드 대학 천문대에서 사진 건판에 있는 별의 밝기를 측정해 기록하는 일을 했던 헨리에타 스완 리비트(Henrietta Swan Leavitt, 1868~1921)였다.

리비트의 법칙

리비트는 소마젤란은하에 있는 25개 세페이드 변광성의 밝기를 측정해 주기와 별의 밝기에 아주 좋은 상관관계가 있다는 사실을 발견했다(R5). 소마젤란은하는 멀리 떨어져 있고 그 안에 속한 세페이드 변광성은 지구에서 볼 때 거리 차이가 상대적으로 아주 작기 때문에 거의 무시할 수 있는 범위 내에서 같은 거리에 있다고 볼 수 있다. 그녀가 구한 소마젤란은하의 세페이드 변광성은 주기가 길면 밝기가 일정한 비율로 밝아졌다. 이 말은 이 종류의 변광성은 주기만 구하면 밝기를 알 수 있다는 뜻이다.

물론 그녀가 구한 밝기는 절대등급이 아닌 관측등급이므로 절대등

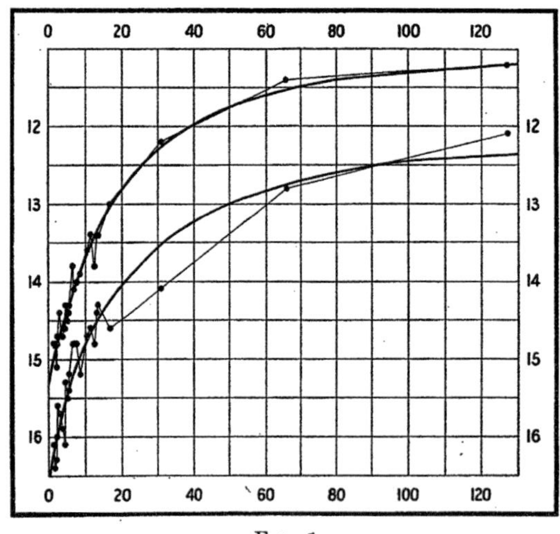

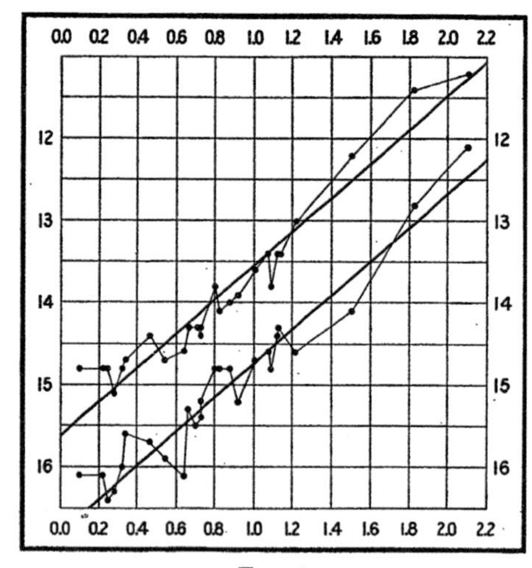

그림 2.11 리비트가 발견한 맥동 변광성의 주기-광도 관계. 소마젤란은하에 속한 세페이드 변광성의 주기가 밝기와 밀접한 관계가 있음을 보여준다. 가로축은 일 단위의 주기, 세로축은 밝기를 나타내는 등급이다. 위쪽은 각 변광성의 최대 밝기, 아래쪽은 최소 밝기를 나타낸다. 왼쪽 그래프는 가로축을 선형 주기로 나타낸 것이고, 오른쪽 그래프는 주기를 로그 값으로 나타낸 것이다. 세로축의 등급이 로그 값이어서 가로축을 같은 로그 값으로 나타낸 오른쪽 그림에서 상관관계를 쉽게 볼 수 있다. 이 도표를 보면, 주기가 길면 일정하게 밝기가 밝아진다는 것을 알 수 있다. 이를 거꾸로 이용해 어떤 별의 집단에 속한 세페이드 변광성의 주기만 구하면 그 세페이드 변광성의 밝기를 알고 따라서 거리를 알 수 있는 것이다. 또한 그 별이 속한 집단의 거리를 구할 수 있게 되는 셈이다(R5).

급을 알기 위한 일정한 영점 보정이 필요하다. 이것은 가까운 세페이드 변광성의 삼각시차를 구해 거리를 알아내 보정할 수 있다. 거리를 알면 절대등급을 알 수 있고, 주기는 쉽게 얻는 값이니까 영점 보정이 가능하다. 영점 보정이 된 주기-광도 관계를 이용하면 거꾸로 소마젤란은하와의 거리를 구할 수 있다. 또한 안드로메다은하에 속한 세페이드 변광성의 주기만 구하면 안드로메다은하와의 거리도 구할 수 있다. 더 먼 은하의 거리 역시 그 은하에 속한 세페이드 변광성만 찾으면 이러한 방법으로 구할 수 있다. 거리를 구하는 아주 중요한 도구가 생긴 것이다.

발견 당시에는 이 결과의 중요성을 인정받지 못했다. 하지만 이후 안드로메다은하에 속한 세페이드 변광성의 주기를 구해 밝기를 알아내 거리를 구하니 그때까지 우리은하에 속한 성운인 줄 알았던 안드로메다은하가 우리은하 밖의 외부은하임을 알게 되었다. 갑자기 우주가 상상치 못한 크기로 커져버렸다. 우리은하 안의 가스 구름인 줄 알고 안드로메다성운, 대마젤란운, 소마젤란운 등으로 불리던 것이 한 순간에 은하가 되어 안드로메다은하, 마젤란은하 등으로 바뀐 것이다.

1980년 후반까지도 안드로메다성운이라는 표현이 관습적으로 사용되었는데 아직도 성운으로 기억하는 사람이 있을 것이다. 마젤란은하를 살펴보면 공식적인 영어 표현은 'LMC', 'SMC'인데 즉 'Large Magellanic Cloud', 'Small Magellanic Cloud'로서 '대마젤란운'과 '소마젤란운'이라고 한다. 하지만 설명할 때는 마젤란은하(Magellanic galaxy)라고 표현하고 우리말로는 마젤란성운이 아닌 마젤란은하로 번역한다.

별의 밝기를 열심히 측정해 밝기 변화를 그래프로 만들어서 주기-광도 관계를 찾았고, 그 결과 외부은하의 존재를 알게 되었다. 이는 대표적인 천문학의 연구 방법이다. 경험적인 결과에서 새로운 사실을 발견하고 그 결과가 어떤 것인지 이해한다. 주기-광도 관계의 발견은 그 후 허블이 우주 팽창을 발견하는 데도 크게 기여했고 이러한 이유로 리비트를 노벨상 후보로 올리려고 했지만 이미 사망한 뒤여서 취소되었다는 유명한 일화도 있다. 처음에는 월급도 받지 못하던 비정규직 연구원으로 시작했지만 노벨상에 버금가는 업적을 남긴 셈이다. 천문학자들은 이 주기-광도 관계를 '리비트의 법칙(Leavitt's law)'으로 부르며 경의를 표한다.

거리 구하기

천문학은 어떻게 보면 천체의 거리를 구하는 학문이다. 거리만 알아내면 밝기와 별의 질량도 알 수 있고 나이도 알 수 있으며 여러 가지

물리적 특성을 알 수 있다. 더 먼 거리를 알면 우주의 팽창 속도를 알게 되고 우주의 나이까지 알아낼 수 있다.

천체의 거리를 구하는 방법은 수십 가지다. 하지만 대부분 직접 측정 방법이 아니며 실제 거리를 구하는 것은 아주 어려운 문제다. 거리를 측정하기 위해 자 같은 도구를 이용하면 되지 않을까 싶지만 불가능하다는 것은 누구나 안다. 그렇다면 레이저광선을 비추어 거리를 측정하면 어떨까? 지구 주위를 도는 인공위성이나 달은 레이저광선으로 아주 정밀하게 거리를 구할 수 있다.

그런데 이 경우 지구에서 쏜 레이저광선이 반사되어 돌아와야 해서 생각만큼 간단한 문제가 아니다. 인공위성이나 달에 빛을 반사시키는 반사경이 있으면 비교적 쉽게 거리를 측정할 수 있다. 아폴로우주선이 두고 온 반사경을 이용해 달과의 거리를 정밀하게 측정한 예가 있다. 그렇지만 더 멀리, 가장 가까운 행성인 금성까지의 거리를 측정하는 데 레이저광선을 이용한다면 (먼저 반사경을 금성에 두어야 하겠지만) 짙은 대기 때문에 가능하지 않다. 물론 어떤 방식으로든 반사경을 설치한다 해도 거리가 멀어서 반사된 빛을 다시 보기가 어려울 것이다. 우리가 잘 아는 레이더의 경우도 레이저광선과 크게 다르지 않다. 우리가 직접적으로 거리를 구하는 이러한 방법은 지상에서나 가능하고 기껏해야 달 정도까지 유효할 것이다.

가까운 천체의 거리를 측정하는 방법 가운데 대표적인 것이 삼각시차(三角視差)를 이용하는 것이다. 지상에서 도로나 지도를 만들 때 유용하다. 2016년 여름에 페르세우스 유성우를 관측했을 때 보현산천문대와 멀리 떨어진(약 230킬로미터) 고흥의 국립청소년우주센터에서 동시에 관측한 밝은 유성에 이 방법을 적용해 지상 70킬로미터 높이였다는

그림 2.12 삼각시차를 이용해 유성의 폭발 높이를 구했다. 보현산천문대에서 찍은 밝은 유성이 230킬로미터가량 떨어진 고흥의 국립청소년우주센터에서 동시에 찍혔다(왼쪽 위 사진). 주변 별을 이용해 떨어진 각거리를 구해서 삼각시차에 의한 높이를 구하니 약 70킬로미터가 나왔다. 유성은 이 정도 높이에서 많이 발생하는 것으로 알려져 있다.

것을 추정할 수 있었다.

또한 계산상으로 지상에서 100킬로미터 떨어진 지점에서 달의 한 지점을 동시에 관측하면 약 0.15도각의 시차를 보인다. 충분히 관측이 가능한 거리다. 하지만 달과는 비교할 수 없이 먼 별까지의 거리는 이 방법으로는 어렵다. 그런데 지구는 태양 주위를 1년에 한 바퀴씩 돈다. 따라서 한 번 측정하고, 지구가 태양의 반대쪽에 갔을 때 다시 측정하면 지구-태양의 2배 거리까지 떨어진 삼각시차를 이용할 수 있다.

이 정도 거리 차이에서 가까운 별을 바라보면 훨씬 먼 배경 하늘에 있는 천체의 위치가 서로 다르게 보여야 한다. 이러한 삼각시차를 연주시차(年周視差)라고 부른다. 이때 지구와 태양의 평균 거리에서 바

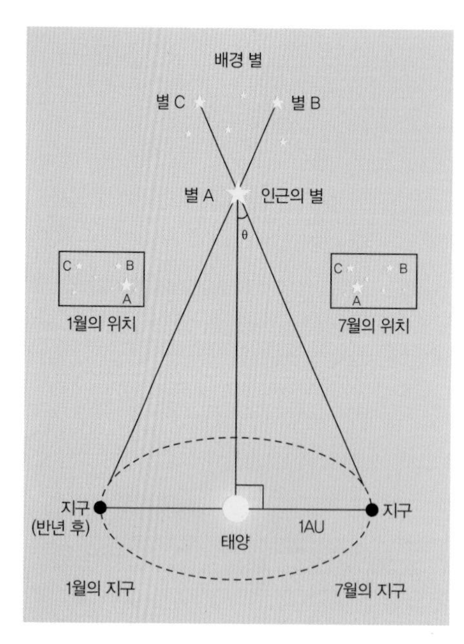

그림 2.13 연주시차. 지구가 태양 주위를 1년에 한 번씩 돌기 때문에 6개월이면 태양의 정반대 위치로 가고, 이때 찍은 각각의 사진에 배경 하늘의 천체가 조금 달라질 것이다. 배경 하늘 천체가 움직인 각거리의 절반(θ)이 연주시차이며, 이 값이 1초각일 때 거리를 1파섹(약 3.26광년)이라고 한다. 연주시차로 구한 거리는 세페이드 변광성의 주기-광도 관계를 이용한 거리 구하기의 기준이 되고 그 외 대부분의 천체의 거리를 구하는 데도 쓰인다.

라본 각도를 기준으로 해서 1초각이면 1파섹이라는 단위로 정의한다. 1파섹을 빛의 속도로 1년간 이동한 거리 단위로 나타내면 약 3.26광년이다. 그런데 태양을 제외한 가장 가까운 별인 알파 센타우리(α Centauri)의 거리는 약 4.3광년이다. 따라서 각도로 환산하면 0.76초각이 되어야 한다. 즉 각도 1도의 3600분의 1인 초 단위의 0.76배다.

우리 눈이 이러한 각을 분리할 수 있을까? 케플러법칙을 발견하는 데 결정적으로 기여한, 많은 정밀한 관측 자료를 남긴 덴마크의 천문학자 티코 브라헤(Tycho Brahe, 1546~1601)는 연주시차를 측정하지 못해 지구가 태양 주위를 돈다는 사실을 믿지 않았다. 그 당시에는 가장 가까운 별의 연주시차조차 측정하기 어려웠는데 이는 티코 브라헤가 생각한 것보다 천체가 훨씬 멀리 있었기 때문이다.

망원경을 이용하면 약 0.01초각의 정밀도로 연주시차 값을 구할 수 있다. 100파섹, 즉 326광년 이상의 거리다. 이렇게 구한 거리는 우리가 얻을 수 있는 거의 유일한 직접적인 거리 측정법이며 다른 거리 측정 방법의 기준이 된다. 100파섹은 빛의 속도로 326년을 가야 하는 거리지만 천문학적으로는 아주 가까운 편에 속한다. 최근에는 히파르코스 우주망원경, 티코 우주망원경, 가이아 우주망원경 등으로 측정 가능한 거리를 훨씬 더 멀리까지 확장했다. 세페이드 변광성의 주기-광도 관계도 기준이 되는 광도를 먼저 구해서 영점 보정을 해야 한다. 이때 연주시차에 의한 삼각시차법으로 얻은 가까운 세페이드 변광성의 거리를 이용해 기준 등급을 구할 수 있다.

별의 밝기

일반적으로 밝기는 등급으로 나타내며 눈으로 보아서 가장 밝은 별의 무리를 1등성, 가장 어두운 별들은 6등성이라고 한다. 그런데 1등성과 6등성 사이의 밝기 차이를 계산해보니 2.5의 지수로 $2.5^{(6-1)}=2.5^5=97.6$, 즉 2.5의 지수배로 5등급 차이에 약 100배다. 그래서 한 등급 차이를 2.5배로 정했다. 그리고 1등성 별들의 밝기를 측정해 새로운 등급을 부여해서 가장 밝은 시리우스는 1등급보다 밝은 -1.5등급이 되었고, 직녀성은 0등급이다. 같은 1등성이지만 밝기, 즉 등급이 모두 다르다.

그런데 같은 밝기를 가진 별이어도 거리가 다르면 우리가 측정하는 밝기가 다르게 나올 것이다. 그래서 앞서 간단히 언급했듯 기준이 되는 밝기가 필요한데 모든 별을 10파섹 거리에 있는 것으로 환산해 절대등급을 정의했다. 10파섹은 삼각시차로 구한 연주시차 값 0.1초각에 해당하는 거리다. 절대등급은 모든 별의 본래 밝기로 보면 된다. 그런데 별과 별 사이는 완전한 진공이 아니어서 미세하지만 먼지나 가스 등이 존재한다. 그 때문에 별에서 오는 빛이 흡수되거나 산란되어 밝기가 줄어든다. 만약 별 앞쪽에 가스 구름이 있으면 더 많이 줄어드는데 이러한 현상을 성간소광이라고 한다. 이 성간소광을 잘 보정해야 정밀한 거리를 구할 수 있다.

어쨌든 허블 우주망원경의 기본 임무도 외부은하의 세페이드 변광성을 관측해 거리를 측정하고 그에 따라 우주의 나이를 알아내는 것이었다. 처음 허블 우주망원경을 이용해 구한 우주의 나이는 100억 년이 안 되었는데 당시 알려진 구상성단의 나이가 150억 년 이상이어서 우주가 우리은하에 속한 별의 집단인 구상성단보다도 어린 문제가 발생했다. 이후 허블 우주망원경으로 구한 거리의 오차를 줄이고 구상성단의 나이를 구하는 이론적인 모델 값을 보완해서 우주의 나이는 조금씩 늘어나고 구상성단의 나이는 조금씩 줄어들어서 현재 구상성단의 나이는 약 130억 년 아래에 머무르고 있다.

가속 팽창하는 우주

세페이드 변광성으로도 구하지 못하는 더 먼 거리는 초신성을 이용한다. 2011년 노벨물리학상은 천문학 분야에서 받았는데 바로 외부은하의 초신성을 이용한 거리 측정으로 우주가 가속 팽창하고 있음을 밝힌 것이다. 초신성의 여러 종류 가운데 Ia형으로 분류되는 별은 폭발할 때 최대 밝기가 거의 일정하다는 것이 알려져 있다. 이 특성을 이용해 먼 외부은하의 초신성을 관측해서 최대 밝기를 구하면 그 은하까지의 거리를 알 수 있다. 그런데 그 거리가 멀면 멀수록 예상보다 밝기가 어둡게 나와서 우주가 가속 팽창하고 있음을 알게 된 것이다. 멀리 있는 천체의 거리를 측정할 수 있으면 우주의 팽창 속도를 알고, 그렇다면 우주의 나이를 알 수 있다.

우주가 가속 팽창하고 있음을 알았고 가속 팽창을 하려면 아직 실체가 밝혀지지 않은 밀어내는 힘을 가진 암흑에너지가 존재해야 하니 이제는 암흑에너지가 당연히 존재함을 받아들이고 있다. 만약 초신성으로 구한 가장 먼 은하에서 세페이드 변광성을 찾아 거리 측정을 할 수 있다면 더욱 정밀한 거리를 구할 수 있을 것이다. 현재는 허블 우주망원경이나 8미터, 10미터급 지상망원경으로 관측하지만 가까운 미래에는 6.5미터 우주망원경과 25미터, 30미터, 39미터 지상망원경이 가동될 것이다. 어쩌면 초신성으로 구한 가속 팽창 결과를 변광성으로 더 정밀하게 입증할 기회가 올지 모른다. 더불어 암흑에너지의 존재를 보다 명확하게 증명할 수 있을 것이다.

또 다른 종류의 중요한 변광성으로 식쌍성이 있다. 은하에 속한 별은 낱별로 존재하기도 하지만 많은 경우 2개 이상의 별이 서로 도는 쌍성의 형태다. 쌍성의 도는 면이 시선 방향에 맞으면 별과 별이 서로 돌면서 상대를 가린다. 가리는 순간 별의 밝기가 어두워지고 이러한 현상을 관측해 우리는 하나인 줄 알았던 별이 쌍성임을 알 수 있다. 이렇게 가리는 현상이 나타나는 쌍성을 식쌍성이라 한다. 이들을 분광 관측 할 수 있다면 쌍성을 이루는 각각의 별에 대한 질량을 측정할 수 있고 그러면 밝기를 알 수 있어서 거리를 구할 수 있다. 즉 별의 질량이나 온도 등의 절대적인 물리량을 직접 구할 좋은 기회다. 문제는 분광 관측을 하려면 별빛을 무지개처럼 분산시켜야 하기 때문에 큰 망원경을 사용하든지 아니면 별이 밝아야 한다. 별빛을 분산시키면 그 속에는 검은 선 또는 흰 선이 나타나고 그 선들의 특성을 분석하면 별의 온도나 움직임 그리고 구성 성분을 알 수 있다.

2.4미터 구경의 허블 우주망원경으로 새로운 천체를 발견하면 그 천체의 특성을 연구하기 위한 분광 관측은 지상의 8미터, 10미터 망원경을 이용한다. 6.5미터 구경의 제임스웹 우주망원경이 올라가면 지상에서는 이를 뒷받침하기 위해 현재 만들고 있는 25미터, 30미터,

39미터 망원경이 사용될 것이다. 분광기는 천문학자에게 가장 중요한 장비며 천체를 이해하는 강력한 도구다. 분광 관측이 가능해 식쌍성으로 직접 별의 질량을 구해서 측정하면 맥동변광성보다 더 정밀하게 거리를 구할 수 있다. 만약 별에서 나오는 성분을 분광 관측으로 연구해 유기물질을 찾아낸다면 생명체의 존재 또한 밝힐 수 있을 것이다.

천체의 거리를 구하는 많은 방법이 있지만 현재 연주시차와 변광성을 이용한 것이 가장 정밀하다. 식쌍성은 분광 관측을 해야 하기 때문에 아직은 제한적이다. 천문학에서 거리를 아는 것은 우주를 이해하는 가장 중요한 요소이며 변광성 연구는 이러한 점에서 여전히 중요한 역할을 한다.

우연히 발견한 변광성

연구는 우연의 연속이다. 우연히 발견한 소행성으로 한동안 소행성 탐사에 빠졌고 그전에는 우연히 발견한 변광성으로 박사 과정을 마칠 수 있었다. 천문학을 하겠다는 막연한 꿈을 가졌지만 학과가 드물어 물리학을 택했다. 그 뒤 막상 천문학을 시작하니 생각과는 많이 달랐다. 관측 연구는 한 번도 경험한 적이 없어 처음 연구 주제를 정할 때 관측천문학으로 선뜻 나서지 못했다. 그런데 누군가에게 이야기를 들은 당시 지도 교수님이 나를 부르셨다. 그 기회로 나는 전공을 이론에서 관측으로 길을 바꿀 수 있었다.

처음 박사 학위 연구로 삼은 주제는 구상성단의 특성을 연구하는 것이었다. 호주 사이딩스프링 천문대의 1미터 망원경으로 관측한 영상 자료를 분석해 수년에 걸쳐 연구를 진행 중이었다. 학술지에 게재하기 위한 논문 작성은 거의 마쳤지만 자신이 없어 제출을 머뭇거리고 있었다. 그 당시 보현산천문대에서는 시계열 관측으로 변광성 연구를 하고 있었다. 시계열 관측은 같은 대상을 밤새 반복해서 찍는 것

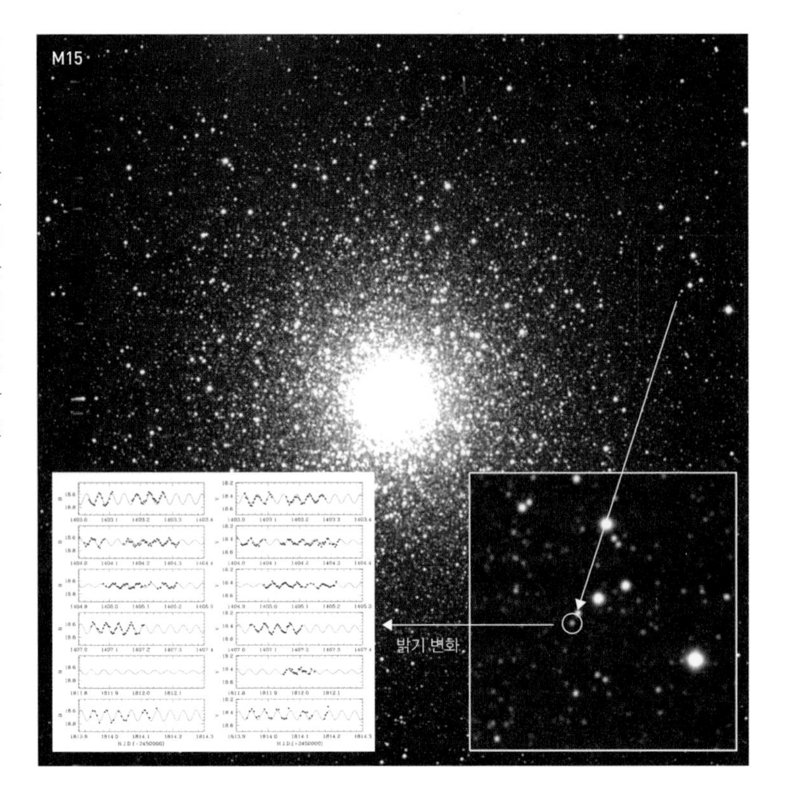

그림 2.14 M15 구상성단에서 발견한 SX Phoenicis형 단주기 변광성. 그래프는 이 별의 시간에 따른 밝기 변화를 보인 것이다. 약 2만 1000개 별의 밝기 변화를 살폈는데 이러한 종류는 하나를 찾았다. 약 58분의 주기로 빠르게 변하는 변광성이며 비슷한 시간의 또 다른 주기를 가지고 있어서 서로 중첩되어 밝기 변화가 커지기도 하고 작아지기도 한다. 정밀한 밝기 변화 측정은 1.8미터 망원경의 성능을 보여주는 좋은 결과였다.

이며 시간에 따라 천체의 밝기가 변하는 모습을 알 수 있다. 이 관측은 밝기 변화만 보면 되기 때문에 날씨 영향을 적게 받고 관측한 별의 크기를 나타내는 시상의 영향도 적게 받는다. 그래서 날씨와 시상의 변화가 큰 보현산천문대 같은 곳에 적합한 연구 방법이다.

작은 망원경으로는 관측이 어려운 구상성단은 1.8미터 망원경으로 관측하기에 알맞은 대상이다. 당시만 해도 아직 구상성단 내 RR Lyrae 변광성 연구를 1.8미터급 망원경으로 하는 경우가 많지 않았다. 따라서 이전보다 정밀한 관측 자료를 얻을 수 있어 학위 논문과 병행해 변광성 연구를 했다. 그러던 중 구상성단 M15에서 RR Lyrae 변광성과는 별개로 주기가 아주 짧은 변광성을 하나 발견했다. SX

Phoenicis형 변광성이었다. 이 성단에서는 처음으로 발견한 것인데 당시에는 이러한 변광성의 전체 발견 개수도 많지 않았고 RR Lyrae 변광성보다 훨씬 어두우면서 주기는 더 짧고 밝기 변화도 작아서 귀했다.

일단 구상성단 자체의 특성 연구는 멈추고 학위 연구 주제를 구상성단 내의 단주기 변광성, 즉 SX Phoenicis 변광성으로 바꾸었다. M15에서 발견한 SX Phoenicis 변광성은 1999년 8월 초, 망원경 여름 정비 기간에 얻은 관측일에 추가 관측해 곧바로 연구 논문으로 발표할 수 있었다. 이후 그동안 관측하던 M53, NGC 5466, NGC 5053, M71 등 북반구에서 관측할 수 있는 대부분의 구상성단에서 SX Phoenicis형 단주기 변광성을 찾고 이들의 특성을 연구했다. 1998년과 1999년에 관측한 자료를 분석하는 과정에서 우연히 발견한 변광성 하나 때문에 나의 천문학 연구 방향이 바뀌었다.

지나고 보면 연구자 가운데 처음 정한 자신의 길을 흔들림 없이 꾸준히 나아가는 사람이 얼마나 될까 싶다. 천문학을 공부하기 전에 배운 사진 기술 덕분에 천문대에 들어왔고 첫 호주 출장에서 세계 최고의 천체사진가로부터 다양한 기술과 기법을 익혔으며 초신성 사진 관측 성공으로 첫 인터뷰도 했다. 슈메이커-레비 9 혜성 관측으로 언론의 조명까지 받았다. 그리고 어느 날 발견한 소행성과 변광성 때문에 나는 지금까지 천문대를 떠나지 못하고 있다. 앞으로 또 어떤 '우연'이 나를 이끌지는 알 수 없기 때문이다.

천문대의 연구 생활

천문대에서 20년 훨씬 넘게 지냈지만 천문학 연구에 대한 이야기를 하면 부끄러워진다. 천문대에 근무하다 보면 자연히 운영에 시간을 많이 쓴다. 외부 강연이나 손님 및 견학자 맞이 등에도 시간이 필요하다. 실제 연구는 얼마나 하고 있을까? 연구는 당연하다. 그렇지 않으면 발전이 없어서 도태되기 쉽다. 오래전 우리와 사정이 비슷한 외국의 천문대를 방문했을 때 그곳 연구원과 이야기를 나눈 적이 있다. 그는 장비 관리와 개발도 하고 행정 일도 하고 그러고 나서 남는 시간에 연구한다며 웃었다. 천문대에서는 크고 작은 일들이 계속 진행되기 때문에 어쩔 수 없다. 결국 망원경을 움직이고 관측 장비를 다루고 그러면서 별도 보는, 그러한 일이 좋아서 천문대에 근무하는 것이 아닐까.

천문대 운영과 연구

칠레의 8미터 제미니 망원경 관측실의 두 사람은 천문학자였다. 천문대 근무자는 한 달에 일주일 정도 다른 연구자의 관측을 대신해주는 서비스 관측을 해야 하는 임무가 있어 돌아가면서 관측하고 있었다. 칠레의 또 다른 천문대에서는 박사후연구원을 모집할 때 조건으로 연구 시간의 절반 가까이 천문대 관측 지원이 들어 있기도 했으니, 천문대 현지 근무자에게는 가장 중요한 임무가 천문대 운영인 셈이다. 그리고 오래전 미국에서 개최된 학회에 참석해 현지 업체에 근무하는 한국인과 시간을 보낸 적이 있었다. 그는 NASA에서 과제를 얻는 등 많은 연구를 했다. 하지만 아무래도 수익을 내야 하는 업체다 보니 1년 내내 연구비 확보를 위해 뛰어다닌다고 했다. 그래서 연구는 언제 하느냐고 물었더니 보고서 쓸 때 한다고 말했다. 뜻밖의 대답이었다. 농담 반 진담 반의 이야기지만 연구라는 것이 꼭 고상하기만 한 것은 아니라는 반증이지 않을까.

나는 천문대 생활 20여 년 동안 1.8미터 망원경 관리와 천문대 운영 등을 맡았지만 지금은 1.8미터 망원경 광학계를 관리하는 일만 한다. 그래서 비교적 많은 시간을 연구에 투여할 수 있다. 광학계 관리 업무 가운데 가장 중요한 일은 1.8미터 주경과 부경의 반사율 유지를 위해 표면에 입힌 알루미늄을 매년 벗겨내고 새로 증착하는 것이다. 그 과정에서 주경과 부경의 광축도 조정하고 망원경이 안정적으로 운영되도록 관리한다. 그 외에 소형 155밀리미터 굴절망원경을 이용해 원격 관측이나 학생들 교육용으로 활용하고, 중요한 결과는 연구 논문으로 발표한다.

그림 2.15 8미터 제미니 망원경 관측실을 들여다보았다. 두 천문학자가 관측 중이다.

사진측광 전문가로 들어와서 초기부터 연구소에서 필요한 천체 관련 사진은 대부분 내가 찍었고 교육이나 홍보 자료를 위한 천체도 도맡아 촬영했다. 천문대에 근무하며 다양한 공동 연구에 참여하고, 학위논문의 주요 주제가 되는 연구 결과를 내고, 식쌍성이면서 더불어 맥동을 하는 특이한 천체를 구상성단 안에서 발견해 발표하며 여러 논문을 썼다. 공저자로 참여한 논문으로 〈네이처〉에 게재한 2편도 있으니 그럭저럭 체면치레는 한 것 같다.

식쌍성 폭발을 예측하다

2017년이 시작되면서 특이한 변광성 하나가 뉴스에 나왔다. 2022년에 식쌍성이 하나로 합쳐져 신성 폭발이 일어날 것이라는 내용이었다. 논문을 보니 케플러 우주망원경으로 관측한 KIC 9832227 별이었으며 이미 2015년 미국천문학회 학술 대회에서 충돌 가능성을 예측했다. 정밀한 결과를 다시 발표한 것이었다. 이 식쌍성은 서로 도는 속도가 빨라져서 주기가 점점 짧아지고 있고 한순간 급격히 짧아져 충돌해서 신성 폭발을 보일 것으로 계산되었다. 겨우 4년 뒤의 일이다. 폭발이 일어나면 1만 배 이상 밝아져서 북극성 정도의 밝기가 되고 보이지 않던 새로운 별을 맨눈으로 볼 수 있다. 신성 폭발을 사전에 예측한 셈이다.

짧은 시간에 변화를 보이는 천문 현상은 드물다. 어떤 별을 관측해 고작 4~5년 사이에 폭발할 것이라고 예측한 일은 1994년 슈메이커-레비 9 혜성의 목성 충돌에 버금가는 특이한 사건이다. 이미 많은 연구자가 관측을 시작했을 것이고 조만간 더 정밀한 예측이 나올 것이다. 나는 비슷한 연구를 하는 우크라이나의 한 연구자에게 이 내용을 물어보았다. 그러자 기다렸다는 듯이 대화가 이어져서 메신저를 통해 5시간쯤 이야기를 나눴다.

결론은 비슷한 연구를 이미 하고 있고 충돌 가능성이 높은 쌍성도 여러 개 발견했다고 한다. 하지만 KIC 9832227처럼 하나로 합쳐져 신성 폭발을 일으킬 정도의 별은 못 찾았다고 했다. 그러면서 최근 연구 결과 가운데 아주 흥미로운 대상이 있는데 추가 관측을 해줄 수 있는지 물어왔다. 마침 3일의 여유가 있어서 관측 시간을 얻었다. 천문대 대장의 갑작스러운 국외 출장이 겹쳐서 나에게 양보하겠다는 3일을 추가로 확보해서 2주에 걸쳐 3일씩 총 6일 동안 관측할 수 있게 되었다. 천문대에 근무하면서 가끔 얻는 이점이다. 어쨌든 관측 시간 확보 소식을 알렸고 다른 흥미로운 대상 하나까지 추가해 여건이 허락하면 2개의 식쌍성을 관측하기로 했다.

관측 첫날은 힘들다

관측 첫날, 날씨가 아주 좋았다. 오후 5시에 저녁을 급하게 먹고 바로 관측실로 향했다. 망원경 점검 기간에 광축 조정을 위한 관측 이후로 5개월 만이었다. 첫 영상에서 별의 크기를 가늠하는 시상도 좋았고 망원경의 추적 성능도 안정되었다. 바람도 약하고 기온도 크게 낮지 않아서 관측하기에 최적이었다. 열심히 플랫을 찍다 보니 망원경의 초점이 안 맞은 것을 알게 되었다. 그래서 별상이 도넛 형태로 큼직하게 찍혔는데 이렇게 되면 나중에 합쳤을 때 별상을 모두 제거하지 못해 플랫 보정을 위한 깨끗한 영상을 얻기가 어렵다. 급하게 초점을 다시 맞추어 계속 찍었지만 이미 하늘이 어두워졌다. 플랫 영상은 한 번 잘못하면 다음을 기약할 수밖에 없다. 오랜만에 하는 관측이어서인지 실수가 따랐다. 그 뒤 망원경을 관측 대상으로 옮겨서 위치를 잡고 자동 추적 장치를 가동해 본격적으로 관측을 시작했다.

CCD 카메라로 밤새 같은 대상을 3가지 필터로 바꾸면서 반복적으로 찍기만 하면 된다. 하지만 12시간 이상 이어지는 겨울 관측은 특히 힘들며 언제나 그렇듯이 단순 반복의 시계열 관측은 지루하다. 관측이 문제없이 흘러가게 된 시점에 연구실로 잠시 내려와서 카메라 장비를 챙겼다. 각각을 삼각대에 얹어서 밤하늘 풍경을 찍도록 연속 노출을 해두고 들어왔다. 달이 지나가는 궤적을 담으려고 했는데 모두 실패했다. 떠오른 달이 너무 밝았고 그에 맞게 노출을 조정하지 못했기 때문이다.

정신없이 관측을 하다 보니 자정이 가까워졌지만 아직 관측 가능한 시간의 반도 채우지 못한 시점이었다. 이후 밤참을 먹고 새벽 6시까지 관측했다. 갑자기 CCD 관측 컴퓨터가 작동을 멈췄다. 전원을 껐다가 다시 켰지만 그대로 관측을 접었다. 장비를 다시 켜면 안정되기까지 시간이 걸리고 안정되기 전에는 여러 가지 보정 영상의 영점이 바뀔 수 있기 때문에 기다려야 한다. 그래도 꼬박 13시간을 관측했다. 망원경을 정리하고 관측실을 나서니 안개가 몰려왔다. 구름이 산 정상을 덮은 것이다. 컴퓨터가 멈춘 시점에 습도가 높아졌고 이미 천문박명을 넘겼기 때문에 관측을 포기한 것이었지만 기가 막힌 시점에 돔을 닫은 셈이었다. 관측 첫날은 힘들다. 아무 생각 없이 잠자리에 들었다.

자고 일어나니 오후 3시가 넘었다. 잠시 일과를 정리하고 관측실에 갔다. 구름이 엷어서 초저녁 플랫 영상 관측은 포기했다. 그러면 잠깐

그림 2.16 하늘이 완전히 열린 날. 겨울밤 이런 날에는 관측만 12시간, 앞뒤 준비와 정리할 시간을 합치면 14시간을 관측실에 머문다. 긴 하루다.

여유가 생긴다. 다행히 금방 구름이 걷혔고 관측을 시작했다. 반복적인 관측이 다시 시작되었다. 관측실에 올라간 지 다시 13시간이 지나고, 마지막에 구름이 짙어져서 돔을 닫았다.

사흘째도 초저녁에는 날이 흐려서 여유로웠다. 한참을 연구실에서 대기하다가 날이 개어서 얼른 관측실로 갔는데 다시 구름이 짙어지고 습도도 올라갔다. 1.8미터 망원경동은 보현산 정상에 있고 연구동은 바로 아래쪽, 북쪽 바람을 막아주는 아늑한 곳에 있다. 멀지는 않지만 언덕이고 관측 중에 여러 번 왕복하기는 번거롭다. 겨울에는 춥고 바람도 많이 불어서 더 힘들다. 보통은 차량으로 이동하지만 겨울에는 도로 사정 때문에 걸어 다닌다. 괜히 일찍 올라왔다고 후회했지만 어쩔 수 없이 관측실에서 하늘이 열리기를 기다렸다.

그림 2.17 서쪽 하늘 일주운동. 가운데 밝은 빛줄기는 금성이다. 금성 조금 위에서 따라 내려오는 화성을 같이 담았다. 앞쪽 눈 위에 희미하게 별이 반사되어 보인다.

시간이 흘러 구름은 옅어졌지만 습도가 여전히 높았다. 이럴 때면 별이 아무리 초롱초롱해도 망원경 거울에 성에가 낄까 봐 돔을 열 수 없어서 관측은 할 수 없다. 자정을 넘기니 습도가 떨어졌다. 돔을 열고 관측을 시작했고 이날은 두 번째 관측 대상을 찍었다. 시간이 많이 흘러 첫 번째 대상은 곧 지는 시간이라 대상을 바꾼 것이다. 새벽 6시 반까지 관측했다. 10분쯤 더 관측할 수 있었지만 습도가 올라가서 포기했다. 돔을 닫고 관측실을 나서는데 구름이 넘어왔다. 10분을 더 욕심냈더라면 돔 안으로 구름이 들어왔을 것이다.

관측 일정 첫 주의 3일 가운데 2일 반을 관측할 수 있었다. 최근 날씨를 고려하면 아주 좋은 결과였다. 특히 겨울이어서 전체 관측 시간은 여름철의 5일 치와 맞먹는다.

보현산천문대의 최고 시상

3일 뒤 다시 관측을 시작했고, 이번에도 3일 연속으로 관측할 수 있었다. 전 주보다 달도 많이 어두워져서 여건은 더 좋았다. 단지 기온이 훨씬 더 떨어지고 바람이 강해졌다. 두 번째 주 첫날은 영하 16도, 그 다음 날은 영하 12도가 되었다. 마지막 날 영하 10도까지 올라가니 포근한 기분이었다. (지난 주말 관측자는 관측을 하루도 못하고 내려갔다. 그런데 나는 다시 3일을 모두 관측했고, 그 뒤 다시 흐려져서 미안한 마음까지 들었다.)

영하 16도까지 떨어진 날, 관측실이 너무 추웠다. 보조 전열기를 틀어도 열기가 느껴지지 않을 정도였다. 관측실 난방은 심야 전기를 사용하기 때문에 자정이 넘어야 전기가 들어와 따뜻해진다. 바람은 초속 10미터를 훌쩍 넘겼다. 돔 밖에서 카메라로 하늘을 찍어보려고 했지만 너무 추워서 하늘 상태를 보기 위해 1장 찍고 얼른 들어왔다. 이런 날은 카메라가 얼 수 있어 일찌감치 포기했다. 새벽 3시를 넘기면서 기온은 더 내려가고 습도가 천천히 올라갔다. 추위 때문에 CCD 카메라의 필터휠과 셔터가 오작동하기도 했다. 영하 15도 이하면 오퍼레이터의 판단에 따라 관측을 멈출 수 있도록 규정되어 있다. 갑자기 돔 옆으로 성에가 끼기 시작했다. 아직 습도가 85퍼센트였지만 관측을 포기했다. 연구실로 돌아와서 자료를 백업받고 우크라이나의 연구자와 메신저로 다음 관측을 논의한 뒤 조금 일찍 잘 수 있었다.

자고 일어나니 눈부시게 새파란 하늘을 볼 수 있었다. 가지고 있는 카메라 3대를 모두 챙겨서 관측실로 갔다. 이날은 1.2초각 이하의 시상이 나왔다. 변광성을 관측하기에는 너무 좋은 시상이었다. 그래서 초점을 조금 흐려서 1.5초각 이상이 되도록 조정했다. 전날보다 기온이 올라가서인지 CCD 카메라 오작동은 한결 줄었다. 하지만 건물 밖

그림 2.18 별이 뜨는 동쪽 하늘 일주운동. 돌 탑 위로 밝게 올라간 줄기는 목성이다.

에 설치한 카메라를 살펴보러 다니기는 여전히 어려웠다. 영하 12도에, 바람이 강해서 장갑을 잠시만 벗어도 손가락이 끊어질 듯 시렸다. 꼬박 13시간을 관측하고 연구실로 돌아왔다.

총 6일의 관측 일정 가운데 마지막 날이 되었다. 영하 10도, 기온은 많이 올라갔다. 새벽에는 영하 5도까지 올라갔다. 대개 이럴 때는 습도가 하염없이 떨어지는데 거의 10퍼센트대였다. 시상은 전날보다 좋아서 약 1초각이었다. 보현산천문대에서 얻을 수 있는 거의 최고 시상이다. 날씨가 좋아서 관측은 관측 대로 하고 밤새 들락거리면서 하늘 사진을 찍었다. 카메라 3대를 모두 동원해 일주운동을 위한 인터벌 노출도 하고, 풍경을 담기 위한 파노라마 사진도 찍었다. 하루 이른 그믐달이 뜨는 날이어서 월출을 찍으려고 해 뜨기 전에 또 밖으로 나갔

그림 2.19 그믐달이 떠오르는 장면. 시간 간격을 두고 반복적으로 인터벌 촬영해 합성했다. 달 아래쪽에 가장 밝은 것은 수성이다.

다. (이렇게 들락거릴 수 있는 것은 옆에서 오퍼레이터가 관측 상황을 지켜봐주기 때문이다.) 1.8미터 망원경은 시계열 관측이어서 연속으로 30장을 찍도록 설정했다. 그러면 한참을 밖에서 보낼 시간을 벌 수 있었다.

연구실로 가서 다른 장비를 챙기는 사이에 수평선 근처의 낮은 구름 사이로 그믐달이 살짝 모습을 드러냈다. 급하게 카메라를 설치해 연속 노출을 하고 다른 카메라로 달을 넣은 여러 가지 풍경을 찍었다. 초승달 사진은 많이 가지고 있지만 그믐달은 귀하다. 초승달은 초저녁에 서쪽 하늘로 지고 그믐달은 새벽에 동쪽 하늘에서 떠오르는데 초저녁이면 퇴근하면서 찍고 집에 갈 수 있지만 새벽에는 일어나기가 어렵고 출근하면 이미 시간이 지난다. 새벽하늘이 너무 깨끗해 떠오르는 해가 예상보다 훨씬 밝아서 일출을 제대로 담지 못했다. 뜨는 순

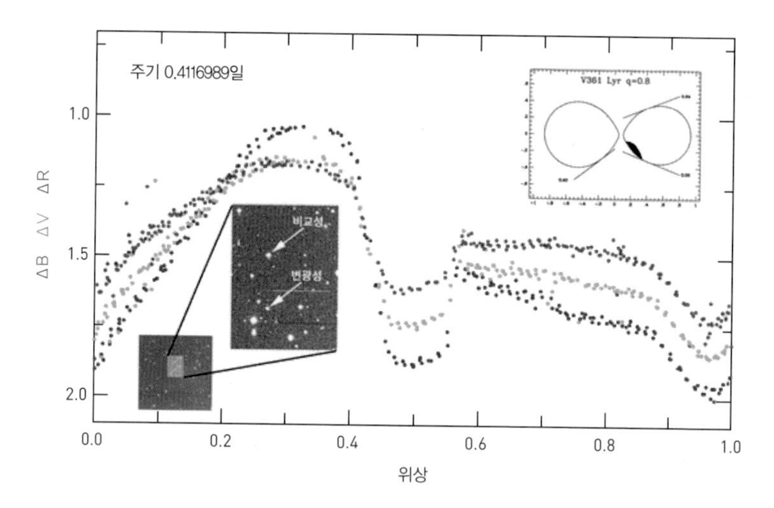

그림 2.20 5일 동안 관측한 별의 밝기가 변하는 모습을 보여주는 광도 곡선. 변광성은 일정한 주기로 같은 모양이 반복되어 나타나는데, 가로축의 위상은 반복되어 나타나는 모양을 겹쳐서 나타낸 것이다. 즉, 우리가 임의로 관측한 시간의 밝기가 한 주기의 어느 부분에 해당하는지 보여준다. 세로축은 각 필터별 밝기 변화량을 등급으로 나타낸 것이다.
왼쪽 아래 작은 그림은 관측한 전체 영역이며, 그 오른쪽 위 확대한 그림은 관측한 변광성과 비교성을 보인 것이다. 비교 성은 밝기가 변하지 않고 적당히 밝은 별로 택한다. 가급적 변광성과 비슷한 색을 가진 별을 택하는 것이 좋다. 관측한 모든 영상에서 각각 변광성의 밝기를 비교 성의 밝기로 빼면 순수하게 변광성이 변화하는 양만 나타날 것이다.
파란색, 초록색, 붉은색은 각각 *B*·*V*·*R* 필터로 관측한 결과를 보인 것이다. 두 별이 가까워져 붙기 직전인 보통의 식쌍성은 위상 0.5와 1.0에서 최소 밝기를 보이며 중간은 약간 휘어졌지만 전체적으로 평평한 모습이다. 또한 밝기 변화량이 이 별처럼 *B*·*V*·*R* 필터에 대해 큰 차이를 보이지는 않는다. 하지만 이 별은 평평한 부분도 잘 보이지 않고 *B*·*V*·*R* 필터에 대해 변광 진폭이 큰 차이를 보인다. 또한 최소 밝기의 위치도 0.5에서 조금 오른쪽으로 이동해 있다. 한마디로 이 변광성은 아주 특이한 식쌍성이다.
오른쪽 위 작은 그림은 이런 형태의 변광성을 대표하는 예(R6)로서 두 별이 하나로 붙어가는 마지막 단계에서 물질이 넘어 들어오는 지점에 고온의 밝은 지점(검게 표시한 부분)이 있고, 이 부분이 서로 돌면서 가리다가 평탄해야 할 부분에서 나타나서 밝기가 많이 밝아졌다가 다시 가리면서 어두워지는 모습을 보인 것이다. 광도 곡선의 모양으로부터 변광성이 어떤 특성을 가지고 있는지를 이해할 수 있는 것이다.
그냥 보기에는 평범한 별이지만 광도 곡선의 모양으로부터 블랙홀 주변을 도는지, 아니면 점점 가까워져서 하나로 합쳐지는지, 그래서 초신성이나 신성으로 폭발할 가능성이 있는지 등에 대해서도 알 수 있다. 물론 관측을 좀더 길게, 많이 해야 하고 경우에 따라서는 분광 관측도 필요하다.

간의 밝기를 잘못 예측해 노출 조정을 잘못했지만 아무리 잘 맞추었어도 좋은 상을 얻기는 어려웠을 것 같았다.

6일 관측 일정 가운데 6일 모두 관측했다. 초저녁, 관측 시작과 새벽녘, 관측 끝 무렵에 날씨 때문에 관측을 하지 못한 몇 시간이 있었지만 드물게 좋은 관측을 했다. 이렇게 관측을 하고 나면 낮밤이 바뀌어 한동안 밤에 정상적으로 잠을 자기가 어렵다. 관측 대상은 두 별 모두 특이하게 밝기 변화를 보이는 변광성인데 변광 주기 전체를 완전히 채울 수 있는 자료를 얻었다. 2017년에도 추가 관측을 해서 현재 논문 작성 중에 있다.

천문대는 별을 봐야 제 맛

고립된 천문대 현지에 근무하다 보면 긴장감이 떨어질 수 있고 여러 연구자와 논의할 기회가 적어서 천문대는 연구에 적합한 곳은 아니다. 그래서 지속적으로 공동 연구에 참여하고 국외 학술 대회에 가서 같은 연구를 하는 연구자들을 만나고 개인적으로 연구 주제도 넓혀나가야 한다. 어느 날 발표 논문의 자료를 부탁해온 외국의 연구자와 인연이 닿아서 남반구 마젤란은하에 속한 구상성단 내 변광성 연구를 같이 했고 지금도 10여 년째 계속 연구를 주고받고 있다. 이렇게 케플러 우주망원경의 변광성 연구 과제에도 쉽게 참여했고 학회에 가면 자연스럽게 어울릴 수도 있게 되었다. 또한 SNS(Social Networking Service: 사회관계망서비스) 등으로 대화하다가 우연히 새로운 연구 대상을 찾기도 한다. 이런 기회가 없었다면 보현산천문대에서 이렇게 오랫동안 연구를 이어가기 어려웠을 것이다.

칠레나 호주에 관측하러 가면 대부분 오퍼레이터 없이 혼자 관측한다. 관측실에 앉아서 컴퓨터만 들여다보며 망원경 가동과 관측 장비 다루는 방법까지 모두 혼자 책임져야 한다. 4미터급 이상의 큰 망원경이 아니면 옆에서 관측을 도와주는 사람이 없다. 그래서 보통 자기 관측 일정보다 하루나 이틀 빨리 가서 망원경 사용법과 관측 방법을 배워야 한다. 관측 시간을 배정하는 쪽에서는 관측 경험이 많은 사람이 관측자에 포함되어 있는지도 반드시 살펴본다. 보통은 한두 시간 배우면 별 문제없이 관측할 수 있다. 망원경 다루는 방법이나 관측법은 어디나 비슷하기 때문이다.

보현산천문대에서는 문제가 생기면 오퍼레이터가 옆에서 도와주기 때문에 학생들이 관측하러 많이 온다. 더군다나 관측일 당일에 온다. 그래서 종종 "다음에는 어떻게 해요?" 하고 묻기도 한다. 하지만 오퍼레이터는 장비를 책임질 뿐 관측에는 책임이 없다. 경험이 많은 오퍼레이터라면 관측에도 많은 도움을 주지만 관측은 관측자 몫이다. 그래서 1.8미터 망원경을 이용한 관측 경험이 있는 관측자가 반드시 포함되어야 하고 초보 관측자는 경험이 많은 사람을 따라와서 관측 경험을 쌓아 다른 초보 관측자를 가르치기도 한다.

그림 2.21 2006년 8월 22일, 제26회 국제천문연맹 총회. 이날 주요 안건은 명왕성의 행성 퇴출이었다.

앞서 언급했듯 8미터 이상의 대형 망원경은 대부분 천문대 쪽에서 직접 관측해서 관측자에게 자료만 보내주는 서비스 관측을

그림 2.22 2014년 10월 11일, 칠레의 8미터 제미니 망원경 돔. KMTNet 시험 관측 마지막 날 들렀다.

많이 한다. 요즘은 망원경까지 가지 않고 도시의 본부에서 원격 관측을 하기도 한다. 하지만 관측자가 직접 망원경까지 가서 관측할 때 원하는 자료를 얻는 효율이 훨씬 높다. 그래서 직접 관측하고 싶어 하는 관측자도 여전히 많다. 나 역시 야간 관측이 아무리 힘들어도 망원경을 직접 다루면서 1장 1장 찍혀 나오는 영상을 보는 즐거움을 포기할 수 없을 듯하다. 그리고 천문대의 밤하늘은 맨눈으로 보는 그 자체도 큰 즐거움이다. 그 때문에 천문대에 살고 있는데 포기하기는 아깝다. 결국 천문학은 별을 봐야 제 맛이니까.

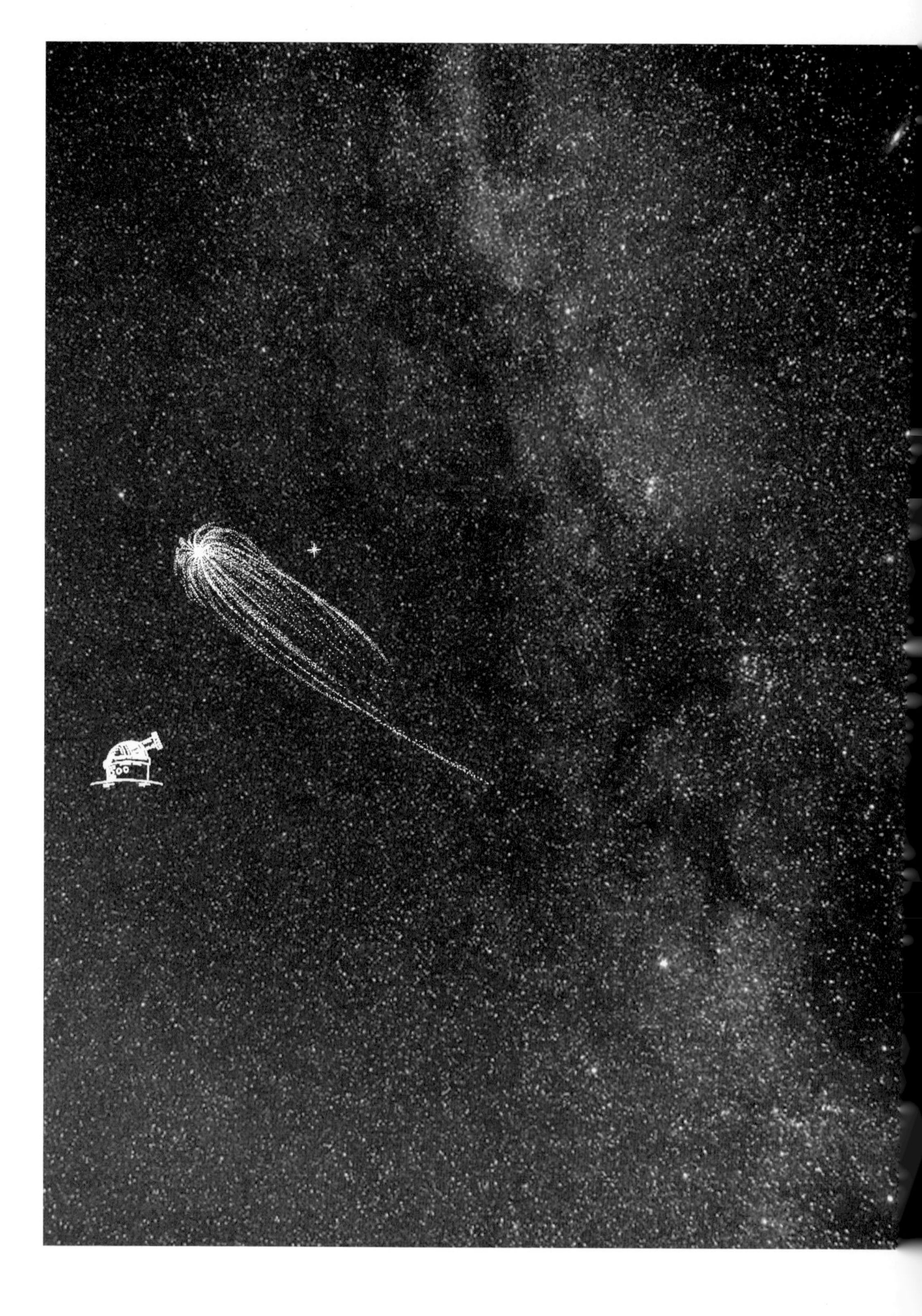

3
천체관측에서 천체사진까지

천문학자의 밤하늘

보현산천문대에서 밤하늘 사진을 찍는 것은 나의 일상일 수도 있고 단조로운 생활에서 벗어나고 싶은 일탈일 수도 있다. 사람들의 관심이 크지는 않더라도 재미있는 천문 현상이 수시로 발생하는데 천문대에서 근무하는 연구원에게 천문 현상을 기록하고 설명하는 것은 중요한 임무다. 그런 점에서 나는 밤하늘을 사진 찍고 스스로도 즐긴다.

천문대에 남아 있는 날, 해가 지고 아무 생각 없이 밖으로 나설 때 문득 보이는 서쪽 하늘의 초승달을 지나치지 못해 사진을 찍는다. 가끔 동쪽 하늘에서 보름달이 음산한 분위기를 내뿜으며 핏빛으로 떠오르면 또 카메라를 들이댄다. 달이 없는 깜깜한 밤하늘을 보내기 아쉬워서 사진을 찍는다. 유성우나 혜성처럼 보기 힘든 천문 현상이 나타나면 며칠 밤을 새우기도 한다. 이런 날이 이어지면 비가 오는 날이 반갑기도 하다. 미련 없이 쉴 핑곗거리가 생기는 셈이니까.

그러고 보면 천문대에서 지내는 동안 카메라를 손에서 놓은 날이 드물다. 차에는 항상 삼각대가 들어 있고 가방에는 늘 카메라가 있다.

한겨울에 차가 산으로 못 올라가서 중턱부터 걸어갈 때도 가벼운 산책을 하러 나갈 때도 심지어는 외국 학회에 갈 때도 언제나 카메라를 가지고 다닌다. 좋은 장면을 놓치지 않고 언제든 찍을 수 있도록 습관처럼 카메라를 준비한다. 최고 성능의 장비를 사용하고 싶은 욕심이 있어 카메라 자체도 무겁다. 가끔은 맨몸으로 홀가분하게 나서고 싶기도 하지만 그러면 영 허전하다.

선배 천문학자 한 분이 '아마추어는 실력은 프로인데 단지 그것으로 밥 벌어먹지 않는 사람'이라고 재미있는 정의를 내린 적이 있다. 공감이 간다. 적어도 나는 사진을 직업 삼지는 않았다. 하지만 아마추어로서 사진을 즐긴다고 이야기하려면 한번쯤 푹 빠져들어야 할 것이다. 조금 억울하긴 하지만, 천문학계에서는 나를 보고 여전히 '아직도 사진 열심히 찍느냐?'가 인사다.

별자리 찾기

밤하늘을 즐기기 쉬우면서 좋은 방법은 맨눈으로 보는 것이다. 그리고 맨눈으로 관측하기에 가장 좋은 대상은 바로 별자리다. 별자리는 사람들이 밤하늘에 관심 갖게 하는 데 큰 역할을 한다. 하지만 별자리를 이루는 별들은 서로 관련이 없는 낱별들의 모임으로 단지 하늘에 투영된 모습일 뿐이다. 여기에 신화나 전설에서 가져온 의미를 부여한 것이다. 따라서 별자리가 천문학의 본질을 이해하는 데는 큰 도움이 되지는 않아 천문대에서는 굳이 별자리 연구를 하지 않는다. 오랜 과거의 별자리와 현재의 별자리는 모양이 상당히 다르며 앞으로도 변할 것이다. 공간에 분포한 별자리를 이루는 대표적인 밝은 별들은 지

그림 3.1 야간 산책길. 하늘이 활짝 열린 날이면 삼각대에 카메라를 얹어서 종종 보현산 서쪽 봉우리인 시루봉으로 나간다.

구와의 거리가 서로 다르고 하늘에서 끊임없이 움직이는데 그 속도와 방향이 각각 판이하기 때문이다. 또한 지구 자전축의 방향이 계속 바뀌니 북극의 위치도 변한다.

이러한 점을 역으로 이용해, 과거의 기록에 별자리의 정확한 모습이 남아 있다면 기록한 연대를 추정할 수 있다. 어쩌면 이것이 별자리 연구로부터 우리가 얻을 수 있는 거의 전부일 것이다. 실제로는 오차가 커서 변화된 모습을 제대로 얻을 가능성은 희박하다. 하지만 우리는 별자리를 보며 밤하늘 별을 이야기할 수 있고 별자리에 얽힌 신화나 전설을 나누면서 하늘에 대한 호기심을 키울 수 있다.

별자리 외에도 맨눈으로 즐길 대상으로는 떨어지는 유성, 덩그렇게

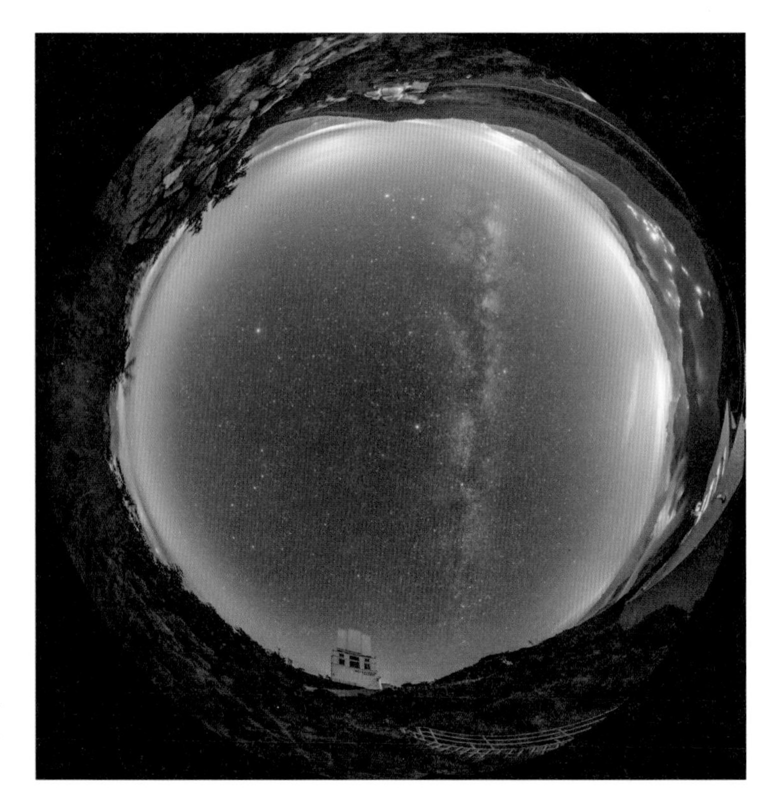

그림 3.2 하늘을 가로지른 은하수. 맨눈으로 밤하늘을 즐기기 가장 좋은 대상이다.

그림 3.3 2013년 3월 14일, 육안으로는 보기 힘들었던 팬스타 혜성(C/2011 L4, Panstarrs)이 서쪽 하늘로 지고 있다.

뜬 혜성이 있다. 무엇보다 여름의 멋진 은하수도 있다. 2016년 초에는 수성, 금성, 화성, 토성, 목성 순서로 다섯 행성이 일렬로 보기 좋게 떴다. 그 사이를 달이 매일 위치를 바꾸며 지나갔다. 연일 보도되기도 해서 많은 이들이 관심을 가졌던 천문 현상이었다.

다양한 천체의 다양한 모습

천체망원경을 들여다보면 달의 분화구나 목성의 줄무늬, 토성의 멋진 고리, 화성의 붉은 얼룩 등 여러 가지 천체의 모습을 볼 수 있다. 사진으로만 보던 커다랗고 세밀한 행성의 모습이 망원경으로 들여다보면 아주 조그맣게 보여서 실망하는 사람도 있다. 그러나 행성은 사진으로 찍는 것보다 눈으로 보는 것이 훨씬 정밀하다. 사람의 눈은 대기의 흔들림에 행성의 구조가 변화하는 모습을 스스로 보정하면서 볼 수 있기 때문이다. 사람의 눈으로 본 것 같은 세밀한 사진은 낱장 한두 장 찍어서는 얻기 어렵다. 천체사진가는 비디오카메라 등을 이용해 짧은 노출로 짧은 시간 동안 많은 영상을 얻어서 좋은 것만 골라내 합쳐서 하나의 멋진 상을 얻는 방법을 사용한다. 이때 사용하는 영상의 수는 수백 장 또는 수천 장에 이른다.

망원경은 구경이 클수록 그만큼 더 많은 빛을 모을 수 있고 더 자세히, 더 멀리 볼 수 있다. 소백산천문대 61센티미터 망원경, 보현산천문대 1.8미터 망원경으로 본 오리온성운이나 행성과 달의 모습 등은 다른 이들은 경험하기 힘든 잊히지 않는 기억이다. 달은 너무 밝아서 망원경을 통해 보면 눈이 부시기 때문에 작은 망원경으로 볼 때도 빛을 줄여주는 필터를 사용해야 하며 만약 필터가 없다면 초승달처럼 어두울 때나, 그렇지 않으면 잠깐잠깐 들여다보아야 한다.

참고로 망원경으로 태양을 보는 것은 아주 위험하다. 빛의 양을 줄여주는 태양 필터를 장착하지 않고 해를 보면 실명할 수 있기 때문에 주의해야 한다. 한번은 낮에 견학 온 이들을 위해 1.8미터 망원경의 돔 슬릿을 열었는데 때마침 해가 1.8미터 주경의 경면을 비추었다. 순간 모인 빛이 천으로 된 방풍막을 태워서 연기가 났다. 바로 대응해서 큰 문제는 없었지만 조금만 지체했더라면 불이 났을 것이다. 망원경이 정확히 태양을 향하지 않았지만 워낙 큰 거울로 빛을 모았기에 일어난 일이다.

밤하늘 기록

나는 보현산천문대에서 지내며 1.8미터 망원경 덕택에 큰 즐거움을 누렸다. 연구용 관측을 할 때면 날이 완전히 어두워질 때까지 20~30분 여유가 있다. 이 시간에는 좋은 연구용 자료를 얻기는 어려워도

그림 3.4 1.8미터 망원경으로 찍은 M3 구상성단. 중심부 가까이에 파란 청색낙오성들이 많이 보인다. 이들은 구상성단의 나이와 별의 진화 과정을 고려하면 존재할 수 없는 특이한 별이다. 별도 태어나서 살다가 죽는다. 그런데 같이 태어났다면 푸르고(온도가 높은 별) 덩치 큰 별(질량이 큰 별)일수록 에너지 소모량이 많아서 빨리 죽는다. 구상성단 안의 별은 모두 나이가 같다고 볼 수 있고, 덩치가 큰 별부터 빨리 진화해서 죽었거나 죽어가는 단계에 놓였을 것이다. 그래서 죽어가는 별의 질량을 알아내면 그 성단의 나이를 알 수 있다. 즉 일정 질량 이상의 별은 구상성단에 존재할 수 없다. 그런데 청색낙오성은 죽어가는 별보다 훨씬 큰 질량(보통 2~3배)을 가지고 있어 온도도 높고 푸르게 보인다. 이들은 별이 밀집한 중심부에서 별과 별이 충돌해 새로운 별로 태어났거나 쌍성이던 두 별 가운데 질량이 큰 별이 먼저 진화해 다른 별로 물질이 옮겨가 푸른 별로 다시 태어났을 것으로 본다. 물론 우리가 모르는 새로운 별의 진화 과정이 존재할 수도 있다.

그림 3.5 M103 산개성단의 아름다운 모습. 가운데 주황색 별은 진화해서 죽어가는 별이다.

천체사진은 찍을 수 있다. 보통 단파장 $H\alpha$ 필터 영상을 찍는데 이 필터를 사용하면 하늘이 상당히 밝아도 지장 없이 영상을 찍을 수 있어 거의 40여 분까지 시간이 생긴다. 저녁과 새벽, 두 차례 가능하기 때문에 날씨가 좋으면 상당히 많은 영상을 얻을 수 있다. 그래서 평소에 찍기 힘든 시야가 넓은 은하 또는 성운을 미리 정해두고 관측을 할 때면 틈틈이 찍었다.

구상성단이나 산개성단은 연구를 위한 관측을 많이 했기 때문에 굳이 더 찍지 않아도 좋은 사진이 많다. 하지만 넓은 성운 등은 내 연구 주제가 아니어서 일부러 찍어야 사진을 얻을 수 있었다. 1.8미터 망원경은 위치를 정확히 찾아가기 때문에 여러 날에 걸쳐서 부분 부분 나

그림 3.6 M27 행성상성운. 아령성운이라고 불린다. 태양처럼 질량이 작은 별이 죽으면 이러한 모습일 것이다.

누어 찍고 그 사진들을 모자이크로 합쳐도 어려움이 없다.

이렇게 얻은 단파장 흑백사진에 컬러를 넣기 위해서는 연구 관측 시간을 할애해야 한다. 주로 파란색 B 필터와 녹색 V 필터 영상을 추가로 관측한다. $H\alpha$ 필터는 빛이 투과하는 파장대가 좁아서 노출을 길게 주어야 하지만 B와 V 필터는 투과 파장대가 넓어서 $H\alpha$보다 노출을 훨씬 짧게 줄 수 있다. 그래서 생각보다 시간이 많이 들지는 않는다. 물론 많은 시간을 사용하면 더 어두운 부분까지 자세히 담을 수 있어서 훨씬 멋지다. 그래서 가끔은 컬러 합성과 특별한 천체를 담기 위해 제안서를 제출해 정식으로 관측 시간을 얻기도 한다.

$H\alpha$ 필터 영상은 붉은색 영역이므로 B, V, $H\alpha$ 세 영역의 사진을

그림 3.7 보현산천문대 1.8미터 망원경으로 찍은 말머리성운. B, V, $H\alpha$ CCD 영상을 컴퓨터에서 디지털 합성해서 컬러 영상을 얻었는데, 붉은색은 단파장의 $H\alpha$ 필터를 사용했다. 멋진 천체사진은 대부분 이렇게 삼색 컬러 합성 방법으로 만든 것이다.

합치면 컬러사진을 만들 수 있다. $H\alpha$ 대신 R이나 I 필터 영상을 사용하기도 한다. 둘 다 붉은색 영역이며 B, V와 같은 특성의 필터 세트다. 밤하늘에 멋지게 나타나는 성운은 대부분 수소 가스로 구성되어 있다. 수소 가스는 가까이에 있는 별빛을 받으면 $H\alpha$라는 붉은색 특정 파장을 가장 많이 내뿜는다. 그래서 이 필터를 사용하면 성운의 자세한 구조를 볼 수 있는데 성운 속 이온화된 수소 가스의 분포라고 할 수 있다.

때에 따라서는 B, V 필터 대신 성운에 있는 산소나 질소 또는 황에서 나오는 파장대의 단파장 필터를 사용하기도 한다. 그러면 이들 성분의 분포를 자세히 볼 수 있고 자연스러운 색감은 떨어지지만 복잡한 필라멘트 구조가 얽힌 전혀 다른 사진이 되기도 한다. 안드로메다 은하 같은 외부은하는 보통 B, V, R 필터로 컬러 합성을 하지만 여기에 $H\alpha$ 영상을 넣으면 은하 내 가스 분포를 자세히 볼 수 있다. 가스가 많은 곳은 주로 별이 탄생하는 영역이므로 새로운 별이 많이 태어나는 은하일수록 붉은 성운이 드러난 멋진 사진이 된다. 이러한 방법으로 그동안 메시에가 이름을 붙인 100여 개의 천체를 1.8미터 망원경으로 기록했고 북아메리카성운, 펠리컨성운, 베일성운 등 아주 넓은 천체들을 모자이크 합성했다.

1.8미터 망원경은 초점거리가 아주 긴(f=14400밀리미터) 망원렌즈라고 보면 된다. 영상 관측용으로 사용하는 CCD 칩의 크기가 일반 중형 카메라의 필름 넓이만큼 크지만 찍히는 시야는 11.6분각에 지나지 않고 최근의 4k CCD 카메라는 14.5분각이 넘어가지만 그래도 시야가 아주 좁다. 그래서 조금이라도 큰 천체는 1장에 못 담고 2장×2장, 3장×3장 등으로 나누어 모자이크 합성을 한다.

베일성운의 한 부분인 NGC 6992의 온전한 모습을 담기 위해 1.8미터 망원경으로 40장을 찍어서 하나하나 붙였는데 컬러사진을 만들기 위해서는 B, V 두 필터로 다시 40장씩 더 찍어야 했다. 결국 120장을 찍어서 하나의 컬러사진을 만들었다. M8 석호성운도 120장 정도 찍어서 컬러 영상을 얻었다. 이들보다 더 넓은 천체인 서로 붙어 있는 북아메리카성운과 펠리컨성운의 모습을 $H\alpha$ 영상으로 140여 장에 걸쳐 나누어 찍었지만 모두 담지는 못했다. 그런데 이 사진에 컬러를 넣기 위해서는 280여 장을 더 찍어야 해서 아직 시도하지 않았다.

이러한 천체사진은 시상이 좋을 때 찍어야 훨씬 선명하다. 시상이 안 좋은 사진은 마치 초점이 안 맞은 것처럼 보인다. 그래서 시상이

그림 3.8 M31 안드로메다은하. $H\alpha$ 필터 영상을 넣어서 합성했으며 나선 팔을 따라 붉은 수소 가스 성운의 분포를 볼 수 있다. 이런 영역이 새로운 별이 탄생하는 영역이다.

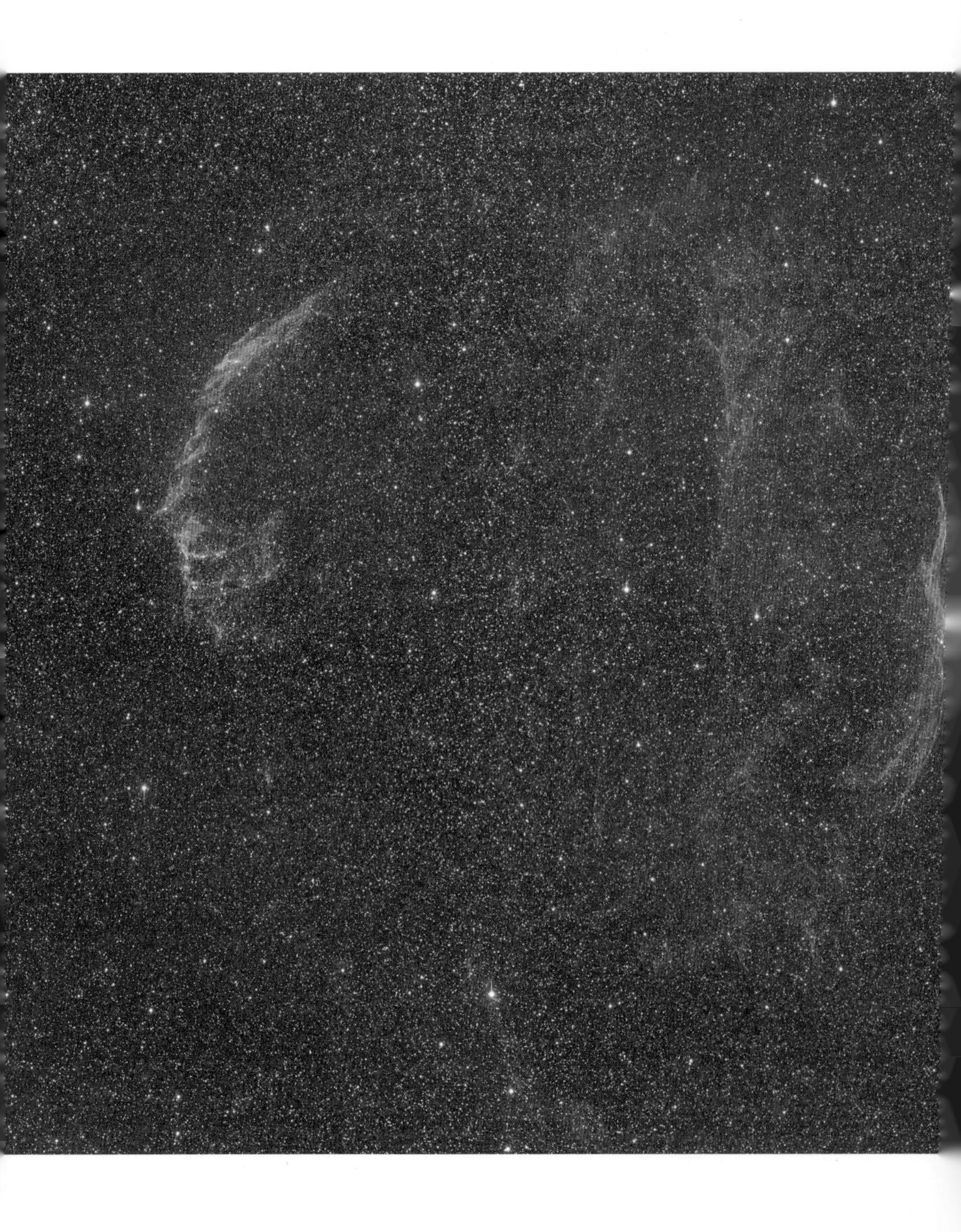

좋은 날은 관측 시간을 잠시 할애해 평소에 찍고 싶었던 천체를 찍기도 한다. 앞서 언급했듯 이렇게 천체사진을 찍는 도중에 메시에 천체 1번인 M1 초신성 잔해 영상에서 첫 소행성을 발견하기도 했다. 이제는 1.8미터 망원경으로 이러한 사진을 찍기 어렵다. 관측 시간의 대부분을 분광 관측과 적외선 관측에 사용하기 때문에 영상 관측을 위한 여유 시간을 얻기 어렵기 때문이다.

그림 3.9 보현산천문대 소형 155밀리미터 굴절망원경으로 얻은 베일성운 전체. 5영역을 합쳤다. 1.8미터 망원경이라면 350장 이상을 찍어야 이 정도 넓이를 담을 수 있다. 물론 컬러사진을 만들기 위해서는 2배 더 찍어야 한다. 작은 망원경의 넓은 시야가 이럴 때 유리하다.

2015년, 155밀리미터 굴절망원경에 새로운 4k CCD 카메라를 부착했다. 그 전의 1k CCD 카메라에 비해 관측 시야가 면적으로 7.5배나 늘어나서 2도각×2도각이 되었다. 이전에는 이 굴절망원경을 별의 밝기 측정 용도로, 주로 연구에 활용했는데 시야가 넓어지니 갑자기 천체사진에 욕심이 생겼다. 먼저 1.8미터 망원경의 좁은 시야로는 찍기 어려웠던 넓은 천체인 은하수에 숨어 있는 초승달성운(NGC 6888)과 하

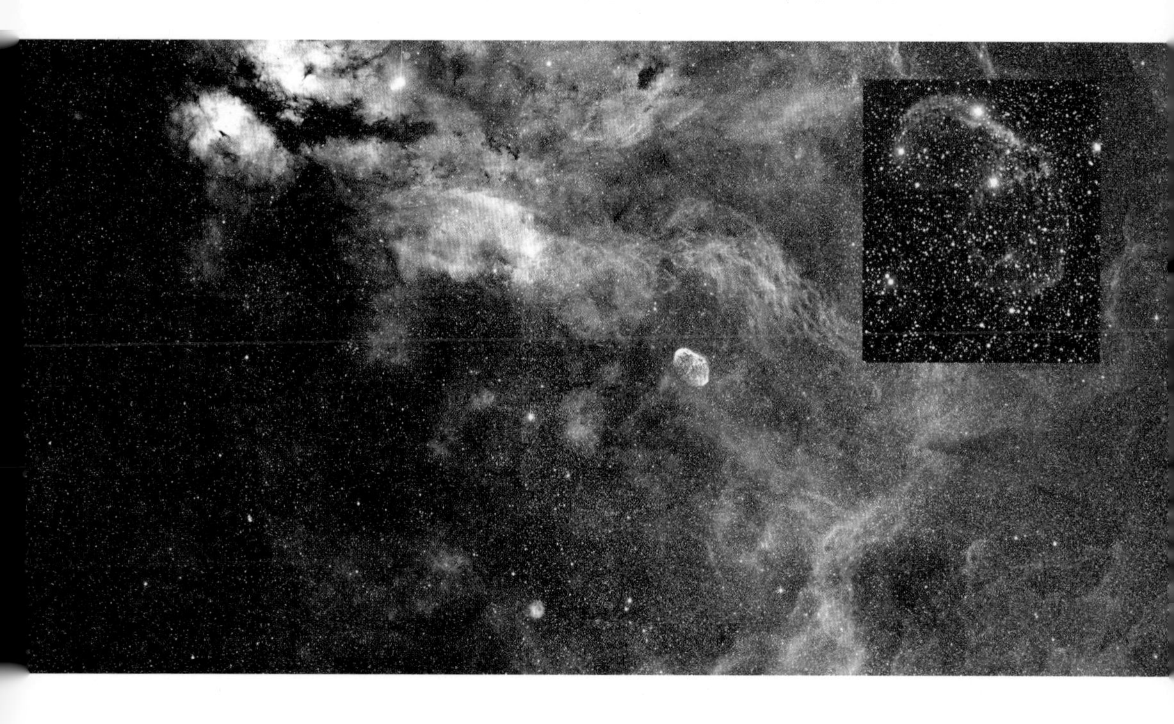

그림 3.10 은하수에 묻힌 NGC 6888 초승달성운. 오른쪽 위는 보현산천문대 1.8미터 망원경으로 찍은 초승달성운의 세밀한 모습이다.

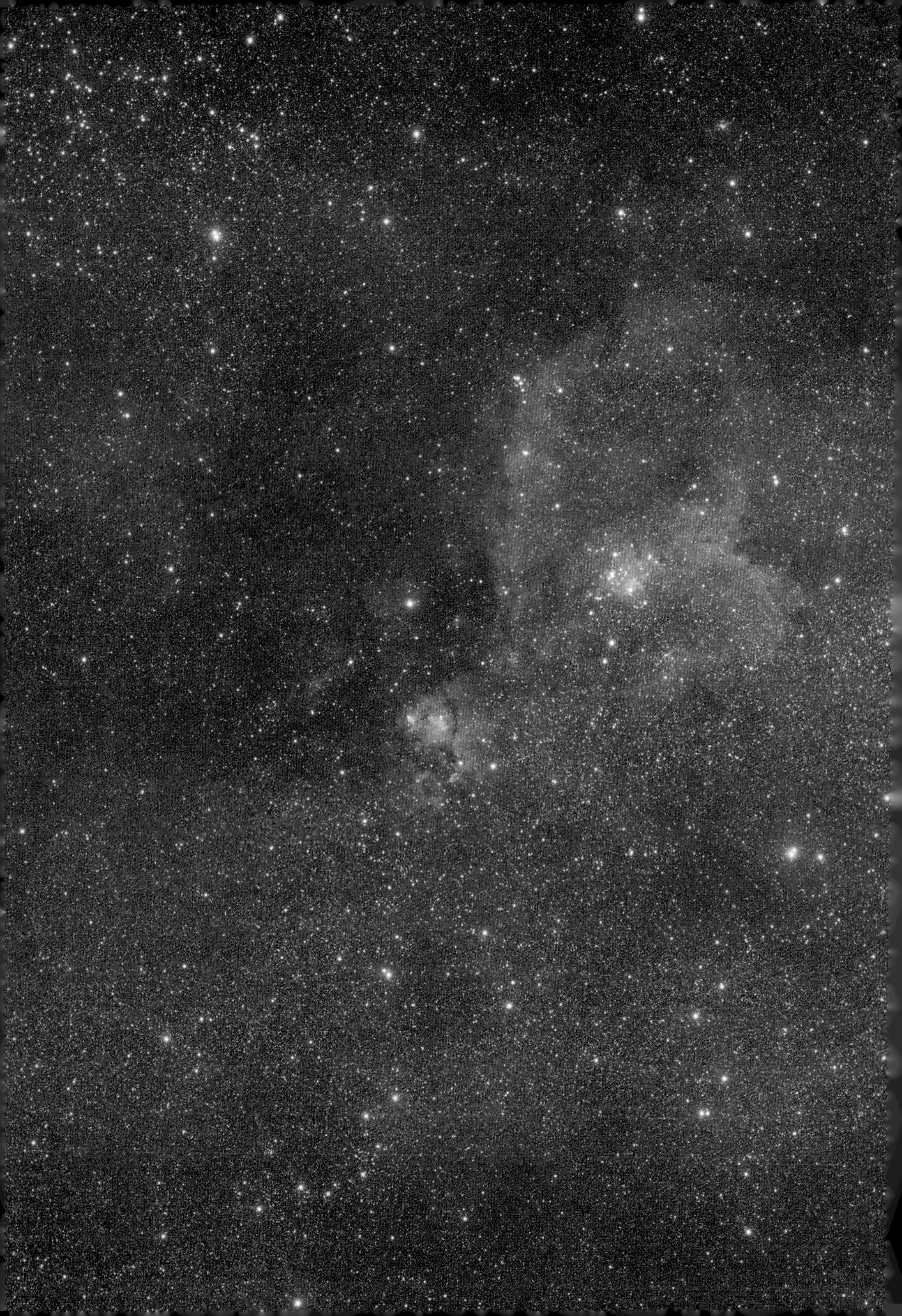

그림 3.11 소형 155밀리미터 굴절망원경으로 얻은 우주의 심장, 하트성운이라고 불리는 IC 1805(좌), 태아성운 또는 소울(soul)성운이라는 이름이 붙은 IC 1848 성운(우). 모두 20영역을 합쳤다.

그림 3.12 1.8미터 망원경으로 140여 장을 찍어서 합친 사진. 왼쪽은 북아메리카성운(NGC 7000), 오른쪽은 펠리컨성운(IC 5070)이다. 하나의 성운인데 가운데 부분에 빛을 가리는 먼지 입자가 많아서 두 성운으로 갈라져 보인다. 그림 3.11과 더불어 천체의 이름을 잘 붙였다고 여겨진다. 특히 오른쪽 펠리컨성운은 전체 모습이 펠리컨의 머리를 닮았는데, 가장 밝은 부분에서 왼쪽으로 가늘게 튀어나온 검은 부분이 마치 새의 주둥이처럼 보이고 그 끝에 물고기 한 마리를 물고 있는 모습 같다.

그림 3.13 155밀리미터 굴절망원경으로 얻은 장미성운. 2영역을 합친 것이다. 가스 구름 속에서 별이 만들어지고, 그 별의 에너지로 수소 가스가 이온화되어 붉게 보이며, 중심부는 가스가 밀려나 장미가 피듯, 공처럼 비어가는 모습이다.

그림 3.14 155밀리미터 굴절망원경으로 얻은 M8 석호성운(아래)과 M20 삼렬성운(위). 이들은 별을 만드는 공장이며 은하수 중심부에 놓여 있어 성운 주변으로 가스 물질과 별이 많이 보인다.

나의 천체인 북아메리카성운(NGC 7000)과 펠리칸성운(IC 5067), 1.8미터 망원경으로 40장을 찍은 베일성운의 NGC 6992를 찍었다. (여름이라 맑은 날이 드물어서 보름 이상을 넘기고 베일성운의 나머지 부분을 모두 찍었는데 1.8미터 망원경이었다면 적어도 350장은 찍어야 할 넓은 천체다.) 그런데 불행하게도 굴절망원경에 벼락을 맞는 바람에 여기서 멈추었다.

CCD 카메라는 미국의 제작사에 보내서 센서까지 모두 바꾸고 시험 관측까지 마친 뒤 거의 열 달 만에 돌아왔다. 이후 필터휠, 망원경 콘트롤러도 수리하고 가이드용 작은 CCD 카메라도 바꾸는 등 벼락의 후유증이 한 해를 넘겼다. 마지막으로 구동 컴퓨터까지 모두 바꾸고 나니 이번에는 돔을 새로 만들게 되어 완전히 다시 사용하기까지는 2년 가까이 흘렀다. 2017년에 다시 학생들과 천체관측 연구 교육을 시작할 수 있었고 오리온성운(M42), 안드로메다은하(M31), IC 1396, IC 1805 등 평소에 찍고 싶었던 천체부터 꾸준히 작업하고 있다. 1.8미터 망원경이 못하는 역할을 155밀리미터 굴절망원경이 대신한다.

성운이나 외부은하, 성단 등은 아무리 큰 망원경으로 들여다봐도 눈으로는 사진처럼 볼 수 없다. 사람의 눈은 천체의 빛을 시시각각 흘려버리지만 사진은 일정 시간 동안 빛을 누적하기 때문에 어두운 천체의 경우 훨씬 멋지게 보여준다. 그래서 사진은 또 다른 즐거움을 준다. 나는 밤하늘을 어떻게든 사진으로 남기려 한다. 때로는 욕심만큼 안 찍혀서 아쉽고 약이 오르기도 한다. 그러다 보면 진짜 밤하늘을 즐기는 것일까, 헷갈릴 때도 있지만 고민 하나하나도 재미있다.

디지털 시대의 밤하늘 사진

필름을 쓰던 시절에는 밤하늘의 밝기가 천체사진을 찍는 데 가장 중요한 요소였다. 하늘이 밝으면 어두운 천체를 담기 어려웠고 일주운동 사진조차 찍기가 쉽지 않았다. 넓은 시야로 은하수를 담는 것은 더더욱 어려웠다. 지금도 달라진 것은 별로 없지만 초창기 보현산천문대에서 추적이 되는 장비는 1.8미터 망원경 외에 작은 적도의(赤道儀)식 105밀리미터 굴절망원경뿐이었다. 적도의식은 망원경의 회전축을 극축에 맞춘 가대를 뜻하며 축을 따라 회전하면 망원경이 어디를 향하든 추적할 수 있다. 그래서 천체사진을 찍기에 좋아 많이 사용한다.

이 망원경은 1994년 칠레 개기일식 관측을 위해 준비한 것인데 지금도 쓰고 있고 2016년 인도네시아 개기일식에도 사용했으니, 내가 보현산천문대에 근무한 연수만큼 오래된 장비다. 이 망원경은 자동 추적 기능이 없다. 그래서 긴 노출을 위해서는 별도로 추적용 망원경을 하나 더 부착해서 맨눈으로 들여다보며 중심부에 넣은 별이 벗어나지 않게 노출이 끝날 때까지 키패드 버튼을 눌러야 한다. 짧으면

5분, 길면 30분 이상 꼼짝 못하고 들여다보면서 버튼을 눌러야 한다. 이러한 보정을 소백산천문대 61센티미터 망원경으로 2시간 이상 한 적 있다. 그것도 한겨울에.

봄이 되어도 보현산천문대의 밤 기온은 종종 영하로 떨어지고 바람도 거세어 별을 수동으로 추적하는 작업은 쉽지 않다. 105밀리미터 굴절망원경으로 관측 대상을 찾을 때는 눈으로 들여다보고 직접 망원경을 움직여서 감각적으로 찾아야 한다. 무엇보다 관측 전에 극축도 정밀하게 맞추어야 상이 흐르지 않게 추적이 잘 된다. 그래서 한번씩 관측하려면 마음을 단단히 먹어야 했다. 자동으로 별을 찾는 1.8미터 망원경에 익숙한 나로서는 참 귀찮은 일이다.

디지털카메라의 장단점

디지털카메라의 성능이 좋아진 요즘은 삼각대만 있어도 다양한 천체를 담을 수 있다. 밤하늘 은하수와 별자리를 발아래 풍경과 함께 담을 수 있고 연속 인터벌 촬영으로 좋은 일주운동 사진을 얻을 수 있다. 특히 최근의 디지털카메라는 ISO 6400 이상의 고감도를 사용해도 영상을 담는 센서의 열잡음이 아주 적게 나온다. 카메라의 영상 센서는 전기가 흐르기 때문에 열에 의한 잡음이 발생하는데 화소에 따라 붉은색, 초록색, 파란색 등의 반점으로 나타나며 간혹 일정한 무늬 형태로 나오기도 한다.

천문대에서는 영하 100도 이하로 냉각해 이러한 열잡음이 안 생기도록 하지만 가지고 다니는 카메라는 냉각 장치가 없어서 열잡음을 피하기는 어렵다. 만약 냉각 장치를 만든다면 굉장한 배터리 소모를

감수해야 할 것이다. 주로 야간에 고감도로 장시간 노출을 하게 되는 천체사진가는 별도의 전원을 준비해 냉각 장치가 부착된 카메라를 사용하기도 한다.

디지털카메라의 고감도를 사용하면 노출 시간을 짧게 줄 수 있으므로 삼각대만으로도 별이 흐르지 않는 거의 점상에 가까운, 넓은 시야의 밤하늘을 담을 수 있다. 인터벌 촬영은 일정한 시간 간격으로 반복해서 노출하는 것이다. 이 기능이 카메라에 내장된 경우도 있고, 없다면 별도의 전용 릴리스를 이용해야 한다.

디지털카메라에 익숙한 사람들이 잘 모르는 필름의 특성 가운데 저강도상반칙불궤 현상이 있다. 앞서 설명했듯이 이는 천체와 같이 약한 빛에 필름의 감광유제가 반응을 제대로 하지 못해서 생긴다. 사진을 찍을 때 1초와 10초 노출 사이에는 10배의 밝기 차이가 기록되어야 하는데 필름으로는 천체의 밝기가 어두우면 감광유제가 잘 반응하지 않아 10배가 아니라 5배, 극단적으로는 2배 등으로 낮게 반응한다. 그래서 아무리 노출을 길게 주어도 어두운 천체를 제대로 찍기 어려

그림 3.15 디지털카메라로 찍은 여름 은하수(14밀리미터 광각렌즈 사용). 보현산 시루봉 위로 곧게 솟았다.

그림 3.16 보현산천문대 동쪽에는 포항이 있고, 그 앞쪽 바다에는 종종 많은 고기잡이배가 집어등을 켠다. 그러면 전체 도시 불빛보다 더 밝다. 위로 솟아오르는 그 불빛은 마치 보름달이 뜨는 것 같다. 밤하늘이 가장 어두운 그믐날 관측 시간을 얻었는데 무척 아쉬운 장면이다. 그래도 디지털카메라를 사용해서 별이 흐르는 모습을 볼 수 있다.

그림 3.17 보현산천문대 1.8미터 망원경으로 찍은 필름과 CCD 천체사진 비교(M51 은하). **왼쪽**은 액타크롬 ISO 200 슬라이드 필름으로 2.5시간 노출한 것이고, **오른쪽**은 CCD 카메라에 천체관측용 B, V, $H\alpha$ 필터로 총 25분 노출한 것이다. CCD 카메라는 필름과 비교할 수 없는 기록 능력을 보여서 천문학의 발전에 획기적으로 기여했다.

웠다.

하지만 디지털카메라는 밝기에 무관하게 10배의 노출을 주면 10배의 반응을 한다. 단지 디지털카메라는 밝기가 너무 밝아서 디지털 한계치(14비트 모드라면 2^{14}=16384) 이상으로 노출이 과다하면 모두 포화해 정보를 완전히 잃어버리는 단점이 있다. 필름의 경우는 노출량이 많아서 포화하는 상태에 이르면 반응을 덜해서 디지털보다 잃어버리는 정보의 양이 훨씬 적다. 이것은 선형성(線型性)이 깨진다는 점에서 안 좋은 현상이지만 밝은 성운이나 일몰, 일출처럼 과도한 밝기 차이가 있는 사진을 찍을 때 자연스러운 색상을 유지할 수 있는 이점이기도 하다.

디지털카메라는 포화하지 않는 적당한 노출량으로 여러 장을 찍은 다음 1장으로 합쳐서 평균을 취할 수도 있어 밝은 대상도 정보를 잃어버리지 않게 찍을 수 있다. 또한 필름보다 훨씬 큰 다이내믹 레인지(Dynamic Range: 기록할 수 있는 어두운 영역과 밝은 영역의 범위)를 가지기 때문에 밝기 차이가 큰 천체를 정밀하게 찍는 데는 디지털카메라가 유리하다. 필름에 익숙한 사람은 디지털카메라의 단점을 크게 보려고 할 수도 있지만 디지털카메라가 필름보다 불리한 특성 가운데 대부분은 촬영 방법 개선과 컴퓨터를 이용한 후작업 과정에서 이미 해소되었다. 그래도 아직까지 불리한 요소를 꼽자면 중형과 대형 필름보다 영상 센서의 넓이가 좁다는 것이다.

최근에는 645 포맷의 필름 카메라에 해당하는 중형 디지털카메라가 나오고 있지만 필름에 비하면 여전히 작고 대중화하기에는 가격이 비싸다. 하지만 이것도 컴퓨터에서 모자이크 합성으로 넓게 붙일 수 있는 특성을 이용하면 소형 디지털카메라로도 중형 디지털카메라의 특징을 보여줄 수 있다. 특히 천체사진은 대상이 짧은 시간에 거의 변하지 않기 때문에 여러 영역을 나누어 찍어서 모자이크 합성하는 데 어려움이 없다. 필요하면 여러 날에 걸쳐서 나누어 찍고 합성해서 1장의 넓은 천체사진을 만들 수도 있다. 이제는 영상 센서의 넓이조차 필름보다 특별히 불리한 점이 아닐 수 있다.

누구나 쉽게 일주운동 찍는 법

삼각대에 얹은 디지털카메라로 가장 쉽게 시도할 수 있는 작업은 일주운동 사진이다. 일주운동을 찍을 때는 별이 1시간에 15도씩 움직인다는 점을 고려해서 원하는 궤적이 되도록 적절한 시간 동안 노출하면 된다. 필름의 경우는 릴리스로 B셔터 또는 T셔터를 이용해 셔터를 열고 원하는 시간만큼 노출한 뒤 다시 닫으면 된다. 이때 밤하늘이 밝으면 필름의 감도를 고려해 조리개와 노출 시간을 조절해야 별 궤적

세로톨롤로 천문대, 5시간

보문산천문대, 1시간

그림 3.18 칠레의 세로톨롤로 천문대와 보현산천문대의 일주운동.

이 뚜렷하고 풍경과 어우러진 일주운동을 담을 수 있다. 칠레의 세로톨롤로 천문대에서 5시간을 노출했지만 배경 하늘이 너무 어두워서 노출량이 부족한 듯 느껴졌던 일주운동 사진과 비교해보면 같은 조건으로 보현산천문대에서 30분 노출한 영상이 더 밝게 나왔다.

단순하게 보현산천문대의 밤하늘이 10배 이상 밝다고 볼 수 있다. 그 당시 보현산천문대에서는 조리개를 하나 더 줄여서 대략 1시간 또는 2시간의 노출로 일주운동을 찍고 있었다. 하지만 요즘은 일주운동의 경우 짧은 노출로 반복해서 찍는 인터벌 촬영을 하고 이들을 컴퓨터로 합성해 하나의 일주운동 사진을 만든다. 합성하는 사진은 5시간 노출하면 대략 400장에서 많게는 1000여 장까지 된다. 전체 노출 시간은 배터리와 어두운 밤이 허용하는 한 계속 찍을 수 있다. 특히 1장 1장의 노출량을 적당히 조정하면 달과 별을 동시에 담는 것도 가능해졌고 도시에서도 일주운동을 찍을 수 있다.

2017년 천체사진 공모전에서 본, 도시의 밝은 불빛 위로 거의 12시간에 달하는 일주운동 사진에 감탄하지 않을 수 없었다. 보현산천문

대의 밤하늘은 건설 초창기보다 10배 가까이 밝아진 상황이지만 이러한 기술의 적용으로 필름 시절보다 더 멋진 일주운동 사진을 얻을 수 있다. 필름으로 찍었던 시절에는 노출한 전체 시간에 달랑 1장을 얻었고 혹시라도 하늘 밝기를 잘못 추정해서 노출이 안 맞으면 그나마도 못 쓰게 되었으니 지금의 디지털카메라는 혁명적인 변화를 준 셈이다.

일주운동 사진은 주로 넓은 시야의 렌즈를 사용하므로 유성이 같이 찍히는 경우가 흔하다. 필름으로 찍을 때는 1시간 이상의 노출에도 배경 하늘이 잘 나와야 하기에 보통 ISO 400 필름에 조리개는 F/5.6 또

그림 3.19 1.8미터 망원경 돔을 배경으로 4시간 노출한 일주운동. 한가운데 북극성이 잘 보이고 많은 비행기 궤적이 같이 찍혔지만 모두 지웠다. 보통 560장을 하나하나 점검해 일일이 지워야 하기 때문에 노출한 시간 이상으로 정리 시간이 걸린다. 실제 노출량을 2단계 어둡게 처리해 합성했다. 이러한 영상 처리를 위해서는 원래 영상인 로(raw) 파일 형태로 기록하는 것이 좋다.

그림 3.20 서쪽 하늘로 달이 지는 모습. 약 7.5시간 동안 1000장 넘게 찍어 합성한 사진이다. 달이 밝은 날 오히려 달을 넣어서 일주운동을 만들면 별과 함께 잘 어울린다. 이 경우에는 달의 밝기를 고려해서 짧은 노출 시간으로 더 많이 찍거나, 조리개나 ISO 감도를 줄여서 찍어야 한다.

는 F/8 정도로 조여서 찍었다. 그래서 밝은 유성이 아니면 잘 안 찍혔다. 유성우를 필름에 담을 때는 실제 하늘에서 본 만큼의 10분의 1도 안 찍힌다고 보면 된다. 100분의 1 이하일지도 모른다. 유성은 맨눈으로 볼 때는 밝게 빛나도 워낙 짧은 시간에 터지기 때문에 전체 광량은 눈으로 바라볼 때와 크게 다르다.

그런데 디지털카메라의 경우는 짧은 노출로 반복해서 찍기 때문에 밝은 조리개에 ISO 3200 또는 ISO 6400 이상의 고감도를 사용할 수 있어 아주 어두운 유성까지 대부분을 담을 수 있다. 유성우는 삼각대만 있어도 멋지게 찍을 수 있지만 추적 가능한 망원경 가대에 카메라를 얹어서 찍으면 배경 하늘의 별들이 흐르지 않고 점상으로 나타나므로 훨씬 사실감 있다. 하지만 별을 추적하면 아래쪽에 같이 찍은 지상의 풍경이 흐르기 때문에 이런 점을 적당히 고려해야 한다.

어두운 천체 담기

요즘은 별자리와 은하수가 지상의 풍경과 어우러진 멋진 사진에 많이 익숙해졌다. 디지털카메라의 고감도를 이용하면 지상의 풍경과 하늘의 천체를 동시에 담는 다양한 풍경 사진을 비교적 쉽게 찍을 수 있다. 180도 이상 넓게 좌우로 회전해서 멋진 파노라마 사진도 얻는다. 필름 시절에 암실에서 어렵게 처리하던 다양한 기술을 지금은 컴퓨터 앞에서 너무나 쉽게 할 수 있다. 그만큼 어렵지 않게 천체사진을 즐길 수 있는 기회가 많아진 것이다. 특히 천체사진을 찍을 때 일단 1장 찍어보면 노출이 맞는지, 초점이 맞는지, 구도는 괜찮은지 등 여러 가지를 미리 확인할 수 있다. 그래서 안 좋다면 즉시 수정해 다시 찍으면 된다. 다음 날 필름을 현상해야 제대로 찍었는지 알 수 있었던 때를 생각하면 가히 축복이라 할 수 있다.

디지털 시대에는 하늘을 담고 싶으면 삼각대에 카메라를 얹어서 나서기만 하면 된다. 필름 시절의 노출과 초점을 조정하는 개인의 기술적인 능력은 대부분 자동화되었고 고감도 필름을 사용할 것인지 저감도로 정밀한 필름을 사용할 것인지 고민할 필요도 없다. 디지털카메라는 고감도, 저감도 필름을 모두 가지고 있는 셈이다. 디지털카메라로는 고감도로 노출을 짧게 하면 삼각대만으로도 상이 흐르는 것을 최소화할 수 있다. 일주운동 사진은 오히려 흐름을 이용하는 기술이므로 삼각대만 있어도 전혀 문제가 없다.

하지만 어두운 천체를 전혀 흐르지 않게 담으려면 여전히 추적이

그림 3.21 러브조이 혜성과 플레이아데스성단의 만남. 혜성의 꼬리가 뻗어 나가는 모습을 보여 주기 위해서는 추적이 되는 망원경이 필요하다.

잘 되는 장치가 필요하다. 추적이 잘 되는 망원경 가대를 이용하면 좋지만 최근에는 삼각대에 얹어서 쉽게 쓸 수 있는 간이 추적 장치를 사용할 수도 있다. 간이 추적 장치는 초점거리가 짧은 렌즈로 넓은 시야의 밤하늘 풍경을 담을 때 사용한다. 최근에는 성능이 많이 좋아져서 거의 200밀리미터 초점거리의 렌즈까지도 사용할 수 있을 정도다. 물론 추적 시간은 2~3분에서 길어야 5분이다. 이보다 긴 노출로 어두운 천체를 정밀하게 찍으려면 반복해서 여러 장을 찍은 뒤 합치거나 장시간 추적이 잘 되는 전문적인 가대를 이용해야 한다. 이런 가대는 별도의 장치로 정밀하게 추적을 보정하는 자동 추적 장치를 사용할 수 있어서 1시간 이상 긴 노출도 가능하다.

간혹 천체사진가의 작품에서 노출이 수십 시간씩 되는 사진을 볼 수 있다. 천체는 계속 움직이며 뜨고 지기 때문에 아무리 길어도 하룻밤에 10시간 노출은 불가능하다. 따라서 수십 시간씩 노출했다면 며칠을 찍어서 하나로 합친 것이다. 그렇게 얻은 결과는 배경 하늘에 아주 희미한 천체의 구조까지 다 드러나는 멋진 사진이 나온다. 작가의 끈기와 기막힌 아이디어가 들어간 작품이다. 이제는 찍는 사람의 발상이 좋은 사진을 얻는 중요한 요소가 되었다. 여기에 좋은 장비와 열정, 인내심이 더해지면 금상첨화일 것이다. 더불어 사진을 다루는 컴퓨터 프로그램 하나쯤 익히는 것도 필수 요소가 되었다. 누군가 '촬영 나가는 목적은 좋은 작품을 얻을 수 있는 데이터를 모으는 것'이라고 했다. 그만큼 컴퓨터 작업의 중요성이 커졌다고 보아야 할 것이다.

한여름 밤의 페르세우스 유성우

매년 8월 12일 전후는 페르세우스 유성우의 극대기다. 더운 여름에 저녁을 먹고 시원한 바람을 쐬면서 하늘을 올려다보면 유성이 하나, 둘 떨어지는 장면을 본 적 있을 것이다. 생각해보면 장마가 끝나고 무더위가 시작될 때쯤이니까 페르세우스 유성우를 보았을 가능성이 높다. 평소에는 밤하늘을 잘 안 보는 사람도 이때쯤이면 바깥나들이가 자연스러우니 한번쯤 유성을 볼 기회가 있었을지 모른다. 페르세우스 유성우는 한꺼번에 아주 많이 떨어지는 경우는 드물지만 밝은 화구가 많이 터지니 도시에서도 하늘이 조금 어둡다면 볼 수 있다. 그래서 유성을 본 사람들은 흔하다고 생각할 수 있지만 실제로는 유성우가 떨어지는 시기가 아니면 상당히 보기 힘들다.

다양한 형태의 유성

1995년 8월, 보현산천문대가 준공식(1996년 4월)을 하기 전이었다. 이

그림 3.22 1995년 8월. 불덩어리가 돔 옆으로 날아갔다. 너무 놀라 셔터를 끊어버린 사진이다.

무렵 보현산천문대 홍보에 필요하고 교육 자료로도 쓸 일주운동 사진과 1.8미터 망원경 돔을 배경으로 한 천체사진을 찍고 있었다. 연구동 지붕에서 1.8미터 망원경 돔을 배경으로 일주운동 사진을 위한 노출을 시작했는데 갑자기 왼쪽 위에서 돔을 향해 불덩어리가 춤을 추듯 천천히 펄렁펄렁 날아갔다. 순간 돔에 부딪힐까 봐 걱정되었다. 놀라기도 했고, 2시간 정도 되는 긴 궤적의 일주운동 사진을 얻으려고 준비했는데 유성이 중간에 지나가서 망친 듯해 나도 모르게 셔터를 눌렀다. '아차' 싶었지만 이미 노출은 끊어졌다. 다음 날 현상해서 살펴보니 역시 밝은 유성이 돔 옆으로 부딪히듯이 날아가는 모습이 멋지게 잡혔다. 하지만 내가 본 장면의 반도 찍히지 않은 듯했다. 무엇보다 노출을 끊어버려서 별의 궤적이 짧아 더 아쉬웠다.

이런 현상이 일어나면 곧바로 또는 그다음 날까지도 UFO(미확인비행물체) 문의가 폭주하고 뉴스에 등장하기도 한다. 그 당시 1시간 정도 노출한 다른 사진에서도 또 다른 밝은 유성이 잡혔다. 비슷한 시기에 1.8미터 망원경으로 관측하다가 밖으로 나와 하늘을 보는데 서쪽 시루봉 위로 이상한 빛이 왔다 갔다 흔들렸다. 어느 날은 남쪽 하늘 위에서 갑자기 밝은 불빛이 환하게 비치다가 사라졌다. 또 하루는 집에서 저녁을 먹고 1.8미터 망원경으로 관측하기 위해 조금 늦게 보현산 천문대로 차를 몰고 들어서는데 밝은 유성이 마치 조명탄 터지듯이 천천히 영천 시내 방향으로 떨어졌다. 유성이라면 번쩍하고 사라지는 것을 떠올리지만 이렇게 다양한 형태로 우리에게 다가온다.

어느 해 여름, 천문대로 페르세우스 유성우 관측을 온 우리나라 관측팀 가운데 한 사람이 유성 하나가 이쪽저쪽 탁구공 튀듯이 날아다니는 모습을 봤다고 흥분해서 이야기했는데 그 말을 들은 순간 내가 보았던 시루봉 위의 흔들리던 빛도 그와 같은 현상일까 하는 생각이 들었다. 1.8미터 망원경 돔 옆으로 춤추듯이 날아간 유성은 지구가 움직이는 속도와 비슷한 빠르기로 대기권으로 들어와 천천히 타면서 날아갔을 것이다. 조명탄 터지듯 내려간 유성도 결국 지구의 움직임에 견주어 상대적인 속도가 크지 않아서 나타나는 현상이다. 만약 유성이 시선 방향으로 곧바로 날아온다면 갑자기 밝게 빛을 내면서 타다가 사라져버릴 것이다. 그러면 천문대는 UFO 출현 이야기로 한바탕 소란을 겪는다.

우리는 유성이 지구 앞쪽이나 뒤쪽에서 대기에 부딪혀 타며 밝은 빛을 낼 때 보게 된다. 자정이 되기 전에는 지구가 태양을 중심으로 도는 공전 궤도를 따라 앞쪽에서 발생하는 유성은 지구 반대편 쪽이어서 볼 수 없다. 단지 공전 궤도 뒤쪽에서 지구의 공전 속도보다 빨리 날아와서 타는 유성만 볼 수 있다. 유성체는 속도가 초속 42킬로미터 이상이면 태양계를 벗어나기 때문에 이보다 느릴 것이고, 지구의 공전 속도는 초속 30킬로미터이므로 자정 전에는 최대 초속 12킬로미터의 속도로 대기와 부딪히게 된다.

때에 따라서는 유성체의 속도가 느려서 지구에 도달하지 못하고 지구의 공전 속도보다 조금 빨라서 천천히 탈 수도 있다. 따라서 춤을 추듯 날아간 유성이나 조명탄처럼 천천히 떨어진 유성을 이해할 수 있다. 그런데 자정이 넘어가면 상황이 바뀐다. 지구 공전 궤도 뒤쪽에서 날아오는 유성은 거의 볼 수 없게 되고 앞쪽에서 오는 유성을 보게 되는데 유성체의 움직이는 속도는 제한이 없어지고 다가오는 모든 유성을 볼 수 있다. 그리고 대부분 빠른 속도로 날아오고 유성체의 최대 속도와 지구의 공전 속도를 합한 최대 초속 72킬로미터로 부딪혀 타버린다. 그래서 자정이 넘어가면 유성이 훨씬 많이 떨어지고 섬광처럼 번쩍이는 것도 많아진다.

유성우를 '보다'

페르세우스 유성우는 8월 초에 볼 수 있으므로 날씨 때문에 좋은 관측을 하기가 어렵다. 가장 재미있던 해는 1999년인데 그해 여름은 날씨가 좋아 일찌감치 망원경 정비를 마치고 일정에 없던 1.8미터 망원경 관측 시간을 얻을 수 있었다. 그래서 구상성단을 긴 노출로 반복해서 찍고 있었다. 예상보다 유성이 많이 떨어져서 1장 노출하고 밖으로 나가서 하늘 보고, 다시 들어와서 1장 찍고, 다시 나가고, 이렇게 반복하니까 옆에 있던 오퍼레이터가 휴식용 의자를 아예 돔 밖에 가져다주고서는 계속 보라고 했다. 같은 대상을 반복해서 찍고 있었기 때문에 날씨가 안정적이면 실제 관측자가 할 일은 많지 않다. 덕분에 펑펑 터지는 유성을 편안한 의자에 누워 밤새 즐겼다. 사진 찍을 생각은 못했고 떨어지는 유성을 마음껏 보았다.

2004년, 보현산천문대에서 연구 수업 중이던 영재학교의 한 학생과 연구동 지붕에 올라갔다. 적당히 경사가 있고 거친 재질이어서 미끄러지지 않아 드러누워 밤하늘을 보기에 딱 좋은 곳이었다. 평소에도 일주운동 사진을 찍으러 자주 올라간다. 지붕에 누우면 아직 태양열이 식지 않아 등에는 따뜻한 기운을 느끼고 얼굴에는 상쾌한 공기가 닿아 기분이 좋다. 연구동 지붕에 누워서 밤하늘을 보는 즐거움은 우리만 가질 수 있었던 작은 특권이었다.

마침 페르세우스 유성우가 극대기인 날이어서 떨어지는 유성을 심심찮게 볼 수 있었다. 더불어 여름밤 별자리를 하나하나 같이 찾아보았다. 잘 알려진 별자리 외에도 사이사이 작은 별자리들을 찾았다. 돌고래자리는 그때 그 학생한테 배워서 알았다. 아주 단순하고 작은 별자리다. 이 돌고래자리를 볼 수 있다면 그런대로 밤하늘이 괜찮은 곳이라고 생각하면 된다.

2016년 여름은 너무 더웠다. 슈메이커-레비 9 혜성을 관측했던 1994년만큼 더웠다는 뉴스가 많이 나왔다. 태풍이 잠깐 지나가고 전형적인 더운 날이라 할 수 있는 습하고 뿌연 대기 상태였다. 한동안 여름철 날씨가 안 좋아서 페르세우스 유성우 관측은 포기하고 지냈는

그림 3.23 2016년 8월 4일과 7일의 밝은 유성 3개를 1장에 모은 사진. 광각렌즈의 시야를 고려하면 바라보는 시야 전체를 가로지른 밝고 긴 유성이다.

데 이해에는 맑은 날씨가 이어졌다. 해가 지고 보현산천문대에서 내려다보면 달빛 아래에서 낮은 산 능선으로 구름이 넘어 다니는 모습이 환상적이었다. 나는 저녁 무렵의 시원한 공기를 맞으면서 페르세우스 유성우의 극대기가 일주일도 더 남은 시점에 일찌감치 관측을 시도했다. 페르세우스 유성우는 극대기가 아니어도 밝은 유성이 이따금 터진다.

8월 4일 밤, 멋진 유성이 카메라 시야에 보기 좋게 잡혔다. 육안으로 볼 수 있는 시야각 전체를 가로질렀다. 특히 은하수를 따라 흐른 유성이어서 더 멋있었고 이어서 은하수에서 조금 더 떨어진 장소에서 굉장한 유성이 잡혔다. 날씨가 허용한 사흘 뒤, 은하수 한가운데를 지나는 유성 하나가 다시 잡혔다. 카메라는 10~30초 노출로 배터리가 다할 때까지 인터벌 촬영을 시켜두고 나중에 확인을 하다 보니까 직접 보는 즐거움만큼은 아니지만 멋진 유성 사진을 찾을 때면 그 감동도 맨눈으로 보는 것 이상이었다.

펑펑 터지는 화구

2016년 페르세우스 유성우의 극대기인 8월 12일이 되었다. 사전 관측을 통해 전천을 담을 수 있는 어안렌즈를 준비했고 전원 공급을 위해 연구동 옆 바위 절벽까지 50미터가 넘는 긴 전선을 끌어왔다. 핫팩을 카메라 렌즈에 붙이니 완전하지는 않지만 이슬 방지에 효과가 좋았다. 하지만 여름이어서 핫팩을 더 구할 수가 없어 정온 전선을 이용한 이슬 방지 장치를 렌즈 앞에 부착하기 위해 전원을 길게 끌어왔다. 전원을 끌어온 김에 카메라 1대는 외부 전원 공급 장치를 사용해 밤새 배터리 교환 없이 관측할 수 있었다.

내가 좋아하는 장소인 연구동 옆 바위 절벽 위의 고립된 곳에 카메라를 설치하고 내려오니까 천문대에 사람들이 북적거려서 깜짝 놀랐다. 태양망원경 관측실 앞 공터에 구역을 정해서 1.8미터 망원경동 쪽으로는 올라오지 않는 조건으로 머무는 것을 허용했다. 문득 산 아래를 내려다보니 차량 행렬이 마을 입구부터 끝없이 이어졌다. 천문대 정문에 차량이 가득 차서 밖으로 나가지도 못하는 상황이 되었다. 왜 그런 상황이 되었는지 의아했다. 나는 날짜를 착각해서 다음 날이 유성우 극대기인 줄 알고 준비하고 있었고 그날은 토요일이니 휴일 내내 관측하려고 미리 장비를 설치하던 참이었다. 이날이 광복절까지 사흘 연휴를 앞둔 주말이라는 것도 그때 알았다. 일주일 내내 망원경

그림 3.24 페르세우스자리에서 쏟아져 나오는 유성들. 5시간 15분 사이의 유성을 1장에 모은 것이다.

정비와 야간 관측에 신경 쓰다 달력을 볼 생각도 못했던 것이다.

22년 만의 무더위가 기승을 부린 여름에 정상에 오른 것만으로도 시원하고 좋은데, 모처럼의 연휴가 기다리는 데다가 멋진 천문 현상을 볼 수 있는 기회였으니 사람들이 몰릴 수밖에 없었다. 천문대 전시관 옆에 모인 방문객들이 처음 정한 규칙을 잘 지켜주어서 무척 고마웠다. 워낙 더운 날씨여서 다들 매트를 깔고 누워서 유성이 떨어지는 것을 즐겼고 그 모습이 참 보기 좋았다.

가끔 자전거를 타고 올라온 사람이나 걸어 올라온 이들도 이내 불을 끄고 합류했다. 자정이 넘어서도 사람들은 내려갈 생각을 하지 않았고 여전히 산으로 올라오는 차가 되돌아가는 차량보다 더 많았다. 정문 앞 주차장으로 들어오는 차량은 어쩌면 초저녁에 산 아래 마을 부근에서 출발했는데 이제 도착한 것인지도 모른다. 아이들에게 과학은 교실에서만 배우기보다 직접 자연으로 나와 관심을 키울 때 더 다가간다. 호기심을 느낄 때 과학으로 이어지는 것이다. 그런 점에서 천문학은 과학을 접하는 아주 좋은 학문이다. 이날의 유성우는 아이들은 물론, 천문대를 찾은 대부분의 이들에게 잊지 못할 추억을 남겼을 것이다.

나는 1.8미터 망원경의 광축 조정 등 마지막 정비 작업을 하느라 해질 무렵에 미리 설치해둔 카메라는 자정이 다 되어서야 살펴볼 수 있었다. 약간 습했지만 이슬 방지 장치 덕분인지 렌즈 표면은 이상이 없었다. 1.8미터 망원경의 야간 관측은 단순히 정비를 위한 것이었기에 큰 지장이 없었다.

새벽 무렵, 먼저 찍은 유성우 영상을 컴퓨터로 옮겨서 1장씩 넘기다가 눈을 의심할 정도로 멋진 유성을 보았다. 초저녁이라 하늘이 상당히 밝았음에도 대번에 눈에 띄었다. 맨눈으로 보았다면 엄청난 밝기였을 것이다. 유성이 타면서 내뿜은 연기가 30여 분 뒤 영상에서도 희미하게 보였다. 얼른 다른 카메라로 찍은 영상을 보니 같은 유성이 1.8미터 망원경 돔 위로 떨어지는 모습으로 나타났다. 사실은 돔 쪽에서 위로 뻗어나간 것이다. 페르세우스자리가 돔 바로 옆에서 뜨고 있었기 때문이다. 이후의 모든 사진은 덤이라고 생각했을 정도로 기분이 좋았다.

여명이 채 가시기 전에 밝은 유성이 하나 더 나타났고, 전천을 담은 카메라에도 맨눈으로 보았던 밝은 유성이 그대로 잘 잡혔다. 밤새 카메라 3대로 3000장 이상 찍었다. 이렇게 얻은 사진을 하나하나 살펴보고 필요하면 수십 장에 찍힌 유성을 1장에 모으기도 하고 일주운동 사진도 만들었다. 밝은 화구가 터진 사진은 그 자체로 멋졌다.

유성의 최대치

어느덧 하늘이 밝아져서 천문대에 머무르던 사람들이 돌아갔고 한 가족만 남아서 해 뜰 무렵까지 일주운동 사진을 찍고 내려갔다. 그렇게 그날의 관측도 모두 마쳤다. 2001년 사자자리 유성우 이래로 느낀 큰 즐거움이었다. 그런데 의외로 많은 이가 실망한 눈치다. 시간당 최대 ZHR 150개까지 볼 수 있을 것이라는 뉴스 탓인 듯하다. ZHR은 유성이 쏟아져 나오는 복사점(輻射點)이 천정(天頂)에 올라왔을 때를 가정해서 시간당 개수를 환산한 것이며 이날 떨어진 유성의 최대치로 보면 된다.

우리가 볼 수 있는 하늘의 영역은 제한되기 때문에 ZHR 숫자만큼 볼 수 없다. 따라서 뉴스가 틀린 것은 아니다. 시간당 최대 20개까지 카메라 하나에서 관측되었고 전천의 천정 고도 값으로 환산하면 150개에 육박한다. 비처럼 쏟아질 것을 기대하고 도심에서도 쉽게 볼 수 있다고 생각하다 보니 실망할 수밖에 없다. 사람의 시야를 고려하고, 하늘을 보는 영역이 대부분 천정 고도가 아니기 때문에 실제 떨어지는 개수의 10분의 1이면 많이 보는 것이다. 따라서 비처럼 쏟아지는 유성우는 극히 드물다. 2001년 사자자리 유성우는 시간당 최대 2500개까지 떨어졌기에 10분의 1을 감안해도 250개 이상을 볼 수 있어 그야말로 비처럼 쏟아졌다. 이러한 유성우는 보다 강한 표현으로 유성 폭풍우라고 부른다. 2016년 페르세우스 유성우는 폭풍우는 아니었지만 극대기를 일주일 이상 앞둔 시기부터 멋진 화구를 하나씩 터

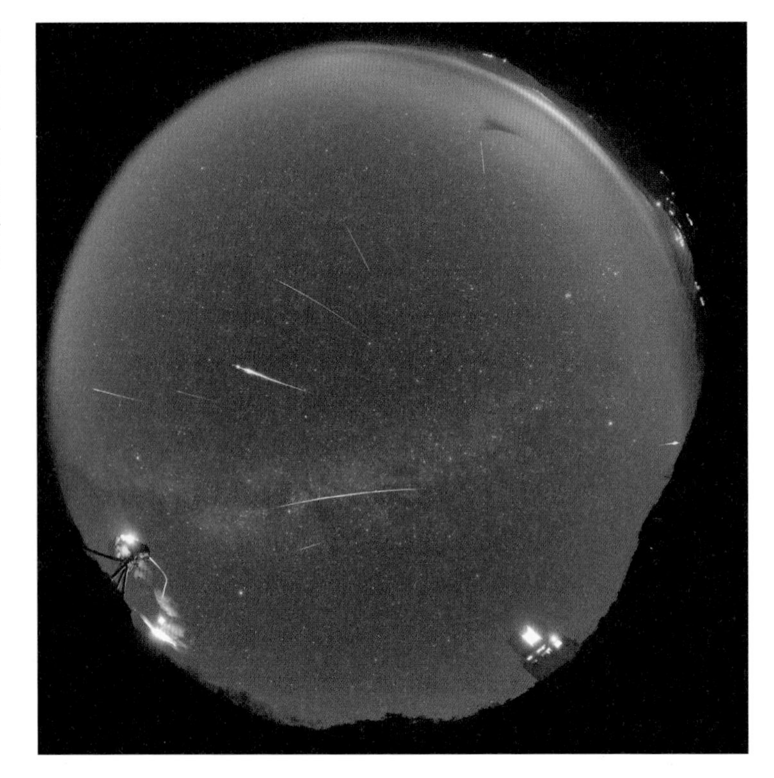

그림 3.25 어안렌즈로 전천을 담은 사진. 밤하늘에 터진 밝은 유성을 대부분 담았는데 이들이 카시오페이아자리 옆 페르세우스자리에서 나오고 있다. 1.8미터 망원경은 광축 조정 작업 중이었고, 가까이에서 내가 다른 카메라로 유성 사진을 찍는 장면이 불빛이 흘러가듯이 잡혔다.

뜨렸고 여름 밤하늘을 수놓았다.

천문학자로서 유성우 등의 천문 현상을 어떻게 접근해야 할지 고민한다. 연구자 입장에서 밤을 새워 이런 관측을 하면 다음 날 연구에 지장이 생기기 마련이다. 가끔은 천문학자가 '이 관측을 꼭 해야 하는가' 회의를 느끼기도 한다. (이럴 때면 아마추어 천문인들이 부럽기만 하다.) 개인적으로는 극대기 이전에 관측한 사진을 공개해 많은 이들의 관심을 끌었고 유성우 극대기 이후에는 연구원 홈페이지에 관측 결과를 공개해서 사람들의 궁금증을 어느 정도 해소해주었다.

이 관측 때 멀리 떨어진 다른 장소에서 관측한 사람들과 SNS를 통해 밝은 화구들의 위치를 파악해서 유성이 터진 높이가 고도 70킬로미터 부근임을 밝힌 점도 즐거웠다. 연구자라면 앞서가는 행동을 보여주어야 하지 않을까. 그래서 다양한 천문 현상 사진을 찍을 때면 사람들이 더 호기심을 느끼도록, 이해하기 쉽게 찍으려고 노력한다. 유성우가 어떤 것인지 알리고 제대로 즐길 수 있도록 정보를 제공하고 싶다.

그런데 천문대는 의외로 여러 가지 현상을 담기 위한 장비가 부족하다. 천문학자가 왜 천체사진을 찍는가 하는 관점이어서인지 1.8미터 망원경을 제외하면 다른 장비는 아마추어 천문가들의 장비와 비교하면 턱없이 열악하다. 일반 카메라는 말할 것도 없다. 이번 관측에는 개인 카메라 1대와 천문대 카메라 2대를 사용했는데 하나는 어렵게 구매한 것이었고 다른 1대는 본원에서 빌려왔다. 삼각대도, 외부 전원 장치 등도 부족하다. 카메라가 2대만 더 있었어도 복사점 반대쪽 하늘을 찍고 동영상도 남기는 등 다양한 관측이 가능했을 것이다.

전국의 과학관이나 시민 천문대 등에서도 천문 현상을 기록하고 보여주는 역할을 할 수 있지만 주로 도심에 있어 하늘의 조건이 다르고, 전문적인 내용을 전달하려면 천문학자의 역할이 중요하다. 내가 천문대를 떠나지 않는 이유도 이러한 일을 할 수 있는 기회가 있어서다. 별을 볼 수 있고, 직접 기록할 수 있다. 그렇게 얻은 자료는 많은 이들에게 자연에 대한 호기심을 키우도록 돕고 과학을 이해할 수 있게 한다고 생각한다.

사자자리 유성 폭풍우

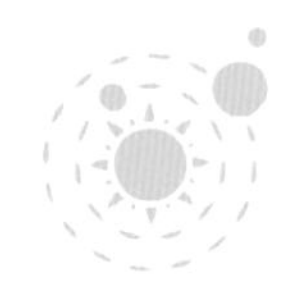

사자자리 유성우는 페르세우스 유성우와 더불어 무척 유명하다. 페르세우스 유성우가 한여름 더위를 잊게 해준다면 사자자리 유성우는 11월 18일 전후에 극대기가 발생하기 때문에 추워서 관측에 어려움이 따른다. 이 유성우가 국내에서 알려진 것은 2001년의 유성 폭풍우 때문일 것이다. 앞서 잠깐 언급했듯 이해의 사자자리 유성우는 단순한 유성 '비'가 아니라 유성 '폭풍우'가 쏟아져서 더없이 즐거운 축제였다. 보통 ZHR 환산치로 시간당 1000개 이상이면 '폭풍우'라고 표현하는데 이때 2500개 이상 쏟아졌다. 보현산천문대에서 그동안 본 모든 유성을 합한 것보다 많은 유성이 5시간 사이에 쏟아졌다.

처음에는 다소 김이 빠졌지만 자정을 넘기면서 되살아났다. 내가 천체를 관측한 이래로 가장 멋진 광경이었다. 개기일식 때 본 이글거리는 홍염보다도, 하늘에 덩그렇게 떠서 매일 밤 가슴을 설레게 했던 헤일-밥 혜성보다도 충격적이었으며 유성 폭풍우를 보지 못한 사람과는 도저히 공감하기 힘든 장면이었다. 15년 이상 지난 지금도 생각만으로 벅차다.

유성우 관측법

2001년 사자자리 유성우 관측을 앞두고 전 세계에서 많은 관측자가 보현산천문대에 몰렸다. 이 유성우를 관측하기에 최적의 지점이 동북아시아 지역이었으며, 그 가운데 우리나라를 찾아온 것이었다. 프랑스, 독일, 네덜란드, 중국 등에서 20여 명이 보현산천문대를 찾았고 또 다른 관측자들이 소백산천문대에 모였다. 취재 온 사람들과 직원까지 천문대가 북적거렸다.

극대기인 11월 18일이 되었다. 전날 밤새 사람들이 몰려와서 관측에 어려움을 겪었기에 회의를 통해 이날은 산 아래에서 교통을 통제하기로 했고 밤새 좋은 관측을 할 수 있었다. 저녁 7시쯤 일찍 식사를 마친 유성우 관측팀은 흩어져서 자리를 잡았다. 곳곳에 서너 명씩 드러누워서 관측을 준비했고 돌아다니는 사람은 우리 직원과 취재 온 사람들뿐이었다.

유성우 관측은 참 특이하다. 가장 중요한 관측은 맨눈으로 이루어진다. 두꺼운 매트리스 위에 겨울 침낭을 깔고 그 속에 들어가서 머리를 맞대고 방사상으로 누워서 밤하늘을 나누어서 관측한다. 보통 서너 명이 한 팀이다. 이들은 새벽까지 꼼짝 않고 관측하며 해 뜰 무렵

그림 3.26 밝은 화구가 플레이아데스성단 아래에서 터졌다. 이때 발생한 유성흔(유성이 터지고 남은 연기)이 이후 30분 이상 지난 영상에서도 잡혔다. 그 사이에 다른 유성이 또 터진 것도 보인다.

화구 폭발 | 약 5분 후 | 약 10분 후 | 약 15분 후 | 약 20분 후 | 약 30분 후

이면 하얗게 서리를 맞고 일어나기도 한다. 유성이 떨어질 때마다 밝기와 위치 및 특징을 휴대용 녹음기에 말로 기록한다. 유성의 밝기는 미리 파악해둔 주변 별과 순간적으로 비교해 결정하며 이는 숙련되어야 한다. 녹음테이프를 바꾸면 처음 시작은 시간을 기록하는 것이다. 그래야 나중에 유성이 떨어진 시간을 계산할 수 있다. 낮에는 음성으로 기록한 내용을 종이에 옮겨 적는다. 그래서 관측 다음 날은 시골 장터에 온 것처럼 시끌벅적했다. 우리는 육안 관측 경험이 없어서 사진 관측에만 주력했다.

카메라 장비를 설치하면서 언제부터 관측을 시작할까 방심하는 사이 머리 위로 밝은 유성 하나가 한 번, 두 번, 세 번 연속적으로 폭발하면서 동쪽 끝에서 서쪽 끝까지 밝고, 길게 줄을 그으며 지나갔다. 소리가 없었을 텐데 마치 저공비행하는 전투기 소리를 들은 듯한 기억이다. 이날 관측 중 가장 멋있었고, 가장 아쉬운 장면이었다. 셔터만 한 번 눌렀어도 잡을 수 있었는데…….

이후 과연 유성우가 떨어질까 의심이 될 정도로 조용했고 전혀 징조가 없었다. 밤 9시쯤부터 보현산천문대의 날씨가 갑자기 나빠졌다. 이미 영하의 기온이었지만 더 내려가면서 습도가 올라가고 심지어 구름이 몰려왔다. 흩어졌던 사람들이 나타났고 우리는 모두 당황해 관측 장소를 옮길 것을 신중하게 고려했다. 차를 타고 고도 200미터 정도 내려가니 하늘이 맑았다. 정상 부분에 구름이 살짝 걸린 것이었다. 다들 자정 무렵까지 기다려보고 버스로 이동하기로 했다. 나는 10시 30분쯤 삼각대와 카메라 장비만 챙겨서 조금 더 아래로 내려갔다. 자리 잡고 노출을 시작했지만 이곳도 습도가 높아 카메라 렌즈에 이슬이 맺혔다. 이따금 유성이 지나갔다. 하지만 높은 습도 때문에 좋은 장면을 기록하지는 못했다. 계속 습도가 높으면 버스로 이동하려 했는데 위쪽에서는 아직 소식이 없었다. 산 아래쪽에서 교통을 통제하는 장면이 보였다. 상향등을 켜고 기세 좋게 올라오던 차량이 갑자기 불을 끄고 돌아가는 장면이 심심찮게 보였다.

사자가 유성을 토하다

다행히 날씨가 좋아져서 습도는 60퍼센트 아래로 떨어졌다. 우리는 다시 전시관 옥상으로 올라가서 장비를 설치했고 새벽 1시쯤이 되었다. 이때부터 사람들의 환호성이 끊이지 않았다. 새벽 3시가 넘으면서 유성이 비 오듯이 쏟아졌다. 동서남북 어느 방향도 유성의 비를 피할 수 없는 상황이었다. 매우 밝은 유성을 화구라고 표현하는데 화구가 터지면 대부분 유성흔이라고 불리는 연기가 남는다. 이 연기가 30분 이상 하늘에 떠다니기도 했다. 간혹 그림자가 드리워져 올려다보면 어김없이 유성흔이 있었다. 너무 많은 유성흔 때문에 하늘이 뿌옇게 보일 정도였다. 과장을 더하면 폭죽놀이 하고 난 뒤의 연기처럼 퍼졌다. 밤하늘에서 가장 밝은 별인 시리우스의 밝기와 맞먹는 −1.5등급을 보이는 유성은 크기가 약 10밀리미터에, 무게 약 0.5그램에 지나지 않는 유성체가 만들어낸다. 대부분의 유성은 쌀알보다 작은 크기고 타서 번쩍하고 나타난다고 보면 된다.

한참 관측 중이었는데 갑자기 습도가 올라가서 카메라에 이슬이 맺혔다. 휴지로 이슬을 닦아냈지만 이후 한동안 파행적인 관측이 되었다. 카시오페이아자리에서 엄청나게 밝은 유성이 터졌다. 머리 위에 선명한 유성흔이 날렸지만 불행하게도 어느 카메라에도 잡히지 않았

다. 카시오페이아자리에도 카메라 1대를 놓았으나 시야를 벗어난 것이었다. 사방에서 그림자가 선명할 정도의 화구가 연속적으로 폭발했다. 간혹 카메라에 잡히기도 했으나 대부분 시야를 벗어났다.

그림 3.27 영천 시내로 떨어진 밝은 화구. 도시 전체의 불빛 이상으로 밝다.

새벽 2시 49분, 영천 시내 전체보다 더 밝은 유성이 터졌다. 밝은 화구는 직접 못 봐도 사람들의 함성에 직감할 수 있었다. 사자자리가 머리 위로 올라온 시점에는 비가 오듯이 유성이 쏟아져 내렸다. 사자가 유성을 끊임없이 토해내고 있었다. 그때쯤에는 사진 찍는 것도 잊고 멍하니 바라보기만 했다. 시간당 2500개(통계에 따라 1만 개까지도 이야기했다) 정도의 유성이 떨어진 것이라고 하는데, 1966년에는 시간당 15만 개까지 떨어졌다고 한다. 1966년 통계는 다소 과장된 듯한데 1995년에 시간당 약 1만 5000개라는 연구 결과가 발표되기도 했다. 그것만으로도 2001년 유성우를 훌쩍 뛰어넘는 엄청난 숫자이니 가히 짐작이 되었다.

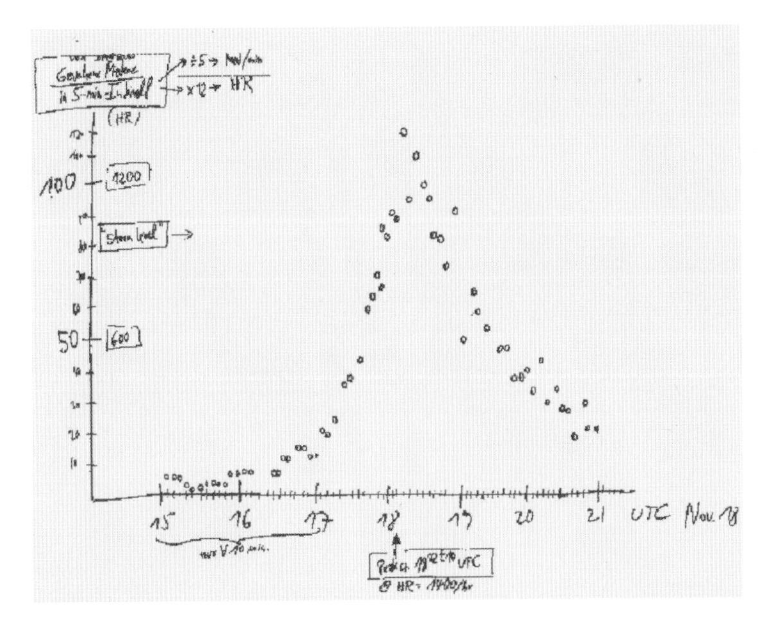

그림 3.28 보현산천문대에서 관측한 사자자리 유성우의 시간에 따른 유성 수. 실제로 본 개수와 ZHR 환산 수치를 왼쪽에 각각 표시했다. 최대 ZHR 환산치로 2500개 정도다. © Daniel Fisher

독일 관측자 대니얼 피셔(Daniel Fisher)가 보현산천문대에서 18일 밤의 관측을 마치고 하루 종일 걸려서 만든 그래프에서 이날의 유성우는 18일 자정을 훌쩍 넘기고, 19일 새벽 1시를 지나면서 유성의 빈도가 높아졌고 새벽 3시 10분쯤 극대를 이루었음을 볼 수 있었다. 대니얼 피셔가 직접 눈으로 보고 센 유성만 ZHR 환산치로 최대 2500개였다.

유성우의 기원

유성우는 주로 지구가 태양 주위를 돌면서 혜성이 지나간 길을 통과할 때 발생한다. 사자자리 유성우는 템펠-터틀 혜성(55P/Tempel-Tuttle, 주기 33년)에 기원을 둔다. 단주기 혜성은 두 번째 주기가 입증되면 고유 번호를 붙이고, 템펠-터틀 혜성은 55번째 단주기 혜성임을 나타낸다. 페르세우스 유성우는 1862년에 발견된 스위프트-터틀 혜성(109P/Swift-Tuttle, 주기 133년)에 기원을 두며, 쌍둥이자리 유성우는 3200 파에톤(3200 Phaethon, 주기 523.5일)으로, 혜성의 특징을 지닌 소행성에 기원을 두고 있다.

10월의 용자리 유성우는 자코비니-지너 혜성(921P/Giacobini-Zinner, 주기 6.6년)에 기인하는데 1933년과 1946년에 시간당 1만 개 이상의 유성이 관측되었다(R7). 이 유성우는 2012년에도 시간당 2000개 이상이 관측되었고 다음 혜성 근접기인 2018년이 기대된다. 유성우를 찍은 사진에서 유성우의 흔적을 선으로 연결하면 한 지점에서 나온 것처럼 만난다. 사자자리 유성우는 사자가 불덩어리를 토해내듯 머리 부분의 한 점에서 쏟아져 나왔다. 이 부분을 복사점이라고 하며, 복사점이 위

그림 3.29 시간이 흘러 유성이 비처럼 쏟아진 모습.

치한 별자리에 따라 유성우의 이름이 붙는다.

사자자리 유성우의 기원인 템펠-터틀 혜성은 1865년(12월 19일)에 발견된 단주기 혜성으로 주기는 33년이다. 지난 1966년의 유성우 이후, 1998년 2월 28일에 근지점(近地點)을 통과해서 그해 사자자리 유성우가 특히 화려할 것으로 예측되었다. 템펠-터틀 혜성이 지나간 먼지 꼬리의 흔적은 각 주기마다 위치가 조금씩 다르다. 매년 지구가 태양 주위를 돌면서 이 먼지 꼬리의 흔적을 지나가면 유성우가 발생하는데 때로는 흔적을 비껴가고, 때로는 한가운데를 통과한다.

1998년에는 어느 흔적도 지나지 않아서 평범한 유성우였다. 하지만 2001년에는 1767년과 1866년의 잔해가 겹치는 지역을 관통해 유성 폭풍우가 내린 것이다. 그중 1767년 잔해를 지날 때는 우리 시간으로 낮이어서 보지 못했고 1699년과 1866년 잔해가 겹치는 곳을 지날

그림 3.30 북두칠성과 사자자리 사이에 모여 있는 유성. 유성을 이으면 사자의 머리 부분 한 점에서 쏟아져 나오는데 이 점이 복사점이다.

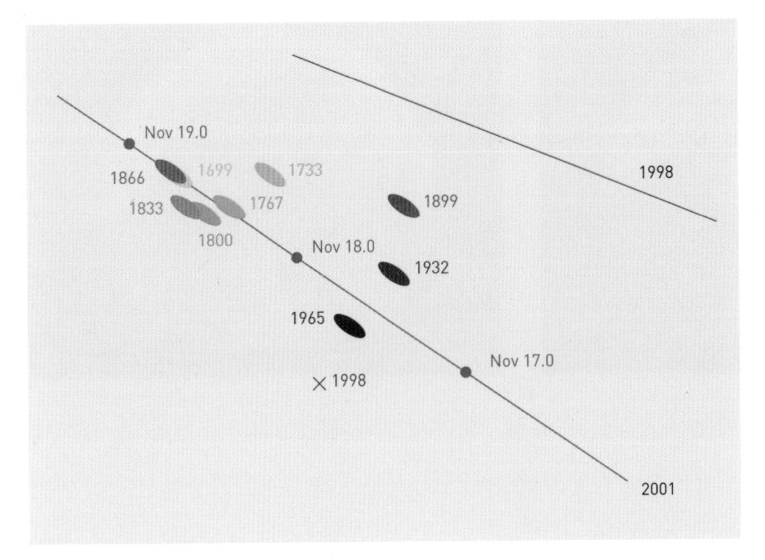

그림 3.31 사자자리 유성우의 원인이 되는 템펠-터틀 혜성이 지난 먼지 꼬리 잔해(타원)와 1998년과 2001년의 지구가 공전하면서 지난 궤적(실선). 33년 주기로 찾아오는 템펠-터틀 혜성이 지나가며 남긴 흔적 가운데 1998년에는 아무것도 지나지 않았고, 2001년에는 1767년과 1699년과 1866년 잔해가 겹치는 지역을 지났다. 1767년 잔해를 지날 때는 우리나라에서는 낮 시간이었고, 1699년과 1866년 잔해가 겹치는 지역을 지날 때 최대치를 보였다. © David J. Asher (Armagh Observatory)

때 최대치를 보였다. 사자자리 유성우 가운데 특히 유명한 것을 보면 1833년에는 1800년 먼지 꼬리의 잔해를 지났고 1866년에는 1767년 잔해를 지났으며 1966년에는 1699년과 1899년 잔해가 겹치는 지역을 지났는데, 각각 환상적인 유성 폭풍우를 보인 기록이 남아 있다. 1998년에도 유성우 보도가 크게 나갔다. 하지만 예측이 크게 어긋나서 사람들이 많이 실망했고 학습 효과처럼 2001년에도 자정 전까지 유성이 많지 않아서 또 예측이 잘못되었다고 생각해 많은 사람들이 관측을 포기했다.

네덜란드 유성우 관측자

1998년에는 유성우 관측이 생소했는데, 네덜란드의 유성우 관측자 4명이 보현산천문대를 찾아왔다. 33년 주기의 템펠-터틀 혜성이 지나가는 해여서 멋진 유성우를 기대했다. 하지만 소문만 요란했고 정작

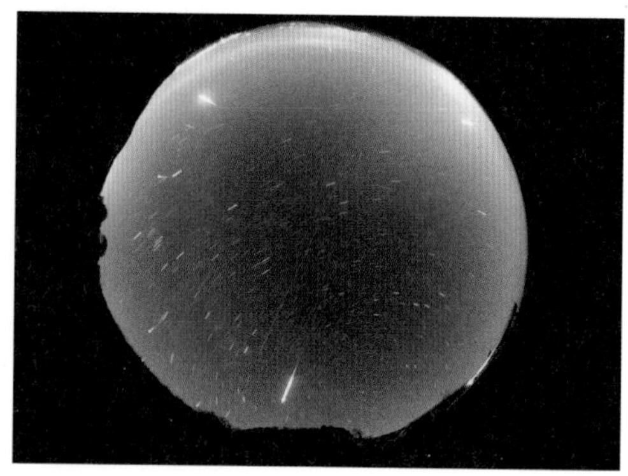

그림 3.32 네덜란드 연구자가 촬영한 1998년의 사자자리 유성우. © Felix Bettonvil(KNVWS Meteor Section)

비처럼 내리는 유성우는 없어서 기대에는 미치지 못했다. 하지만 네덜란드 전문가들은 1998년에 유성우가 폭풍우로 발생할 조건이 아님을 잘 알고 있었다. 단지 2001년을 기대하면서 보현산천문대를 찾아 미리 우리나라의 관측 여건을 살펴본 것이다. 이렇게 1998년 사자자리 유성우는 우리가 유성우 관측에 눈을 뜨는 계기가 되었다.

1998년, 네덜란드의 유성우 연구자로부터 보현산천문대에서 사자자리 유성우를 관측하고 싶다는 연락을 받았을 때만 해도 유성우에 큰 관심이 없었다. 가끔 하늘에서 밝게 터지는 유성을 보면서 연구해 볼 생각은 못했고 유성우가 어떤 이유로 발생하는지도 몰랐다. 사자자리 유성우의 극대기가 18일 새벽인데 네덜란드 연구자는 이틀 전에 도착해 그날로 밤을 꼬박 새웠다. 그리고 17일 새벽에 찍은 밝은 화구 사진 3장을 보여주었다. 감탄이 터져 나왔다. 이 정도만 해도 충분히 예상만큼 유성이 떨어진 것이었다. 나는 극대기가 아니어서 관측에 신경 쓰지 않았는데 무척 감동적인 사진이었다. 그들은 유성우 시기에는 극대기 전에도 밝은 화구가 터지는 유성이 많이 떨어짐을 알고 있었던 것이다.

극대기로 추정된 17일 밤에는 유성우 관측을 하려는데 도무지 날이 개지 않았다. 보현산천문대에 안개까지 올라왔다. 산꼭대기라 동풍이 불면 바다 쪽 습기가 올라와서 안개가 끼곤 한다. 산 아래에서 보면 꼭대기에만 구름이 걸린 멋진 풍경이지만 막상 관측하는 천문학자 입장에서는 답답하기만 한 상황이다. 천문대에서 유성우를 기다리던 우리는 모두 내려가기로 했다. 시간이 많지 않아 각자의 차로 동해안 쪽을 향해 갔다. 거의 2시간을 달렸다. 마을마다 가로등이 있어서 관측 장소를 찾기가 쉽지 않았다.

포항을 지나 영덕으로 올라가다가 다시 산 쪽으로 들어서서야 조용한 저수지를 찾았다. 우연히 발견한 장소치고는 좋은 곳이었다. 남쪽에서 포항의 도시광이 올라오는 것을 제외하면 하늘도 깨끗하고 불빛도 없어서 네덜란드팀도 대만족이었다. 나는 사진 관측에 관심이 있을 뿐이어서 유성이 얼마나 떨어지는지는 신경 쓰지 않았다. 어느새 네덜란드팀은 매트리스를 깔고 침낭 속에 들어갔다. 준비를 마치니까

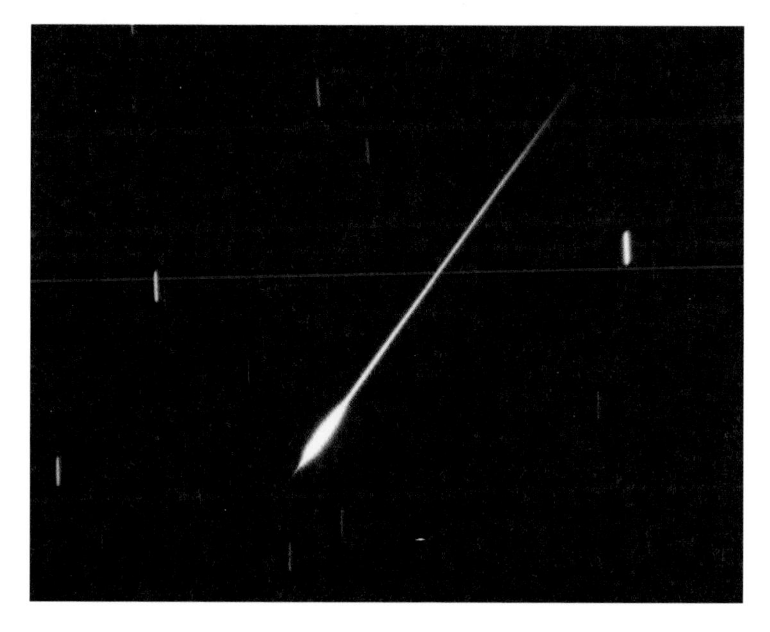

그림 3.33 1998년 사자자리 유성우.

새벽 3시였고, 첫 노출을 시작했다. 이후 감탄의 연속이었다. 밝은 화구가 터질 때면 몇 명 되지 않지만 어김없이 환호성이 들렸다.

이동하느라 시간을 허비했지만 극대기 예측 시간이 새벽 5시 반이었기 때문에 충분히 좋은 관측을 할 수 있었다. 네덜란드팀의 1998년 유성우 관측 후기에 따르면 전 세계적으로 217명의 전문가가 관측에 참여했고, 시간당 최대 180개(±20개)까지 기록되었다. 우리는 새벽 6시에 하늘이 밝아져서 관측을 접었는데 극대기를 막 넘어선 시점이었다. 저수지를 빠져나오는데 갑자기 머리 위에서 번쩍하고 터진 엄청난 화구가 대미를 장식했다.

유성우 관측자들은 책을 펴서 만화를 보여주며 두 눈만 보이는 눈사람을 가리켜 자신들이라고 했다. 추운 겨울에 밖에서 매트를 깔고 침낭 속에 들어가서 밤하늘을 올려다보고 밤새 유성 수를 세다 보면 새벽에 서리가 하얗게 내려서 눈사람처럼 된다는 표현이었다. 처음에는 단순히 유성 수를 세는 게 재미있을까 싶었지만 지금은 이런 유성우를 또 볼 수 있는 행운을 기다린다. 1998년과 2001년의 사자자리 유성우를 관측한 이후 해마다 때만 되면 카메라를 들고 천문대 주변을 돌아다녔지만 아직 그때만큼 화려한 유성우는 만나지 못했다.

해, 달, 행성의 놀이

우리가 바라볼 때 태양과 달은 크기가 비슷하다. 그리고 달이 지나는 길(백도)과 태양이 지나는 길(황도)이 5.8도 기울어져 있어서 종종 교차한다. 이 교차 지점에서 서로 만나면 일식이 발생한다. 그리고 달이 반대쪽의 지구 그림자에 들어가면 월식이 일어난다. 따라서 월식은 보름에, 일식은 그믐에 발생한다. 그런데 지구는 태양 주위를 타원궤도로 돌기 때문에 태양의 크기는 조금 커졌다가 작아지는 과정을 반복한다. 달도 마찬가지다. 이러한 크기 차이는 태양의 경우 시직경(지구에서 본 천체의 겉보기 지름)이 31.6~32.7분이며, 달은 29.4~33.5분이다.

달이 태양을 가릴 때 달이 태양보다 작으면 금환일식이, 더 크면 개기일식이 발생한다. 크기 차이에 따라 개기일식의 진행 시간이 달라지는데 최대 7.5분까지 이어진다. 대부분 개기일식은 3분 안팎으로 지속된다. 또한 매년 개기일식 소식이 들리지만 지구에서 볼 수 있는 지역이 제한되어 우리나라에서 개기일식은 2035년에 북한을 지나는 것 외에는 보기 어렵다. 이때 강원도 속초 위쪽 고성 지방에서 완전한 개

그림 3.34 개기일식 때 해(밝은 색, 부분일식 사진)의 크기가 달(검은색, 개기일식 사진)보다 조금 작다. 상대적인 크기 차이로 최대 개기일식 지속 시간이 결정된다.

기일식을 잠깐 볼 수 있다.

화려한 개기일식

개기일식은 관측 가능한 장소까지 가야 한다. 특별히 정해진 것이 아니어서 때로는 도시에, 때로는 오지에 발생해 장비를 가지고 찾아다녀야 한다. 한번은 하와이에 있는 마우나케아 천문대를 지나는 개기일식이 일어나 세계 최고의 천문대에서 자리를 옮기지 않고 관측했다. 개기일식대를 벗어나는 지역에서는 부분일식만 관측된다. 개기일식은 좁은 지역에서만 볼 수 있지만 부분일식은 훨씬 넓은 지역에서 비교적 자주 관찰 가능하다.

오래전, 구름이 하늘을 가득 덮어서 해가 전혀 보이지 않았는데도 갑자기 주변이 어두워진 날이 있었다. 내 기억 속 가장 오래된 일식인데 조사해보니 1987년 9월 23일 부분일식이었다. 정오 무렵에 가장 어두워졌고, 기온도 상당히 내려간 느낌이 들었다. 연일 뉴스에 오르내려서 해를 보려고 사용하지 않은 필름을 뽑아서 준비했지만 결국 관측은 실패했다. 유리에 그을음을 묻혀 보기도 하지만 필름이 불투명도가 적당해서 해를 보기에 좋다. 물론 태양 필터로 햇빛을 1만분의 1 이하로 줄여주면 훨씬 잘 볼 수 있다. 일반적으로 사진을 찍을 때는 1000분의 1 정도의 필터를 사용하지만 눈으로 직접 볼 때는 위험하기 때문에 훨씬 더 어두운 것을 사용한다.

연구원에 들어온 1992년, 크리스마스 전날이었다. 동해안의 수평선 위에 낮은 구름이 깔렸고 그 위로 마치 바이킹의 투구에 붙인 뿔처럼 해가 솟아올랐다. 천문대에 들어오고 얼마 지나지 않아 국내 원정팀에 참여해 구룡포 바닷가에서 부분일식을 관측했다. 일식 과정 전체를 1장에 담는 다중 노출 사진까지 그런대로 잘 찍었다. 첫 관측이어서 노출 자료가 부족했고 치밀하게 하지 못해 다중 노출 영상에서 밝고 어두운 해의 모습과 노출과 노출 사이에 간격이 일정하지 않았다. 그래도 해 뜨기 전 여명을 다중 노출의 배경으로 넣어서 보기 좋은 사진이 되었다. 첫 관측치고 성공적이었던 셈이다.

관측팀 4명이 시험 관측을 겸해서 2박 3일 동안 꼬박 고생했다. 우리는 포항 시내로 나와 필름을 현상했고 본원으로 보내려고 했지만 당시에는 달리 방법이 없어서 바로 대전으로 가지고 올라가서 보도

그림 3.35 2009년 9월 22일. 보현산천문대에서 찍은 부분일식. 구름이 지나가녔다.

자료로 활용했다. 하지만 아침 일출에 떠오른 부분일식을 본원의 연구원들이 각자 찍어서 이미 보도 자료에 사용한 뒤여서 고생한 것에 비해 제대로 활용은 하지 못했다. 사전에 자료를 어떤 방법으로 전송할지, 그 자료가 때에 맞게 활용될 수 있는지 등 천문대에서 어떻게 보도용 자료를 다루어야 하는지를 배웠다.

보현산천문대에서도 부분일식은 여러 번 만났다. 하지만 날씨 때문에 제대로 관측한 날은 많지 않다. 그 가운데 2009년 7월 22일과 2012년 5월 21일의 개기일식은 중국과 일본을 지났는데, 우리나라에서는 90퍼센트가량 가리는 부분일식으로 볼 수 있었다. 2009년에는 제주도 남쪽에 크루즈 선을 띄우자는 의견도 나왔지만 실행하지 못했다. 이때 보현산에는 구름이 지나다녀서 망원경을 가지고 중턱까지 내려가서 어렵게 관측을 했다. 2012년에는 날씨가 좋아서 처음부터 끝까지 이어지는 멋진 부분식 사진을 얻을 수 있었다. 하지만 아무리 많이 가리더라도 개기일식과는 비교할 수 없다. 고작 1퍼센트의 해만 남아도 개기일식과는 느낌이 완전히 다르다. 퍼져 나가는 코로나의 화려한 모습은 개기일식에서만 볼 수 있기 때문이다.

개기월식의 붉은 달

일식과 달리 월식은 달이 지구의 그림자 속으로 들어가기 때문에 훨씬 길게 진행되고 지구 위에서 관측할 수 있는 영역이 넓어서 우리나라에서도 자주 볼 수 있다. 2004년 5월 5일, 부산의 한국과학영재학교 천문대에서 해가 뜰 때까지 개기월식을 관측했다. 월식을 처음으로 제대로 관측한 셈인데 일출 후에 발생해 95퍼센트 개기월식까지 담

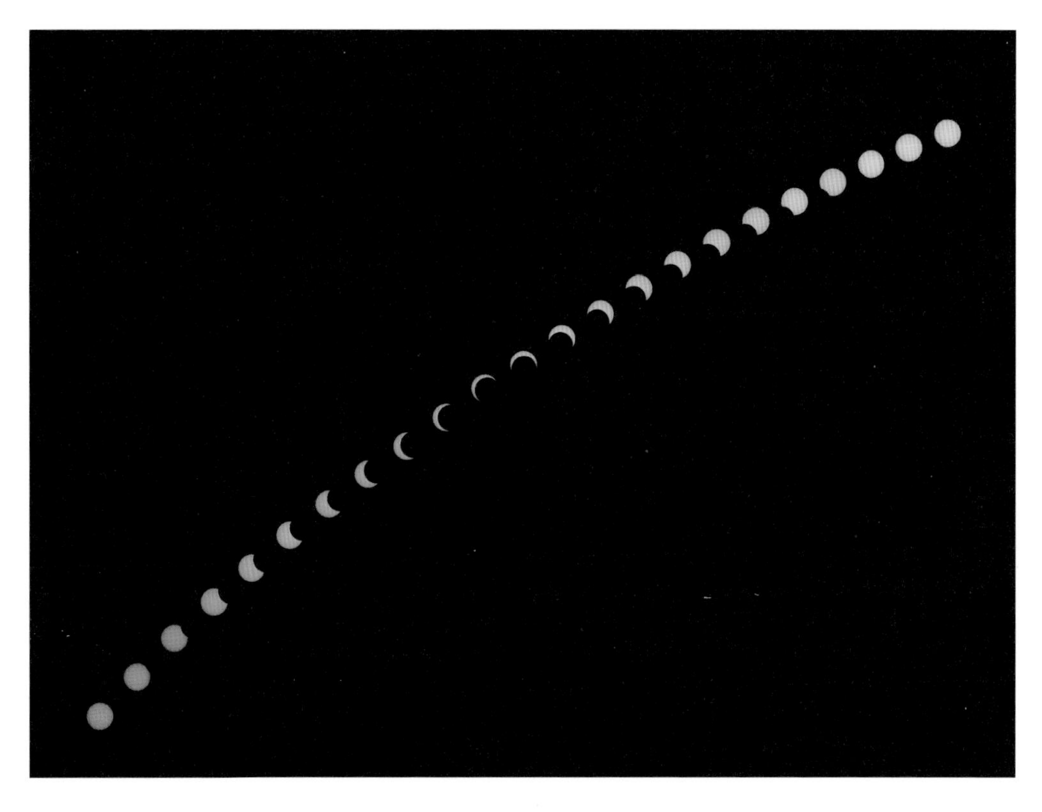

그림 3.36 2012년 5월 21일. 태양이 약 90퍼센트 가린 부분일식.

는 것으로 만족했다. 노출을 달에 맞추어서 마치 보름달이 그믐달로 줄어가는 듯한 모습이었다. 그 순간 노출량을 1000~1만 배(조리개 10단계~13단계)로 늘리니까 붉은 달이 나타났다. 달이 지구 그림자에 들어가도 지구 대기에서 산란과 반사를 하는 빛이 표면을 비추기 때문에 노출을 많이 주면 달의 모습이 붉게 보인다. 이후 여러 번 월식 관련 뉴스를 접했는데 제대로 관측을 하지 못하다가 2011년에 다시 기회가 왔다.

2011년 12월 10일, 개기월식이 예보되어 방송사에서 자료를 부탁하는 연락이 왔다. 그날은 토요일이었고 주말 내내 보현산천문대에 머무를지 고민하다가 망원경과 장비를 모두 차에 실었다. 관측 장소

그림 3.37 2011년 12월 10일 개기월식.

를 아파트 옥상으로 정했다. 전원 공급 역시 쉬울 듯해 정한 곳이다. 초저녁에 설치하고 밤 9시쯤 다시 옥상으로 가니까 무척 추워졌다. 집에 있는 방한복을 잔뜩 껴입고 새벽 2시까지 관측을 이어갔다. 중간에 구름이 지나다녀서 관측 내내 노출을 조정해야 했다. 망원경 가대가 추적이 되어서 날씨가 좋았다면 연속 인터벌 촬영을 해놓고 쉴 수 있었을 텐데 힘든 5시간을 보냈다.

맨눈으로 하늘을 보면 핏빛 달 그대로 보였다. 망원경에 부착한 카메라 파인더를 통해 보면 훨씬 붉게 보인다. 역시 눈으로 보는 것이 가장 좋지만 길게 노출을 주었던 디지털카메라의 창에 뜬 붉은 달의 모습에는 감탄하지 않을 수 없었다. 2004년보다 더 감동적으로 다가왔다. 어쩌면 같은 현상이어도 볼 때마다 새로운 감동이 있는 것이 아닐까. 그래서 사람들이 한 번 본 천문 현상을 다시 보는 듯하다. 관측한 사진은 구름 때문에 생긴 밝기 차이를 보정해 동영상을 만들 수 있도록 처리해서 방송사에 보냈고 다음 날 저녁 뉴스에 나왔다.

태양면 통과

간혹 행성이 해 앞을 지날 때가 있다. 그러려면 행성이 지구보다 안쪽에 있어야 한다. 즉, 수성과 금성이 이러한 현상을 만드는데 통과(transit)라고 한다. 태양 앞을 지나기 때문에 '태양면 통과'로 불린다. 통과가 먼 외계의 별에서 나타나면, 행성이 별 앞을 지나는 순간 행성이 가린 만큼 밝기가 어두워질 것이다. 이러한 방법으로 외계 행성을 찾는다. 이때 미세하게 어두워지기 때문에 어지간한 관측 정밀도로는 찾아내기가 쉽지 않다. 하지만 최근 장비의 정밀도가 좋아졌고 방법도 개선되어 지름 20~30센티미터 작은 망원경으로도 관측이 가능해졌다.

우리 태양계 역시 수성과 금성이 지나는 순간 해의 밝기가 미세하게 어두워질 것이다. 만약 외계의 별 주변에 있는 행성에 인간과 같은 또는 그 이상의 지적 생명체가 있어 이들이 태양을 바라본다면 태양의 밝기가 미세하게 어두워지는 현상을 볼 수 있을 것이다. 이 경우에는 수성과 금성뿐만 아니라 지구와 바깥쪽의 화성, 목성, 토성, 천왕성, 해왕성 등도 찾아낼 수 있다. 어쩌면 지구 주변에 달이 있는 것도 찾아낼지 모른다. 그들 역시 태양 주변의 행성에 사는 지적 생명체를 궁금해하지 않을까. '지적 외계 생명체가 존재할까'는 오래된 의문이지만 아직은 답을 찾지 못했다.

2004년 6월, 금성의 태양면 통과 뉴스가 나왔다. 물론 첫 보도 자

그림 3.38 2004년 6월 8일, 금성의 태양면 통과. 오른쪽 아래 희미한 구름 사이로 보이는 검은 점이 금성이다.

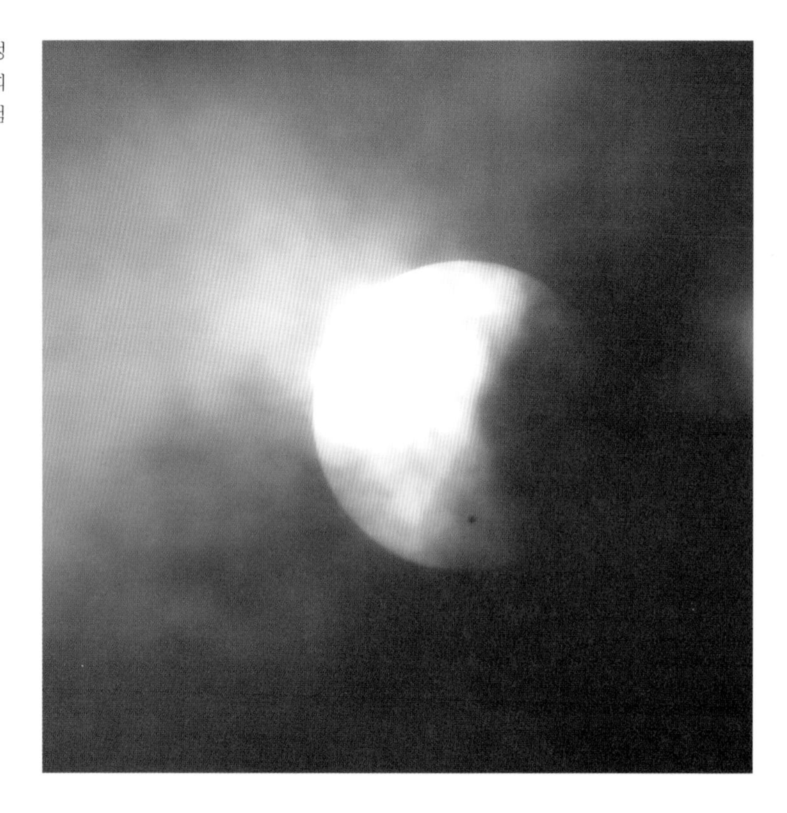

료는 내가 속한 한국천문연구원이었다. 1874년 12월 9일 이후 130년 만에 발생한 금성의 태양면 통과이니 뉴스에 나올 만한 특이한 천문 현상이었다. 그런데 그날 하루 종일 구름이 지나다녔다. 더군다나 금성의 태양면 통과 때 태양의 고도가 낮아서 위치를 자동으로 찾아갈 수 있는 155밀리미터 굴절망원경을 사용할 수 없었다. 이 망원경을 쓴다면 태양을 계속 추적하도록 하고 구름이 걷히는 순간에 찍으면 된다.

하는 수 없이 작은 망원경을 삼각대에 얹어 서쪽 하늘이 잘 보이는 곳으로 나갔다. 해가 있을 만한 곳에 맞추고 하염없이 기다리니까 구름 사이로 살짝 보여서 얼른 초점을 맞추었고 다시 한참을 기다려서 해가 나타난 순간 셔터를 눌렀다. 아쉬웠지만 그것으로 끝이었다. 그래도 딱 두 번 본 해의 표면에 금성의 흔적이 검게 찍혔다. 그 뒤 잊고 지냈는데 정확히 7년 뒤 2012년 6월 6일에 다시 금성의 태양면 통과가 일어났다.

한국천문연구원의 공식 발표 자료에 따르면 이 현상은 오전 7시 9분 38초부터 오후 1시 49분 35초까지 진행되었다. 우리나라가 전체를 모두 볼 수 있는 몇 안 되는 지역이었다. 보현산천문대에서도 이 시간에 맞추어 관측을 준비했다. 이번에는 고도가 높아서 155밀리미터 굴절망원경으로 태양 추적을 하면서 관측할 수 있었다. 그리고 다른 400밀리미터 망원렌즈를 삼각대에 얹어서 관측했다. 중간에 구름이 지나다녀서 완전한 관측은 안 되었지만 시작 시점과 마지막 시점을 모두 얻어서 금성이 태양면을 지나는 영상을 얻었다. 구름이 전체 영상을 다양하게 만들어주어서 더 좋아 보이기도 했다. 이제 금성의 태양면 통과를 다시 보려면 100여 년 뒤인 2117년까지 기다려야 한다.

태양면 통과 현상은 수성에서 더 자주 발생한다. 일반적으로 수성의 태양면 통과는 100년에 10~13번 발생한다. 한 번 발생하면 3년 뒤에 다시 일어난다. 수성식은 해가 뜨는 시점에 발생하기 때문에 관측이 어렵다. 2003년 5월 7일과 2006년 11월 9일에 수성식이 일어났지만 나는 이날 관측한 기록이 없다. 이후 2016년과 2019년 수성의 통과 현상은 우리나라에서 볼 수 없으며 2032년이 되어야 관측 가능하다. 그래도 우리 생에 수성의 태양면 통과는 한번쯤 볼 수 있기를 기대한다. 두 행성이 동시에 태양면을 통과하는 현상도 발생할까? 재미있는 생각인데 조사해보니 69163년과 224508년에 발생한다(R8). 잊어버리는 것이 상책이다.

밤하늘에 뜬 행성들

해와 달과 행성은 비슷한 길로 다니기 때문에 태양면 통과처럼 서로 가리는 현상이 생긴다. 물론 거꾸로 해가 행성을 가릴 수 있다. 이 경우 해가 너무 밝아서 볼 수 없다. 달 또한 행성을 가릴 수 있다. 달이 해를 가리는 현상을 일식이라고 하니까 토성을 가리면 토성식, 목성을 가리면 목성식 등으로 부를 수 있겠다. 달은 하루에 50여 분씩 늦게 뜨기 때문에 오른쪽(서쪽)에서 왼쪽(동쪽)으로 행성을 가린다. 이것은 일식도 마찬가지다.

오래전에 도시 한가운데에서 습관처럼 올려다본 밤하늘에 달이 덩그렇게 떠 있었는데 바로 옆에 목성이 밝게 빛났다. 하늘에 뜬 위치로 보아 한눈에 목성이었다. 단지 목성이 금성만큼이나 밝았기에 보기 드문 상황이었다. 목성의 밝기에 감탄하고 있는데, 길가 상점의 텔레비전 화면에서 때마침 UFO 이야기가 나왔다. '달 옆에 있는 이상한 물체(?)가 UFO가 아니라 목성으로 밝혀졌다'는 뉴스였다. '밝혀졌다'는 표현이 생소하고 재미있었다. 자주 볼 수 있는 일인데 밝히기까지 하다니.

어쨌든 천체들이 이렇게 가까이 다가가면 종종 식이 발생한다. 행성이 여러 개 모여 있는 시기에는 드물지만 때로는 2개, 3개가 동시에 달에 가려질 수 있다. 아주 드물지만 행성이 행성을 가릴 수도 있다. 또한 행성이 별을 가리는 경우도 많다. 천왕성의 고리는 천왕성이 별을 가리는 순간을 기록해 찾아냈다. 이렇게 하나의 천체가 다른 천체를 가리는 현상을 엄폐(掩蔽, occultation)라고 한다. 달의 행성 엄폐(행성식)는 의외로 자주 발생한다. 행성마다 연 1, 2회의 빈도를 보이지만 행성과 달의 궤도가 비슷하게 만나는 특정한 해에 자주 발생하고 아

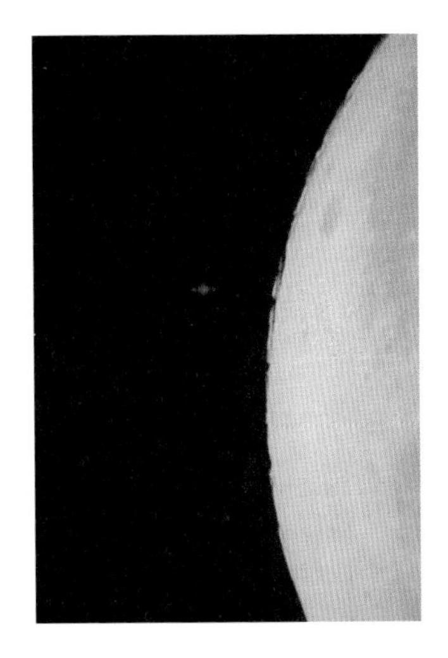
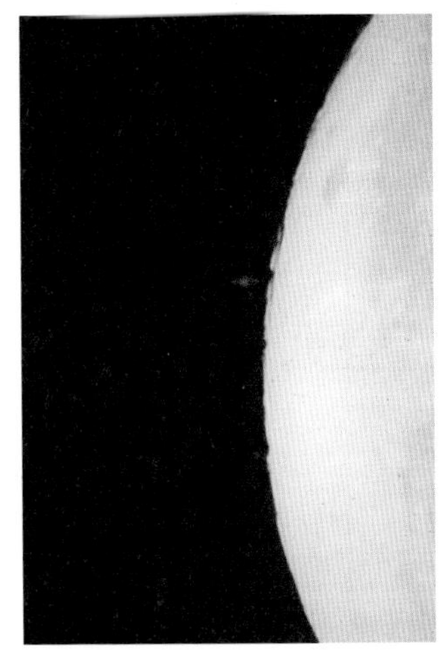
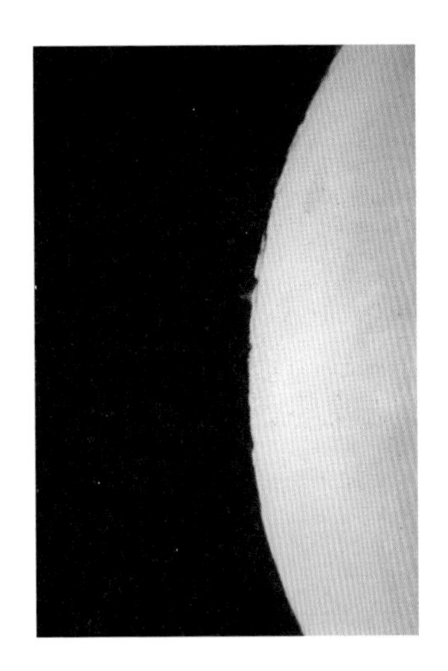

그림 3.39 1997년 10월 15일 밤. 달의 토성 가리기.

에 일어나지 않는 해도 있다. 또한 낮에 발생하거나 우리나라에서는 못 보는 경우가 많아서 자주 볼 수 있다고 생각하지 않는 듯하다.

1997년 10월 15일 밤, 토성식이 있다고 해서 장비를 챙겼다. 자정을 넘기고 새벽 3시 30분쯤 시작해서 토성이 달 뒤로 사라졌다. 약 1시간 뒤 다시 나타났다. 달의 밝은 쪽으로 사라져서 노출을 맞추는 데 애를 먹었다. 사용한 망원경은 구경 105밀리미터 굴절망원경인데 초점거리가 600밀리미터 정도라서 토성이 크게 나오도록 찍기 위해 1만 밀리미터 이상으로 초점거리를 늘려야 했다. 그러고 나니 망원경이 아주 어두워져서 많은 노출량이 필요해졌다. 그래서 ISO 400의 슬라이드 필름을 택했고 1초를 기준으로 2초, 4초 등 여러 노출을 시도했다. 그런데 1초보다 길면 상이 흔들렸고 짧으면 노출이 부족했다. 요즘 같으면 디지털카메라로 한번 찍어보고 바로 노출을 결정할 수 있겠지만, 필름을 사용하던 시절이라 노출 정보를 정확히 얻는 게 아주 어려웠다.

2001년에는 목성식이 있었지만 아쉽게도 날씨 때문에 관측을 못했다. 이후 행성식을 관측하기 어려운 상황이어서 아쉬움이 더 컸다. 2012년과 2016년에도 목성식이 각각 예측되었는데 한 번은 낮이었고, 한 번은 아예 볼 수 없는 위치였다. 행성이 행성을 가리는 현상은 1818년 이후로 오랫동안 없다가 2065년 금성이 목성 앞을 지나는 통과 현상, 2067년 수성이 해왕성을 가리는 식 현상을 포함해 2133년까지 9회가 발생한다. 이러한 현상은 특정한 궤도를 도는 시점에 몰려서 발생하기 때문에 불행하게도 우리는 아직 한 번도 보지 못했다. 식은 아니어도 2020년에는 목성과 토성이 거의 6분각 시야로 붙는 현상도 알려져 있으니 멋진 모습을 기대한다(R9).

가끔은 엄폐나 태양면 통과가 아니어도 행성이 하늘의 한 방향으로 모이기도 하고, 한 줄로 나란히 서기도 한다. 내행성, 외행성이 모두 한쪽 방향에 모이면 중력이 한쪽에서 강하게 작용할 것을 예상해 문제가 생길 수 있다고 오해하기 쉽다. 하지만 그 중력의 차이는 무시할 정도의 양이다. 행성 가운데 가장 큰 목성이 지구에 미치는 조석력은 달과 비교하면 약 17만 분의 1 크기다. 조석력은 질량에 비례하고 거리의 세제곱에 반비례하기 때문에 실제로 거리에 더 큰 영향을 받는다. 그래서 태양보다는 달이 지구에 더 큰 영향을 준다. 행성이 어떤 형태로 늘어서든지 지구에 미치는 영향은 무시해도 되기 때문에, 우리는 그저 밤하늘에 뜬 행성들의 멋진 모습을 즐기면 된다.

슈메이커-레비 9 혜성과 목성의 충돌

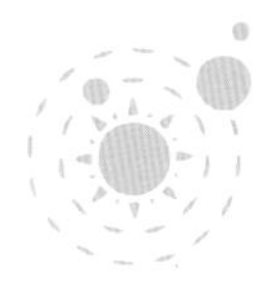

혜성이 목성에 충돌한다! 처음 이 이야기를 들었을 때는 황당했다. 가능성이야 얼마든지 있겠지만 그렇게 쉽게 볼 수 있을 거라고는 믿겨지지 않았다. 충돌하려면 1년 이상 남은 시점이었는데 시간이 흐르면서 확신으로 바뀌었다. 지금은 인터넷으로만 검색해도 많은 정보가 나오지만 당시에는 좋은 정보를 접하기가 어려워서 충돌할 것이라고 확신하는 데 시간이 걸렸다. 이제는 충돌을 예측하는 것이 생각보다 어렵지 않고, 정밀도가 아주 높다는 것을 잘 안다. 이미 잘 짜인 프로그램으로 관측 자료가 들어오면 그 즉시 궤도가 계산되고 지구와의 충돌 가능성도 같이 계산한다.

슈메이커-레비 9 혜성의 발견

슈메이커-레비 9 혜성의 공식 이름은 'D/1993 F2(Shoemaker-Levy 9)'다. 이름을 살펴보면 1993년 3월 하반기(정확하게는 24일)에 발견된 두

그림 3.40 슈메이커-레비 9 혜성의 발견 초기 모습. 이 혜성은 3월 24일에 슈메이커 부부와 레비가 각각 발견했고, 사진은 3월 27일에 찍은 것이다. 이미 핵이 깨진 상태로 발견되었다. © James V. Scotti(Spacewatch program at the University of Arizona)

번째 혜성이며 발견자는 캐롤린 슈메이커, 유진 슈메이커 부부와 데이비드 레비다. D는 파괴되었거나 없어진 혜성을 뜻한다. 이 혜성은 발견 당시부터 목성과의 충돌 가능성으로 천문학계를 들썩이게 했다. 태양계 내의 거대한 물체가 행성과 충돌하는 현상은 이전에 관측된 적이 없었고, 충돌이 일어나면 목성의 짙은 대기 아래의 물질이 밖으로 나오게 되므로 목성의 구성 물질을 연구하는 데 큰 도움을 줄 것이 기대되었기 때문이다.

슈메이커-레비 9은 발견되기 20~30년 전에 이미 목성의 중력에 잡혀서 위성처럼 돌고 있었던 것으로 추정되었으니 참 특이했다. 이 혜성은 부서진 채 발견되었다. 궤적을 추적해보니 1992년 7월 목성에 가장 가까이 다가갔을 때, 혜성이 부서지지 않고 견딜 수 있는 지점인 로쉬한계(Roche limit) 안쪽임을 알아냈다. 이 한계 안으로 들어간 혜성이 목성의 중력 때문에 부서진 것이다. 따라서 1992년에 부서졌고 1993년에 크게 21조각으로 발견되었으며 1994년 7월에 목성에 다시 다가갈 때는 충돌할 것으로 예측되었다.

이러한 혜성이 지구에 충돌한다면 그 조각 하나만으로도 지구 전체에 영향을 줄 끔찍한 사건이다. 실제 목성에 충돌한 흔적은 지구 지름의 두세 배 정도로 큰 경우도 있었다. 부피로 치면 지구의 10배까지 되는 셈이다. 그러한 충돌이 실제로 눈앞에서 벌어졌고 이때는 전 지구의 망원경이 모두 이 장면을 관측했을 것이다. 당시 충돌 장면 사진

가운데 최고는 호주 사이딩스프링 천문대 2.3미터 망원경의 적외선카메라로 관측한 영상이었다. 다른 중요한 슈메이커-레비 9 혜성의 사진들도 대부분 적외선 영역에서 관측되었다. 이 사건 이후에 적외선망원경 또는 적외선카메라의 중요성이 대두되었고 실제로 내가 관측한 사진이 7월 18일, 뉴스 영상으로 중요하게 사용되어 적외선망원경 건설을 위한 70억 예산을 확보하는 계기가 되었다.

그림 3.41 1994년 5월, 허블 우주망원경으로 찍은 슈메이커-레비 9 혜성의 충돌 전 모습. 혜성이나 소행성 또는 위성이 행성과 같은 큰 천체의 로쉬한계라는 중력한계점 안으로 들어가면 조석력에 의해 부서져버린다.
이 혜성은 발견 당시에 이미 부서진 채로 나타났고 사진에 나타난 큰 조각이 21개 정도였다. 이들이 1994년 7월에 차례로 목성과 충돌했다. ⓒ STScI, Space Telescope Science Institute

보현산천문대의 첫 관측

본래 나는 이 혜성의 관측 계획에 포함되어 있지 않았고 1.8미터 망원경으로 CCD 카메라를 이용한 관측 준비를 하고 있었다. 소백산천문대에서도 관측 준비 중이었는데 나는 사진 관측 전문가여서 1.8미터 망원경이 완전하지 않은 시점에 할 일이 별로 없었다. 당시 보현산천문대를 준공하기 전이었지만 혜성 충돌 소식을 알게 되자 그 장면을 관측하기 위해 다른 건물보다 우선해서 망원경동부터 지어 1.8미터 망원경을 설치했다. 첫 관측 대상으로 이 혜성의 목성 충돌 장면을 택한 것이다.

시간이 흘러 충돌 시점에 가까이 가면서 사람들의 관심이 생각보다 높아졌고, 천문대(당시에는 아직 한국천문연구원으로 독립 기관이 되기 전이었고 정식 명칭은 '한국표준과학연구원 천문대'였다)는 이 혜성의 충돌에 따른 보다 구체적인 계획을 마련하게 되었다.

이때 나는 관심을 두고 있던 태양 관측용 20센티미터 굴절망원경을 이용한 사진 관측 계획을 밝혔다. 그리고 8900Å 메탄 필터와 관련된 적외선 필름을 구매해 관측에 대비했다. 소백산천문대와 보현산천문대에서는 CCD 카메라로 관측을 하면 즉시 대전 본대로 보내기로 하고 모뎀 선도 확인했다. 당시 네트워크는 전화선을 이용한 모뎀으로 연결되어 있었다. 소백산천문대는 여건이 안 좋아서 인터넷 전용선이 없었고 보현산천문대는 공사 중이어서 전화만 겨우 연결되었기 때문이었다. 그런데 정작 충돌 장면 영상을 전송하는 데는 실패했다. 문서 파일은 문제없이 전송되었는데 충돌 장면을 담은 영상은 용량이 커서 문제가 되었다. 지금 와서 생각하면 크다고 문제가 된 용량도 기껏해야 수십 킬로바이트였다. 1.4메가바이트 플로피디스크를 저장 장치로 사용하던 시절이었다.

관측에 쓴 구경 20센티미터 굴절망원경은 태양의 흑점 관측 전용으로 사용하고 있었다. 추적 장치도 태양에 맞추어져 있었지만 아이피스 투영 방식(아이피스 뒤에 투영판을 놓아서 태양의 상이 크게 맺히도록 하는 방법. 직접 눈으로 볼 수 없기 때문에 투영판에 맺힌 태양의 흑점을 센다)으로 관측하기 때문에 추적 성능이 좀 떨어져도 큰 문제가 없었다. 그래서 충돌 10일 전부터 사전 점검과 시험 관측을 시작했다.

시험 관측 첫날, 돔 안의 상태를 점검하고 망원경의 특성을 살펴보았으며 추적 장치와 수동 미세 조정 장치를 점검했다. 일단 손에 익도록 계속 다루어보았다. 망원경 자체는 거창했지만 실상은 수동으로 천체를 찾고 위치 보정도 하고 초점도 맞추어야 했다. 돔 안은 30도를 웃돌았다. 더군다나 관측을 하는 돔 안은 바람이 전혀 불지 않아 더 덥게 느껴졌고 모기까지 들끓었다. 한참 동안 카메라 속에 목성을 찾아 넣으려다 지쳐서 첫날 시험 관측은 금방 포기했다.

본래의 망원경은 구경비가 F/15여서 초점거리는 3000밀리미터였다. 이때 필름에 맺히는 목성의 크기는 지름 0.6밀리미터에 지나지 않는다. 그래서 상을 더 크게 만들기 위해 2배와 3배의 텔레컨버터를 동시에 부착해 초점거리 18000밀리미터가 되도록 했다. 이러면 목성은 약 3.3밀리미터 크기로 찍힌다. 초점거리가 길어지면 시야가 좁아져 목성을 카메라 시야에 들어오도록 맞추는 게 어려워진다. 망원경이 덩치는 컸지만 모든 것을 수동으로 조정해야 했기에 더 어려웠다. 게다가 더워서 정신을 차릴 수 없었다. 보통 천문대는 높은 지대에 있어 여름에도 냉방은커녕 난방 장치가 필요한 곳도 있는데 이곳은 아니었다. 계속 관측할 생각을 했더니 암담했다.

다음 날 먼저 달을 이용해 대략적인 초점을 맞춘 뒤 목성을 찾으니까 쉽게 넣을 수 있었다. 결국 첫날 어려웠던 이유는 초점이 안 맞은 탓이었다. 또한 초점거리를 늘리기 위한 방법을 접안렌즈를 이용하도록 바꾸어서 목성의 크기가 지름 5밀리미터가 되도록 했다. 이러면 초점거리가 대략 27000밀리미터(F/135)인 셈이었다. 그런데 노출 시간이 너무 길어서 릴리스를 사용할 때조차 상이 흔들릴까 봐 극히 조심해야 했다. 심지어 카메라 내부의 미러 진동에도 상이 영향을 받는 등 좋은 결과를 얻기가 아주 어려웠다. 무엇보다 필름으로 관측하면 상을 곧바로 볼 수 없는 문제가 있었다. 만약 소백산천문대나 보현산천문대에서 관측이 제대로 안 되면 내가 찍은 사진을 방송에 사용해야 한다. 그래서 관측 방법을 필름 카메라에서 CCD 카메라로 바꾸었다.

당시만 해도 CCD 카메라 관측에 경험이 거의 없어서 급하게 사용 방법을 익혀야 했다. 관측 영상 처리 방법도 동시에 배웠다. 슈메이커-레비 9 혜성 관측을 통해 CCD 카메라 관측법을 처음 실습한 셈이었다. 사용법을 익히는 데 하루 꼬박 소모하고, 충돌 전날에는 8900 Å 파장 대역의 메탄 필터를 장착한 시험 관측까지 했다. 가장 중요하면서 힘든 점은 초점을 정확하게 맞추는 것이었다. 필터를 끼우는 순간 초점이 완전히 달라져서 다시 조정해야 했다. 그래서 관측 도중 필터를 바꾸는 것은 엄두도 낼 수 없었다. 그런데 망원경의 긴 초점거리는 목성의 상이 CCD 카메라의 관측 시야를 너무 빨리 벗어나게 했다.

망원경의 추적 성능을 행성 관측에 맞출 수 없어서 생긴 문제였다. 필름으로 관측할 때는 시야가 넓어서 큰 문제가 안 되었는데 당시의 CCD 카메라는 영상이 찍히는 CCD 칩의 크기가 작아서 시야가 훨씬 좁았다. 그래서 한두 장 찍고 나면 망원경을 움직여서 상을 다시 가운데에 맞추어야 했다. 결국 접안렌즈와 카메라의 거리를 조정해서 상의 크기를 반으로 줄였다. 이제 노출 시간을 4분의 1까지 줄여도 되고 목성이 CCD 카메라의 시야를 벗어나는 시간도 다소 길어져서 여유가 생겼다.

돔 안의 기온은 밤이 되어도 30도가 넘어서 땀을 뻘뻘 흘리면서 고생했지만 선풍기 바람은 CCD 카메라로 향했다. CCD 카메라를 식혀주어야 CCD 칩의 냉각 온도가 일정하게 유지되기 때문이었다. 당시 관측 계획서에도 '선풍기 바람이 CCD를 벗어나지 않도록 주의한다'

라고 적혀 있었다. 긴박한 상황에서는 생각하지 못한 문제가 생길 수 있기 때문에 가능하면 단순한 방법으로 관측하려고 노력했다. 시험 관측 내내 모든 작업이 처음이라 일일이 점검해야 했다. 그러다 보니 매일 자정을 넘겨 집에 돌아갔다.

뚜렷한 충돌 자국

마침내 충돌이 발생하는 첫날, 1994년 7월 17일이 되었다. 방송 3사의 중계차가 좁은 연구소 마당에 들어서니까 빈 공간이 없었다. 당시에는 대덕전파천문대 부지가 연구소의 전부였기에 우리 차량은 연구소 안으로 들어오지 못했다. 정신없이 하루가 흘러갔다. 해가 지고 최초 사진을 얻는 순간을 기다려 9시 뉴스에 내보내려고 다들 준비하고 있었다. (나는 이때 MBC 기자가 인터뷰를 요청해서 급히 옷을 갈아입었다고 기록해 놓았는데, 방송을 다시 보니 뭘 갈아입었다는 것인지 아리송했다. 아마도 너무 더워서 겉옷을 벗고 있다가 다시 입은 게 아닐까 싶다.)

당시 돔 안은 관측에 최악의 조건이었는데 더위에 더해 촬영 때문에 사람이 북적거렸고 조명이 돔 안을 더 뜨겁게 했다. 사람이 걸어 다니면서 진동이 발생해 망원경이 미세하게 흔들렸는데 그러면 상이 흐려졌다. 그래서 촬영이 끝나기를 기다렸다가 모두 내보내고 처음부터 다시 관측을 시작했다. 뉴스 첫머리에 대담 형식으로 나갔으나 정작 이날 예측된 D핵의 충돌은 목성이 질 때까지 볼 수 없었다. 처음 외국에서 관측한 A핵 충돌 장면이 큰 인상을 심어주어서 우리도 충분히 관측이 가능할 것으로 생각했는데 영문을 알 수 없었다.

A핵은 우리나라에서 관측할 수 없는 시간대에 충돌했다. 이렇게 되

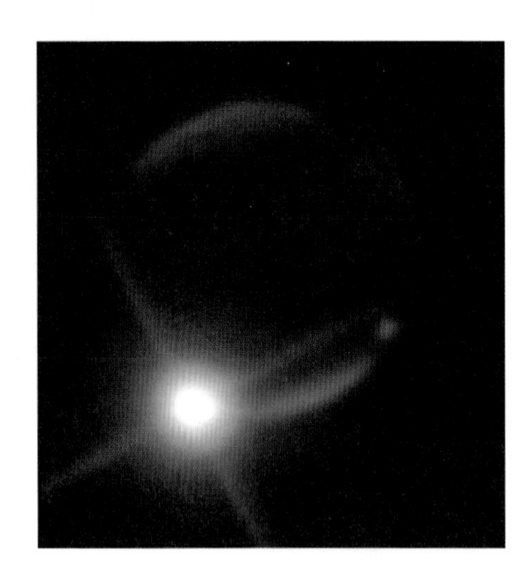

그림 3.42 호주 사이딩스프링 천문대 2.3미터 망원경의 적외선 카메라로 촬영한 G핵 충돌 장면. ⓒ Peter McGregor, ANU

면 이후의 관측도 낙관할 수 없고 8900Å의 메탄 필터로는 관측되지 않는 것은 아닌지 걱정되었다. 그런데 보현산천문대와 소백산천문대에서도 관측되지 않았다. 관측이 이루어지지 않은 주된 이유는 D핵의 크기가 예상보다 훨씬 작아서 충돌 흔적이 작았기 때문일 것이다. 물론 적외선 관측을 했다면 더 수월했을 듯하다. 외국의 적외선 관측이 가능한 천문대에서는 D핵의 충돌 장면이 잘 관측되었다. 이날의 결과는 후에 적외선망원경의 필요성을 일깨우는 큰 계기가 되었다.

다음 날 하루 종일 전날 관측이 안 된 이유를 설명했다. 대체적으로 장비의 부실에 초점이 맞추어졌다. 지금 생각해도 참 한심하다. 하지만 1.8미터 망원경을 두고 충분치 않다고 이야기하기에는 사정이 달랐다. 장비 문제만은 아닌 것 같았다. 이날은 관측 중에 충돌하는 대상이 없었다. 하지만 오후 4시 20분경에 충돌할 것으로 알려진 G핵은 크기가 컸고, 해가 지고 관측 가능한 시간대가 되면 처음 충돌한 반대편에서 흔적이 관측될 것으로 예상되었다. 혜성이 목성에 충돌하는 지점은 앞에서는 안 보이는 약간 뒤쪽이었다. 그래서 충돌 후 1시간쯤 지나야 흔적을 볼 수 있었는데 목성은 9시간이면 한 바퀴 돌기 때문에 충돌 후 4시간 정도 지나 관측 가능한 시간대가 되면 충돌한 반대쪽에 가 있는 것이다.

이날도 여전히 최악의 관측 조건이었지만 방송사에서도 다시 보도 준비를 하고 있었다. 해가 지자마자 목성을 찾았다. 먼저 초점을 확인하는 과정에 찍은 CCD 카메라 시험 관측 영상에서 희미한 충돌 흔

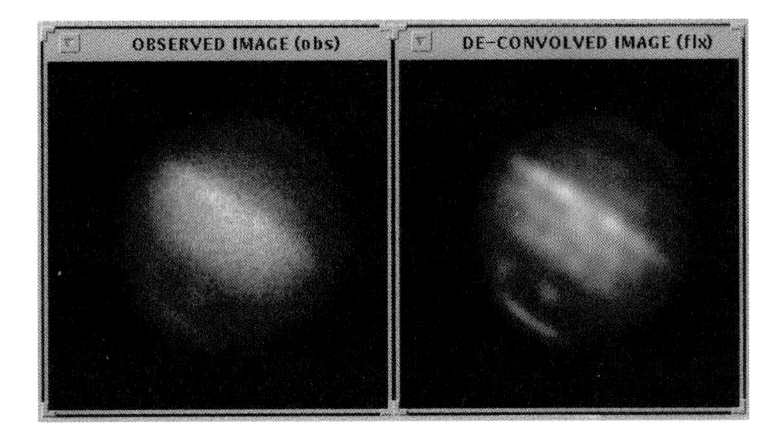

그림 3.43 20센티미터 굴절망원경으로 슈메이커-레비 9 혜성의 목성 충돌 장면을 찍은 CCD 영상(좌)을 프로그램으로 선명하게 만든 사진(우). 왼쪽 아래에 2개의 뚜렷한 충돌 흔적이 보인다.

적을 볼 수 있었다. 하늘이 조금 더 어두워지고 정식으로 첫 노출(저녁 8시 8분)을 하니 예상대로 G핵의 충돌 흔적이 뚜렷이 나타났다. 망원경이 작아서 상이 선명하지는 않았지만 충돌 흔적임은 뚜렷이 알 수 있었다.

갑자기 분주해졌다. 몇 장 더 찍어서 관측한 것이 G핵의 충돌 자국임을 확인한 뒤 방송사의 뉴스 인터뷰를 위해 홍보팀에 관측 영상을 넘기고 나도 자료를 가지고 자리를 옮겼다. 나는 MBC 9시 뉴스에 나갔고 홍보팀에서는 KBS 9시 뉴스를 맡았다. 방송을 기다리는데 많은 사람들이 질문을 했다. 보현산천문대와 소백산천문대에서도 충돌 자국이 뚜렷이 보인다고 했다. 두 천문대에서 찍은 상은 내가 얻은 것보다 훨씬 선명했지만 영상 전송에 문제가 있었다. 할 수 없이 내가 얻은 영상을 모든 방송사에서 사용했다. 이후 어떻게 마무리했는지 내가 남겨놓은 기록도 없고, 기억도 나지 않지만 인터뷰를 한 뒤 오랫동안 연락이 없던 지인

그림 3.44 슈메이커-레비 9 혜성의 목성 충돌 장면. 1.8미터 망원경으로 찍은 첫 영상.

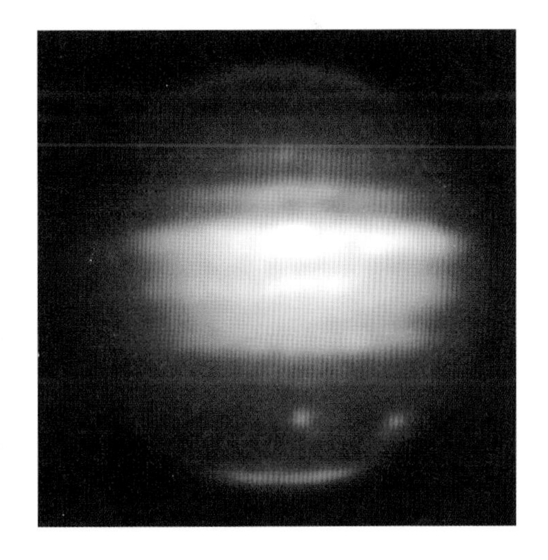

그림 3.45 슈메이커-레비 9 혜성의 목성 충돌 장면을 필름으로 찍은 것. 검은 충돌 흔적이 뚜렷하다.

들의 전화가 온 것을 생각하면 이 뉴스에 관심이 크긴 컸던 듯싶다.

충돌 사흘째, 기자들은 방송사가 3일 연속 같은 내용을 취재하는 것은 드문 일이라고 했다. 국내에서 관심도 컸고 전 세계에서 새로운 소식이 끊임없이 나왔다. 전날 관측에 성공하고 여유가 생겨 필름 관측도 병행하려고 카메라 3대에 각각 필름을 장전해서 준비했다. 이날 역시 방송사에서 카메라를 들이대고 기다렸는데 충돌 흔적이 보이지 않아서 긴장했다. 소백산천문대는 날씨가 안 좋았고, 보현산천문대는 연락이 없었다. 그러나 몇 장 찍은 뒤 상을 자세히 살펴보니 충돌 흔적을 확인할 수 있었다. 또한 망원경을 통해 육안으로도 관측이 되었다. 처음에는 가장자리에 있어서 흔적이 눈에 잘 띄지 않았고 시간이 지나 가운데로 옮겨 와서 쉽게 보였던 것이다.

방송을 위한 CCD 관측은 대략 밤 8시 50분까지 진행했고 이후 필

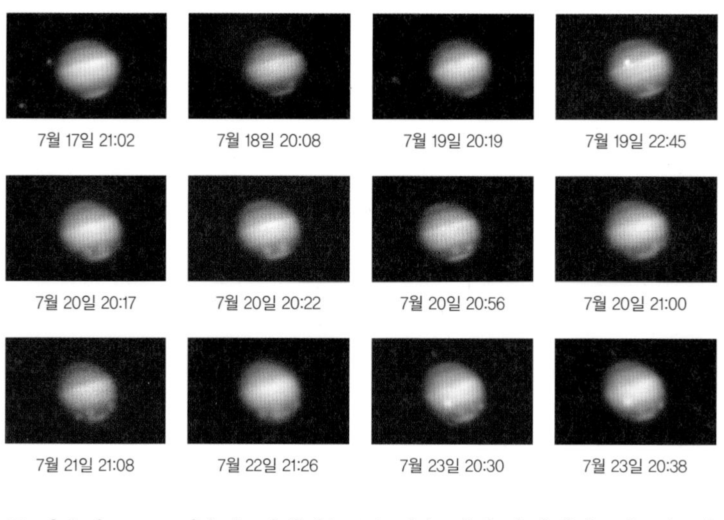

그림 3.46 1994년 7월 17일부터 7월 23일까지 CCD 카메라로 슈메이커-레비 9 혜성과 목성 충돌 장면을 관측한 영상을 모두 모았다. 붉은 점은 지구 크기를 나타낸 것이고 목성의 왼쪽 아래 둥근 점들이 충돌 흔적이다.
7월 20일 영상에서 오른쪽으로 움직이고 있는 것을 알 수 있다. 17일 21시 02분, 19일 20시 19분, 19일 22시 45분의 위쪽 밝은 점과 23일 20시 30분과 23일 20시 38분의 위쪽 목성 밖의 밝은 점은 목성의 위성 중 하나이며, 23일 20시 30분, 23일 20시 38분 영상에서 가운데 밝은 점은 목성의 대적반이다.
17일 영상은 충돌 흔적이 안 나타나 무척 당황했던 장면이고, 18일 영상에서 처음으로 충돌 흔적이 나타났다.

름 관측과 CCD 관측을 병행하는 등 여유 있게 작업했다. 기록을 위해 23일까지 추가 관측을 이어갔다. 돌이켜보면 7월 중순에 날씨가 연속으로 맑았던 것도 행운이었다. 나는 오로지 조금이라도 더 좋은 영상을 얻으려는 마음뿐이었다. 요즘은 디지털 기술이 발전하고 자료 처리 방법도 많이 개발되어 마치 우주망원경으로 찍은 듯한 행성 사진을 얻지만 당시에는 CCD 카메라를 이용한 관측도 생소한 시절이었다.

햐쿠타케 혜성의 긴 꼬리

천문학을 공부하며 교과서에 나오는 것 같은 멋진 혜성을 한 번이라도 볼 수 있을까 하는 생각을 자주 했다. 특히 1986년 핼리 혜성을 보지 못했을 때 아쉬움이 컸다. 그런데 어느 날 갑자기, 엄청난 혜성이 나타났다. 이는 1996년 1월 31일, 유지 햐쿠타케(百武裕司)가 150밀리미터 쌍안경으로 발견해 햐쿠타케 혜성으로 불린다. 발견 시점과 순서에 따른 고유 이름은 'C/1996 B2'이다. C는 장주기 혜성을 뜻하며, 1996은 발견 연도, B2는 1월 하반기 두 번째 혜성이라는 뜻이다. 주기가 짧은 단주기 혜성은 P를 사용하며, 월별로 알파벳 순서대로 2개씩 사용하는데 대문자 'I'는 숫자 '1'과 혼동할 수 있어서 쓰지 않고 마지막 'Z'는 남아서 사용하지 않는다.

햐쿠타케 혜성은 3월 25일에 지구에 가장 가까이 지나갔고, 5월 1일에 태양 최근접 지점을 지나갔다. 보통 이 정도 혜성이라면 훨씬 전부터 알려져서 유명세를 타기 마련인데 특별히 그럴 새도 없이 그야말로 혜성처럼 나타나서 사람들 마음을 흔들고 떠났다. 발견 시점에 밝기가 약 11등급이었고 크기는 2.5분이었다니까 쌍안경으로 보았다면 작고 희미해서 전문가가 아니면 알아보기 어려웠을 것이다.

계산된 주기는 대략 1만 년에서 10만 년으로 알려져 있어 우리가 다시 이 혜성을 보려면 최소한 1만 년 이상 기다려야 한다. 햐쿠타케 혜성의 가장 큰 특징은 긴 꼬리다. 5억 킬로미터에 달하는데 지구-태양 거리(약 1억 5000만 킬로미터)의 3배가 넘었다. 태양에서 화성(약 2억 2000만 킬로미터)을 지나 목성(약 8억 킬로미터)의 절반 거리까지 뻗었다. 이 정도면 역사상 가장 긴 꼬리를 가진 혜성으로 기록될 것이다. 이 혜성의 중심 핵 크기는 지름이 4.2킬로미터에 지나지 않는데 꼬리가 5억 킬로미터에 달하므로 우리가 보는 꼬리는 너무 희박해 지구상의 어떤 장비로도 만들 수 없는 진공 상태다. 그런데도 태양 빛을 받아 반사한 꼬리는 워낙 넓게 퍼져 있어서 맨눈으로도 멋진 모습을 볼 수 있었다.

봄철 황사 속에 나타난 햐쿠타케 혜성은 뿌연 하늘 때문에 관측이 어려웠다. 1.8미터 망원경으로도 사진 관측을 수차례 시도했지만 의외로 만족스러운 결과를 얻지 못했다. 그래도 중심부는 잘 볼 수 있었다. 지구에 가장 가까이 지나간 3월 25일에는 날씨가 안 좋아서 초저녁부터 대기하다가 26일 새벽 3시 이후에 날이 개서 1.8미터 망원경 돔 옆에 놓인 혜성을 겨우 찍을 수 있었다. 황사가 심하고 습도가 높아서 깨끗한 상을 얻지는 못했지만 억지로 몇 장 찍었다.

날씨가 좋아지기를 초조하게 기다리니 이틀 후 다시 기회가 왔다. 구름이 걷히고, 황사도 사라진 하늘에 북두칠성을 가로질러 머리 위로 길게 꼬리를 뻗은 모습은 장관이었다. 당시 관측 상황을 기록한 내용을 살펴보니 각도는 110도가 넘었다. 이런 상황을 사진으로 제대로

그림 3.47 6×7 필름을 사용하는 중형 카메라로 찍은 햐쿠타케 혜성. 혜성을 추적해 뻗어 나간 혜성의 꼬리가 잘 드러났고, 별은 흘렀다.

전달하지 못해 아주 아쉬웠다. 흑백과 컬러 필름을 바꾸어가면서 정신없이 찍었다.

혜성과 별은 움직이는 방향이 서로 달라서 혜성을 추적하면 별이 흐르고, 별을 추적하면 혜성이 흐른다. 그래서 혜성 사진을 찍을 때는 망원경으로 별을 추적할 것인지 혜성을 추적할 것인지 망설여진다. 특히 빨리 움직이는 혜성일수록 고민이 더 커지는데 햐쿠타케 혜성의 경우도 그랬다. 당시 사용한 망원경은 혜성 추적 모드가 없어서 직접 혜성의 중심부를 보면서 육안 가이드를 해야 했다. 혜성을 추적해서 얻은 사진이 별을 추적한 것보다 꼬리 부분이 보다 선명하게 나왔다.

만약 디지털카메라를 사용했다면 높은 감도로 노출 시간을 줄여서 이러한 차이가 거의 안 생기도록 할 수 있을 것이다. 하지만 10분이나 20분의 긴 노출을 줄 때는 혜성을 추적해 꼬리 부분의 섬세한 구조를 살펴보는 것도 좋은 방법이다. 또한 감도를 높여서 조리개를 조이면 가장자리의 수차(收差)를 많이 줄일 수 있을 것이다. 하지만 필름 시절에는 넓은 시야로 관측할 때 노출량을 늘리기 위해 조리개를 모두 열고 찍어서 가장자리가 어두워지는 비그네팅과 가장자리 수차가 크게 나왔고 초점에도 민감했다. 이후 계속 날씨도 안 좋고 월령이 보름 근처라서 추가 관측을 못하다가 4월 10일에 날씨가 개서 1.8미터 망원경동의 북쪽 편에 나타난 혜성을 관측할 수 있었다.

1.8미터 망원경 돔 옆에 나타난 혜성을 찍다가 슬릿 사이로 밝은 빛

그림 3.48 돔 슬릿 사이에 나타난 밝은 금성과 오른쪽의 햐쿠타케 혜성. 이미 밝기는 상당히 어두워졌다.

그림 3.49 이온 꼬리의 세부 구조가 잘 드러난 햐쿠타케 혜성. 북두칠성의 손잡이 부분이 혜성의 꼬리를 가로질렀다. 전체 꼬리의 길이는 북두칠성 전체보다 길었다.

이 보여서 방향을 돌리니까 금성이었다. 달이 뜬 것처럼 금성이 밝게 빛났다. 이때 금성 밝기는 약 -4.1등급이었는데 행성을 제외하고 밤하늘에 가장 밝은 별인 시리우스보다 10배는 더 밝은 셈이었다. 이날 햐쿠타케 혜성은 여전히 긴 꼬리를 보였지만 이전보다 훨씬 희미했다. 밝은 금성 때문에 상대적으로 어둡게 느껴지기도 했고 이미 최근접 시기가 지나서 멀어지는 혜성의 밝기가 다시 어두워진 탓이 크다.

'혜성처럼'이라는 표현은 '갑자기'라는 뜻으로 사용한다. 하지만 요즘은 이런 경우는 드물다. 밝은 혜성은 일찌감치 발견되어 미리 소식을 접하기 마련인 것이다. 그런데 햐쿠타케 혜성은 말 그대로 혜성처럼 나타나서 한 달 남짓 머물고 사라졌다. 혜성을 보고 싶었던 오랜 바람을 달래주듯이 나타나서 조금은 아쉽게 떠나갔다.

우주의 낭만 헤일-밥 혜성

하쿠타케 혜성의 아쉬움이 채 가시기 전에 헤일-밥 혜성의 소식이 들렸다. 헤일-밥 혜성은 1995년 7월 23일에 목성 궤도 밖에서 발견되었고 같은 거리의 핼리 혜성보다 1000배는 밝다고 해서 큰 관심을 끌었다. 고유 이름은 C/1995 O1(Hale-Bopp)이다. 24시간 이내에 독립적으로 발견하면 이름을 3명까지 붙여주는데 미국의 천문학자 앨런 헤일(Alan Hale)과 토머스 밥(Thomas Bopp)이 각각 발견해 헤일-밥이라고 불린다.

1997년 3월 말에 가장 밝아졌고 두 달 이상 육안으로도 쉽게 관측할 수 있을 정도로 밝았다. 중심부 핵의 크기는 40~80킬로미터에 달하고 공전 주기는 약 2500년이므로 우리는 이 혜성을 다시 볼 수 없을 것이다. 하쿠타케 혜성의 핵이 4.2킬로미터였으니 얼마나 큰 혜성인지 알 수 있다. 밝기도 -1등급 이상으로 기록 가운데 가장 밝았다. 1997년 1월에서 3월 사이에는 동남쪽에서 해 뜨기 1시간 전쯤 떠올랐다. 4월 1일이 최근접일이어서 이후 서쪽 하늘에서 지는 모습으로 나

그림 3.50 헤일-밥 혜성의 초기 모습. 왼쪽은 1996년 10월에 필름으로 찍은 첫 영상이며, 오른쪽은 같은 시기에 1.8미터 망원경 CCD 카메라로 찍은 혜성 중심부 모습이다. 혜성의 작은 핵으로부터 물질이 뿜어져 나와 부풀어 오른 코마가 형성된 모습을 잘 볼 수 있다.

타났다.

일반적으로 혜성의 발원지는 태양계 최외곽의 오르트(Oort) 구름과 명왕성 바깥의 카이퍼벨트(Kuiper Belt) 지역으로 알려져 있다. 행성 대열에서 탈락한 명왕성도 카이퍼벨트의 많은 천체 가운데 하나로 볼 수 있다. 오르트 구름에 기원을 둔 혜성은 거리가 멀어서 대부분 장주기 또는 비주기 혜성이 되고, 주기가 200년 이하인 단주기 혜성은 주로 카이퍼벨트에서 온다. 따라서 단주기 혜성은 대개 황도면 위에 있고 장주기 혜성은 특별히 정해진 궤도면이 없다.

오르트 구름과 카이퍼벨트 지역에서 태양의 중력에 끌려 안쪽으로 들어와 혜성이 되는데, 가끔은 태양이 아닌 목성을 중심으로 궤도 운동을 하기도 한다. 대표적인 것이 앞서 설명한 목성에 충돌한 슈메이커-레비 9 혜성이다. 어떤 혜성이든 그 핵이 지구에 충돌한다면 전 지구적인 재난이 발생할 것이다. 하지만 혜성의 먼지 꼬리를 통과한다면 지구에서는 멋진 유성우 축제를 볼 수 있다. 보름달 밝기 이상의 유성도 기껏해야 감자 크기의 잔해가 떨어지는 것이라고 하니까 혜성의 꼬리로 인한 피해는 우려하지 않아도 된다.

헤일-밥 혜성의 핵은 지름 40킬로미터 이상으로 아주 큰 편이지만 보통 혜성의 핵은 지름 10킬로미터를 넘지 않는다. 10킬로미터 정도의 핵이 부풀어서 우리 눈에 잘 보이는 코마가 형성되고, 이들이 태양풍에 밀려서 길게 꼬리를 만든다. 때로는 지나온 길에 먼지를 뿌려서 하얀 꼬리를 만든다. 꼬리의 길이는 지구와 태양 사이 거리 이상으로 뻗어 나가기도 하며 햐쿠타케 혜성처럼 태양에서 화성까지보다 멀리 뻗기도 한다.

헤일-밥 혜성은 1995년에 일찌감치 알려졌고 1996년 10월부터 쉽게 사진을 찍을 수 있을 정도로 밝아졌다. 1.8미터 망원경으로 찍은 중심부 사진을 보면 내부에서 물질이 갈라져 방사상으로 뿜어져 나오는 모습이 잘 드러난다. 혜성의 핵은 불순물이 많이 섞인 얼음이 주성분이며 형태가 일정하지 않고 깨지기 쉬워서 태양열을 받으면 잘 부서지는 부분부터 물질이 뿜어져 나오기 때문에 이런 형태를 띤다. 혜성의 핵은 암석, 먼지, 얼음과 이산화탄소, 일산화탄소, 메탄, 암모니아 등의 가스가 뭉친 형태다. '더럽다'는 표현을 쓸 정도로 온갖 먼지 성분이 섞여 있는 것이다.

혜성이 태양에 접근하면서 얼음이 녹아 코마를 형성하고, 구성 물질이 태양풍에 밀려 점차 꼬리가 길어진다. 혜성의 밝기는 혜성의 머리에 해당하는 코마와 먼지의 양에 좌우되는데, 사람의 눈이 먼지에서 반사되는 빛에 더욱 민감하기 때문이다. 지난 1986년 핼리 혜성의 경우는 먼지 성분이 적어서 빛을 많이 내지 못했다.

1997년 2월, 다시 관측을 시도했는데 이미 상당히 커졌다. 이후

3월 중순부터 4월 중순까지 한 달 동안 혜성 사진을 찍기 위해 매일 밤 망원경과 관측 장비를 들고 보현산천문대 이곳저곳을 정신없이 돌아다녔다. 3월까지는 동쪽 하늘에서 보이다가, 태양을 돌아서 4월에는 서쪽 하늘에 다시 나타났는데 맨눈으로도 선명하게 보였고 한 달 이상 덩그러니 떠 있었다. 동쪽 하늘에 나타났을 때는 새벽에 떠오른 은하수를 배경으로 한 멋진 혜성을 볼 수 있었고, 서쪽 하늘에 나타났을 때는 배경 하늘이 동쪽보다 어두워서 훨씬 깨끗하고 세밀한 혜성을 볼 수 있었다.

그림 3.51 헤일-밥 혜성의 이온 꼬리와 먼지 꼬리. 파란 이온 꼬리는 태양풍에 날리고, 하얀 먼지 꼬리는 혜성이 지나는 길에 뿌려진다. 그래서 이온 꼬리는 태양 위치의 반대 방향으로 곧게 뻗고, 혜성이 태양을 중심으로 궤도운동을 하기 때문에 먼지 꼬리는 곡선으로 휜다. 그래서 태양에 가까이 갈수록 두 꼬리가 크게 갈라진다.

밤에는 혜성을 찍고 낮에는 현상과 인화 작업을 반복했다. 혜성은 하늘에 커다랗게 떠서 눈에 훤하게 보였는데 이를 기록할 좋은 사진 1장을 얻기는 무척 힘들었다. 무엇보다 맑은 날이 귀해서 정작 최근접일 부근의 중요한 시기에는 관측을 놓치기도 했다. 날씨가 맑아도 봄철의 황사는 햐쿠타케 혜성 때도 그랬지만 관측을 더욱 어렵게 만들었다. 밤하늘이 밝아서 노출 시간을 더 길게 줄 수 없는 것도 커다란 제한 요소였다. 이 당시에 벌써 도시의 팽창 때문에 보현산천문대조차 밤하늘의 밝기를 걱정했던 현실은 안타깝다.

20세기에 나타난 혜성 가운데 밝은 것으로 손꼽는 헤일-밥 혜성은 파랗게 빛나는 이온 꼬리와 하얗게 빛나는 먼지 꼬리가 뚜렷이 분리되었다. 일반적으로 이온 꼬리는 태양풍에 날려서 태양의 반대편으로 곧게 뻗어 나가며 먼지 꼬리는 혜성의 진행 방향으로 휘어져서 나타난다. 따라서 태양에 가까워질수록 두 꼬리가 점점 벌어진다. M34 산개성단 옆을 지나는 헤일-밥 혜성 사진은 한 달여 동안 찍은 사진 가운데 가장 선명했다.

당시 소백산천문대에서는 고(故) 박승철 연구원이 헤일-밥 혜성 사진을 찍고 있었다. 한참 뒤 만났을 때 서로의 사진을 살펴보았는데, 비슷한 장면을 훨씬 선명하고 배경 하늘과의 대비가 좋게 찍은 것을 보았다. 소백산의 하늘이 보현산보다 어두워서 유리한 점도 있었지만, 천체사진의 경험과 열정 그리고 사진을 찍는 그의 실력은 어떤 이도 따라갈 수 없음을 느끼기에 충분했다. 그는 당시 보현산을 방문해서 24밀리미터, F/1.4 렌즈를 자랑했는데 ISO 400 또는 ISO 800 필름에 노출 시간을 30초 정도 주어서 은하수를 멋지게 잡을 수 있다고 좋아했다. 당시의 보통 광각 렌즈는 24밀리미터, F/2.8이었는데 F/1.4 렌즈는 이보다 두 단계나 밝고 구경이 커서 밤하늘 사진을 찍기에 그만큼 유리한 것은 말할 필요가 없었다. 카메라 렌즈의 밝기가 한 단계 높으면 그만큼 정밀한 사진을 얻을 수 있어서 누구나 가지고 싶어 했다.

필름의 감도를 디지털카메라처럼 ISO 1600 또는 ISO 3200 등으로 높이면 입자가 거칠어져서 좋지 않다. ISO 1600을 넘기는 고감도의 필름은 다루기도 힘들어서 반드시 암실이나, 휴대용 암주머니 속에서 필름을 교체해야 한다. 그렇지 않으면 빛이 스며든다. 박승철 연구원은 당시에 벌써 놀라운 상상력으로 천체사진을 찍고 있었다. 디지털 시대를 맞이했다면 가장 먼저 그리고 적극적으로 자신이 품었던 하늘을 담았을 것이다. 헤일-밥 혜성 사진을 볼 때마다 생각나는 그리운 친구다.

요즘은 탐사 위성이 혜성에 직접 충돌해〔딥임팩트(Deep Impact): 2005년〕 혜성에서 분출된 물질을 연구하거나, 탐사선을 착륙시켜〔로제타(Rossetta):

그림 3.52 로제타 혜성탐사선이 찍은 츄류모프-게라시멘코 혜성(67/P Churyumov-Gerasimenko). 표면에서 가스와 먼지가 뿜어져 나온다. 혜성의 구성 물질과 표면을 이해할 좋은 자료를 얻었을 것이다. ⓒ ESA

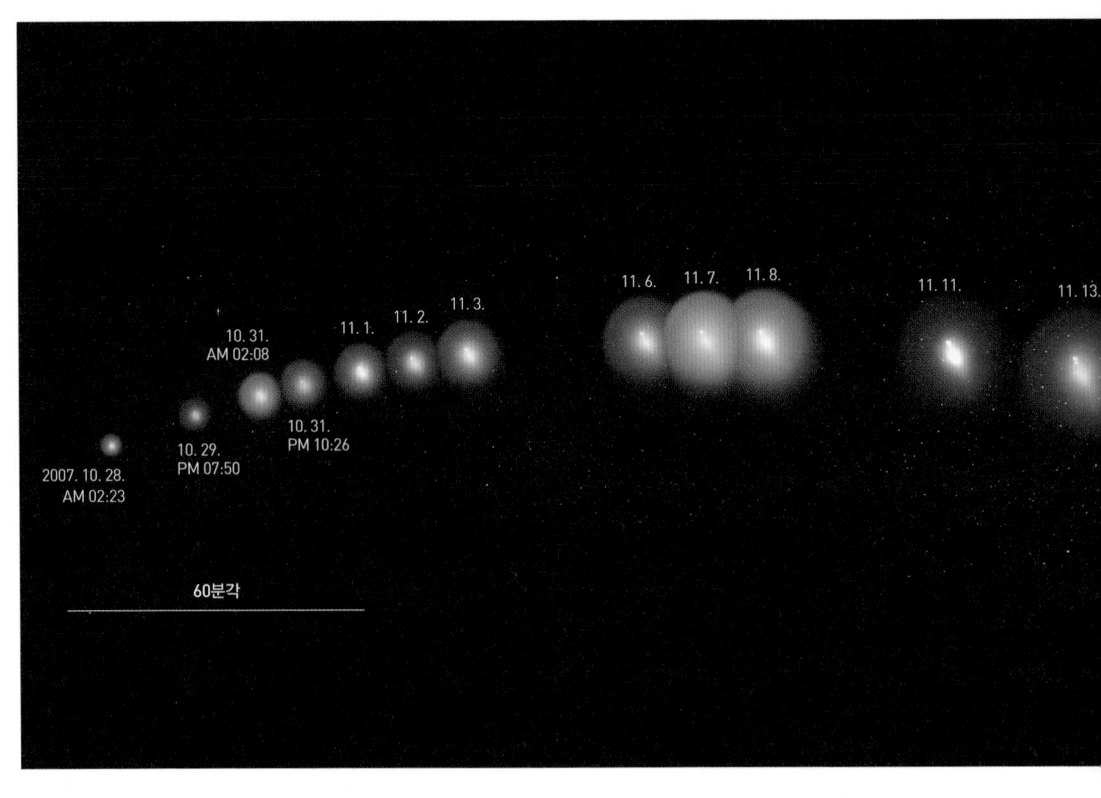

2014년) 실제 모습을 사진으로 찍어서 보여주는 등 혜성 연구가 깊이를 더해가고 있다. 특히 일본에서는 소행성에 탐사선(하야부사(Hayabusa): 2005년 착륙, 2010년 지구 귀환)을 착륙시켜서 물질을 채취한 뒤 지구로 가져오기도 했다.

그리고 여전히 혜성은 많은 사람에게 밤하늘의 낭만을 보여준다. 2007년에 맥노트 혜성(C/2006 P1, McNaught)이 헤일-밥 혜성보다 더 화려하게 찾아왔지만 이 혜성은 남반구로 내려가고 나서 밝아졌다. 북반구에서는 멋진 모습을 볼 수 없었는데 헤일-밥 혜성보다 태양에 훨씬 가깝게 지나가서 밝기가 100배에 가까웠다. 전 하늘을 뒤덮는 혜성의 화려한 모습을 뉴스와 인터넷에서 볼 때마다 남반구로 관측 여

그림 3.53 홈스 혜성. 2007년 10월 28일부터 11월 30일까지 핵이 달 크기만큼 부풀어 오른 특이한 모양이었다. 달의 크기는 약 30분각이다.

행을 떠나지 않은 것이 후회되었다.

2007년에는 홈스 혜성(17P/Holmes)이라는 특이한 형태의 혜성이 관심을 끌었다. 핵이 부풀어 올라 마치 공처럼 보였는데 거의 보름달 크기만큼 커졌다. 또한 2013년 아이손 혜성(ISON, C/2012 S1)이 계산상으로는 헤일-밥 혜성보다 훨씬 밝고 보름달보다도 밝게 빛날 것이라고 해서 잔뜩 기대하고 관측을 준비했는데 태양의 중력을 이기지 못해 산산이 부서져 태양 속으로 들어가버렸다.

이렇게 혜성 소식이 들리면 열심히 카메라를 챙긴다. 다시 한 번 헤일-밥 혜성의 추억을 되살려줄 혜성이 나타나기를 기대하고 한편으로는 맥노트 혜성을 놓친 안타까움을 달랠 수 있기를 바라면서.

보현산천문대의 겨울밤

보통 밤하늘을 생각하면 밝은 은하수를 생각할 것이다. 이는 우리나라의 여름철 모습이다. 하지만 의외로 겨울 밤하늘도 멋있다. 겨울에는 오리온자리를 지나는 은하수가 아주 옅어서 별자리가 잘 드러난다. 또한 여름보다 맑은 날이 많고 밤이 길어서 별을 볼 기회가 훨씬 많다. 춥고 바람도 세게 불어서 별을 보기 위해 밖으로 나가는 것이 힘들기도 한 계절이다. 1100미터가 넘는 산 정상의 천문대는 더 춥고 바람도 더 많이 분다.

겨울의 대삼각형

2015년 12월 29일 저녁. 한 해를 보내는 마지막 화요일이었다. 집까지 출퇴근길이 멀어서 10여 년째 1박 2일 출퇴근을 하고 있는데 월요일에 올라가서 주로 화요일에 내려온다. 그런데 이날은 하늘도 맑고 한 해가 끝나가는 아쉬움도 달랠 겸 하루 더 천문대에 머물기로 작정하

그림 3.54 보현산 시루봉에서 바라본 겨울 별자리. 겨울의 대삼각형을 이루는 세 별과 북두칠성에서 북극성을 찾는 방향을 붉은색으로 나타냈다.

고 삼각대 2대와 카메라 2대에 이런저런 장비를 챙겨서 보현산 서봉인 시루봉으로 향했다. 벌써 몇 번 밤하늘 사진을 찍으려고 시도했지만 강한 바람에 삼각대가 흔들리거나 날씨가 갑자기 안 좋아져서 전부 실패했다. 지는 해가 가야산 줄기의 봉우리 하나를 보기 좋게 품으면서 내려갔고 본격적으로 밤하늘 사진을 찍기 위해 서둘렀다.

시루봉에 서면 건너편 보현산천문대 전경이 한눈에 들어온다. 그 옆으로 면봉산의 기상청 레이더 돔이 밝게 불을 켜고 있다. 발아래에는 산을 올라오는 입구인 정각마을이 평화로워 보이고 멀리 안강을 지나 포항 시내와 포항제철의 밝은 불빛을 볼 수 있다. 그 너머 동해안에는 어선이 불을 환하게 켜고 떠 있다. 오른쪽으로 눈을 돌리면 경주 시내는 산에 가려서 불빛만 올라오고, 영천 시내의 불빛이 환하다. 팔공산 자락이 이어지고, 그 너머로 대구의 불빛이 높게 올라온다.

하늘이 완전히 어두워지기를 기다리니까 오리온자리가 벌써 높게 떠 있다. 오리온자리의 밝고 붉은 베텔게우스(Betelgeuse, α Orionis)와 아래쪽에 떠오른 작은개자리, 큰개자리의 가장 밝은 별인 프로키온(Procion, α Canis Minoris)과 시리우스(Sirius, α Canis Major)를 이어서 '겨울의 대삼각형'으로 부른다. 작은개자리 왼쪽에는 쌍둥이자리가 멋진 모습을 뽐내고 그 위쪽에는 마차부자리가 보였다. 1.8미터 망원경 돔 위로는 북두칠성이 떠올랐다.

이 모든 풍경을 담기 위해 카메라를 360도 회전하면서 10여 장의 사진을 찍었다. 이런 사진은 주로 14~24밀리미터 광각 줌렌즈의 14밀리미터 화각으로, 아래위로 넓은 시야를 넣기 위해 카메라를 세로로 세워서 찍는다. 보통은 마지막에 카메라를 천정으로 향하게 해 1장을 더 찍어서 혹시라도 천정 부근의 하늘이 시야에서 빠질 경우를 대비한다.

파노라마 사진 찍기

노출량은 보통 ISO 6400, F/5.6에 30초를 기준으로 사용하는데, 밤하늘과 지상 풍경의 밝기에 따라 한두 단계씩 더하기도 하고 줄이기도 한다. 카메라마다 기능이 많이 다른데 내가 사용하는 카메라는 셔터를 누르면 미러가 먼저 닫히고 설정에 따라 1초, 2초 또는 3초 뒤에 셔터가 열리는 기능이 있어서 릴리스가 없어도 카메라 흔들림을 많이 줄일 수 있다. 간혹 아무리 조심해도 사진이 흔들릴 수 있기 때문에 보통 파노라마 사진을 찍을 때는 최소한 2세트 이상 얻는다. 이날은 노출 조건을 바꾸어 가면서 3세트를 찍었다. 각각 ISO 6400에 F/4.5와 20초, F/3.5와 20초, F/3.2와 30초의 조건이었는데, 가장 어둡게 찍은 F/4.5와 20초가 가장 좋았지만 이 경우도 도시 불빛이 너무 밝게 찍힌 것 같았다. 하늘이 더 어두워지고 나서 다시 찍을 때는 F/5.6과 25초를 사용했다.

별상이 전체 화면에서 균질하기 위해서는 조리개를 가능한 많이 조여야 한다. 그러면 노출 시간은 더 길게 주어야 한다. 하지만 노출 시간이 길어지면 별상이 흐르기 때문에 30초 정도가 한계다. 경험적으로 초점거리 14밀리미터인 렌즈는 10초나 15초 정도면 별상이 흐르는 현상이 거의 나타나지 않지만 30초면 조금 찌그러진다. 또한 동서남북 방향에 따라서도 흐르는 양이 서로 다르다. 여러 번 찍어서 경험을 쌓으면 적당한 수치를 스스로 만들 수 있을 것이다.

조리개 값은 F/5.6 이상이면 별상이 화면 전면에 비교적 균질하게 나온다. 이 조건에서 ISO 6400의 최대치를 사용해도 별의 밝기는 조금 부족한 듯 찍힌다. 그래서 때에 따라서는 시간을 더 길게 주기도 하고 조리개를 더 열기도 한다. 찍을 때 여러 가지 조건으로 사진을 찍는 것은 지상의 풍경과 하늘의 밝기 차이가 너무 커서 어디에 맞추어야 할지 판단하기 어렵기 때문이다.

노출 조건에 더해 실제 별자리를 이루는 밝은 별이 잘 보이도록 종종 소프트 필터를 사용한다. 필터의 표면을 약하게 흐려서 밝은 별이 퍼져 보이게 하는 것이다. 필름을 사용하면 밝은 별의 상이 저절로 퍼져서 커졌지만 디지털카메라는 이런 현상이 잘 안 나타난다. 즉 밝은 별도 크기가 어두운 별보다 그다지 크게 나타나지 않아서 별자리 등이 잘 드러나지 않는다. 그래서 소프트 필터로 별상을 키우는 효과를 만드는 것이다.

디지털카메라로 찍으면 바로 결과를 볼 수 있다. 필름 카메라에 익숙한 나는 이것이 큰 단점이라고 생각했다. 사진은 자신이 표현하려는 결과를 예측하고 현상과 인화까지 고려한 조리개 수치와 셔터 속도를 결정해 찍어야 한다고 생각했다. 하지만 천체사진을 찍을 때 바로 확인할 수 있는 점은 결코 단점이 될 수 없다. 또한 앞서 언급했듯 사진을 찍는 자체는 어쩌면 데이터를 얻는 과정이고 데이터를 이용해 멋진 작품을 만든다는 점에 동의하게 되었다.

달과 별의 일주운동

파노라마 사진 세트를 찍고 난 뒤 보현산천문대 전경을 담은 일주운동을 찍기 위해 인터벌 모드로 노출시키고 카메라는 그대로 두고 연구실로 돌아왔다. 일주운동 촬영은 ISO 6400, F/5.6, 25초의 조건을 사용했다. 2시간 30분 뒤 달이 뜨기 직전에 다시 카메라를 살피러 연구실을 나섰다. 겨울에는 너무 추워서 밖에서 몇 시간씩 기다리기 힘들다. 이런 날 밤에는 사람들이 거의 올라오지 않기 때문에 카메라를 방치해도 잃어버릴 염려가 없다. 하지만 강한 바람에 삼각대가 넘어져서 카메라가 부서지는 불상사를 겪기도 한다. 그래서 삼각대는 가능한 넓게 벌리고 다리 위에 무거운 돌을 얹어둔다.

시루봉 정상은 연구실에서 직선거리로 500미터밖에 안 된다. 그래도 하룻밤에 대여섯 번 다녀오면 제법 먼 거리가 된다. 카메라를 살펴보러 갈 때면 혹시나 하는 마음에 서두르다 보니 나중에는 다리가 후들거린다. 달이 뜨기 전에 찍은 사진에 훈련 중인 전투기 비행 궤적이 들어갔다. 이러한 궤적이 사진의 분위기를 망친다면 하나하나 지워서 깨끗하게 처리할 수도 있다. 하지만 때로 비행 궤적은 별이 회전만 하는 단순한 사진에 새로운 느낌을 준다. 우연히 시선 방향으로 다가오면서 찍힌 전투기 불빛이 도깨비불인 양 허공에 밝게 나타났다.

이 무렵에 달과 별이 같이 움직이는 일주운동 사진을 찍었다. 필름 시절에는 일주운동 사진을 찍을 때 필요한 시간만큼 그냥 셔터를 열

그림 3.55 보현산 시루봉에서 바라본 보현산천문대 일주운동. 여객기 궤적은 모두 지우고 전투기의 야간 비행 훈련 때문에 만들어진 오른쪽 끝 부분의 불빛과 낮게 또는 높게 지난 궤적은 남겨 두었다.

어두어야 했다. 그래서 하늘이 밝으면 노출을 길게 주기가 어려웠다. 만약 달이 들어가면 별의 궤적과 동시에 잘 나오도록 하는 것은 거의 불가능했다. 즉 밝기 차이가 너무 커서 달의 궤적이 잘 나오도록 노출 조건을 조정하면 별 궤적이 어두워서 잘 안 나오고, 별 궤적이 잘 나오도록 조정하면 달 궤적이 너무 밝아서 사진이 하얗게 되어버린다.

하지만 디지털카메라를 이용할 경우 짧은 노출로 반복해서 사진을 찍고, 그 사진을 컴퓨터로 합성해 하나의 일주운동 사진을 만들 수 있기 때문에 노출만 적당히 조절하면 달과 별의 궤적을 동시에 담을 수 있다. 평소 달이 뜨면 밤하늘 사진을 찍는 것을 포기했지만 이제는 생각이 바뀌었다. 은하수의 화려한 모습은 담기 어렵지만 달이 있어서 시선을 강하게 끄는 사진을 얻을 수 있어서 좋다.

달이 뜨기 전에 서둘러서 파노라마 사진과 겨울 하늘 별자리를 담고 있는데, 빨갛게 달이 나타났다. 일출만큼이나 붉었다. 얼른 배터리를 새것으로 바꾸고, 노출량을 조정해 인터벌 촬영으로 셔터를 눌렀다. 이때 아무리 바빠도 초점을 잘 맞추어야 한다. 이 점을 무시하면 몇 시간 동안 관측한 자료가 무용지물이 된다. 노출량은 달의 밝기를 고려하여 ISO 1600, F/8, 25초를 사용했다. 달이 밝아서 ISO 400이어도 충분한 노출이겠지만 실제 합성 과정에서 노출량을 한두 단계 줄인 뒤 합성할 수 있기에 보다 어두운 별의 궤적을 담기 위해 보통 한두 단계 더 노출해 찍는다.

원활한 노출 보정을 위해서는 영상의 형태를 'raw'로 저장하는 것이 좋다. 'raw'는 디지털카메라가 가지는 전체 정보를 모두 담고 있고 특히 다이내믹 레인지 전체를 사용할 수 있어서 노출 보정이 용이하다. 일반적으로 사용하는 영상 형태는 'jpg'인데, 'jpg'는 전체 다이내믹 레인지 가운데 특정한 영역만 사용하기에 노출 보정이 쉽지 않다. 'jpg'를 많이 사용하는 이유는 영상 파일의 크기가 'raw'보다 3분의 1 이하로, 작기 때문이다. 나는 항상 'raw' 형태로 저장하는데 128기가바이트 메모리카드에 약 1600장이 들어간다. 만약 'jpg'로 저장하면 4000장 이상 저장할 수 있다.

ISO 감도를 높이면 유성이 떨어질 때 훨씬 더 밝게 나온다. 따라서 이번처럼 ISO 1600이 아니라 3200이나 6400으로 더 높이고 조리개는 F/2.8, 최대 밝기로 한꺼번에 많은 빛이 들어오도록 조정한 뒤 노출 시간을 훨씬 짧게 해서 일주운동 사진을 얻을 수도 있다. 이 경우에는 사진의 수가 늘어나기 때문에 더 큰 용량의 메모리카드가 필요하고 더 힘든 컴퓨터 작업이 기다린다. 이날 노출한 뒤 연구실로 돌아와서

그림 3.56 달이 뜨는 일주운동. 겨울의 대삼각형을 이루는 오리온자리의 베텔게우스, 큰개자리의 시리우스, 작은개자리의 프로키온이 같이 올라가고, 조금 아래에 목성이 떠오르고 있다. 왼쪽으로 쌍둥이자리도 보이고, 이날 달은 사자자리에 위치했다. 별자리가 같이 보이도록 첫 노출 영상을 적당한 투명도로 재합성했다.

기다리다가 다시 가보기를 3번쯤 했다. 아무리 사람이 안 와도 짐승이 다니면서 부딪힐 수 있고, 바람에 넘어질 수도 있다. 무엇보다 배터리가 방전은 안 되었는지 살펴보려고 보통 두세 번은 왕복한다.

세 번째 갔을 때 카메라가 조용해서 살펴보니 배터리가 방전되었다. 보통은 5시간 정도 사용할 수 있는데 이날은 3시간 반 만에 카메라가 멈추었다. 날씨가 추워서 배터리 소모가 더 많기 때문이다. 이후 다른 날 촬영 때는 작은 핫팩을 카메라 배터리 부분에 붙였더니 거의 5시간 동안 노출할 수 있었다. 하나의 작은 아이디어다. 그렇게 얻은 500장의 사진을 컴퓨터에서 모두 2단계 줄인 뒤 합성해 달의 궤적이 들어간 1장의 멋진 일주운동 사진을 만들었다. 설마 달이 뜨는 모습을 일출 장면이라고 생각하지는 않겠지? 보름달의 80퍼센트 이상 밝기여서 마치 해가 뜨는 듯 인상적인 사진이 되었다.

용자리 유성우와 그믐달

해가 바뀌고 2016년 1월 4일이 되었다. 이날은 용자리 유성우가 극대기를 이루는 날이었다. 용자리는 북극성을 둘러싼 별자리다. 지금은 없어진 사분의자리 유성우로도 불린다. 평소 큰 관심이 없었는데 아마 새해가 시작하는 시점이어서 잊고 지낸 것 같다. 이날도 춥고 구름이 지나다녀서 일주운동 사진을 찍으면서도 큰 기대는 하지 않았다.

북극성을 둘러싼 용자리를 가운데 두기 위해 전시관 앞에 카메라를 설치했는데 지붕 위로 밝은 유성이 길게 지나갔다. 육안으로 볼 때는

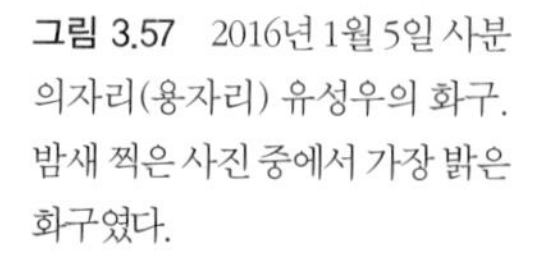

그림 3.57 2016년 1월 5일 사분의자리(용자리) 유성우의 화구. 밤새 찍은 사진 중에서 가장 밝은 화구였다.

머리 위로 너무 높게 지나가서 시야에 찍혔을지 무척 궁금했다. 배터리 방전으로 노출이 끝나고 난 뒤 조마조마한 마음으로 살펴보았는데 다행히 들어 있었다. 그것도 2번에 걸쳐 화구 폭발을 보였다. 다른 사진에 조금 어두운 유성 하나가 더 찍혔고, 또 다른 각도에서 담은 일주운동 장면에도 비교적 밝은 유성이 또 하나 찍혀 있었다. 육안으로 본 것까지 치면 대여섯 개를 본 셈이다. 소문보다는 아쉬운 결과였다.

카메라 하나는 그믐달이 뜨는 장면을 찍어보려고 밤 11시 반부터 해가 뜰 때까지 인터벌 촬영으로 그냥 두었다. 인적이 드문 곳에 설치해서 안심하고 숙소로 들어가서 잤다. 새벽에 해가 뜨고 카메라를 챙기러 나갔다. 어차피 배터리 용량이 제한되기 때문에 내버려둬도 저절로 꺼질 것으로 예상했다. 추가 배터리 하나를 더 부착했기에 7시간 노출 후 꺼졌다. 월출을 찍으려고 동쪽 하늘부터 남쪽 하늘까지 시야에 담았고, 용자리는 시야를 벗어났다. 그래서인지 유성은 하나도 안 잡혔다. 조금 이른, 그래서 그믐달이라고 하기는 조금 밝은 달은 지나다닌 구름의 영향으로 부분적으로 빛이 다소 퍼진 모습이었지만 나름대로 멋진 일주운동 사진 하나를 만들 수 있었다.

1월 8일, 주말이어서 집에 가고 싶었는데 너무나 깨끗한 하늘이 발목을 잡았다. 시루봉으로 가서 보현산 전경을 담아 천문대가 차츰차츰 어두워져가는 모습을 동영상으로 만들려고 했는데 역시나 무척 어려웠다. 해 질 녘의 하늘 밝기가 너무 빨리 변해 관측 후 밝기 차이를 일일이 조정해보았지만 자연스럽게 어두워지는 모습을 길게 담기는 역부족이었다. 처음 시도해본 것이니 다음번에는 더 잘할 수 있을 것이다. 방향을 바꾸어서 영천 밤하늘을 노출해두고 다른 카메라 1대는 일몰 사진과 여러 하늘 사진을 찍었다. 하늘이 깨끗해 겨울철 별자리를 잘 보여주는 사진을 얻을 수 있었다.

주말을 보내고 다시 출근한 월요일, 밤이 늦어 숙소로 들어가다가 하늘이 갠 것을 알았다. 얼른 다시 나와 새벽 4시쯤 연구동 건물 바로 앞에서 카탈리나 혜성을 찍었다. 24밀리미터 화각으로, 북두칠성 손잡이 끝 부분에서 희미하게 혜성을 찾을 수 있었다. 인터넷에서 멋진 모습을 많이 볼 수 있어 확인 차원에서 찍어보았는데 위치도 겨우 찾았다. 제대로 된 망원경으로 찍어야 될 정도로 어두웠다.

다음 날은 옅은 구름이 조금 있었지만 일몰과 초승달 사진을 찍을 생각에 시루봉으로 나섰다. 영천 시내와 팔공산을 배경으로 멋진 일몰 사진을 얻고 난 뒤 점점 어두워지면서 하늘도 깨끗해지고, 초승달이 뚜렷하게 나타났다. 카메라 1대는 일주운동을 위한 인터벌 노출을 했는데 때마침 전투기 2대가 축하 비행을 하듯 시루봉을 빙 둘러서 날았다. 초승달이 지고 나서 돌아오는 길에 장소를 옮겨가며 하늘 사진을 찍다가 헬기 이착륙장에 삼각대를 고정하니 바람이 자고, 겨울 별자리가 눈에 들어왔다. 여기서 다시 하늘 사진을 한참 찍다 보니까 자정에 가까워졌다.

그림 3.58 2016년 1월 8일, 활짝 열린 하늘. 겨울 은하수가 밤하늘을 가로질렀다.

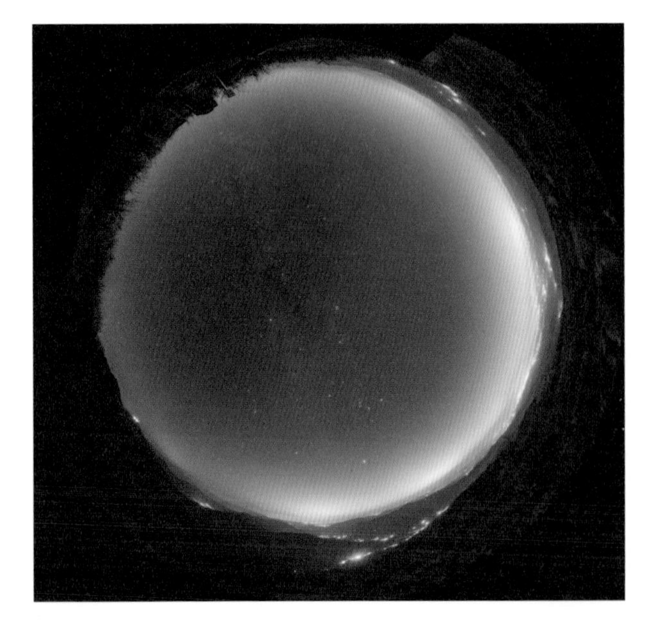

보통은 보온용으로 바지 위에 겉옷 하나를 더 입고 나서는데 이날은 초저녁에 날씨가 좋아서 그냥 나섰다. 잠깐 초승달이 지는 장면만 찍고 돌아오려고 했던 것이 자정까지 이어졌다. 너무 오래 바깥

그림 3.59 천체사진가들의 관심을 끌던 카탈리나 혜성. 북두칠성 손잡이 부분을 이은 끝에서 겨우 찾았다.

에 머물렀다. 찬 공기 때문에 허벅지 쪽에 근육통이 왔다. 인지하지 못하는 사이에 기온이 영하 10도 아래로 뚝 떨어졌다. 습도도 올라가서 렌즈에 성에가 껴 관측을 포기하고 연구실로 돌아왔는데, 이후 열흘 이상 근육통이 풀리지 않았다.

다섯 행성과 달

2월 1일 월요일, 하늘은 맑은데 관측하러 나가려니 추워서 망설여졌다. 머뭇거리다가 밤 11시쯤 자정 무렵에 뜨는 하현달 월출을 찍기로 마음먹었다. 멀리 가기 힘들어서 태양망원경 돔 옆에 카메라를 설치하고 숙소에서 잤다. 자명종 소리를 듣고 일어나 카메라를 챙겼다.

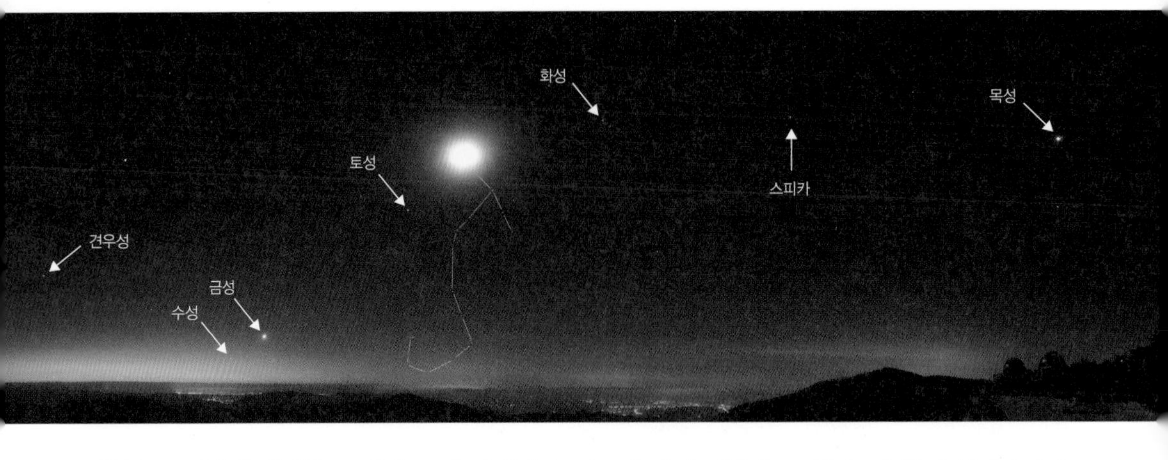

그림 3.60 2016년 2월 3일, 행성이 달과 함께 일렬로 떴다. 전갈자리와 처녀자리 알파 별 스피카, 독수리자리 견우성을 같이 나타냈다.

해가 뜨기 직전까지 1400여 장이 찍혔다. 조금만 더 일찍 일어났더라면 다섯 행성과 달이 일렬로 늘어선 장면을 파노라마로 찍을 수 있었을 텐데 아쉬웠다. 하지만 일출 직전의 일주운동 사진에 나타난 목성을 제외한 네 행성과 달이 들어간 사진으로도 충분히 만족스러웠다. 다음 날 다시 달이 뜰 때까지 연구동 앞에서 전천 파노라마 사진을 찍고, 동영상용 인터벌 촬영도 했다.

1.8미터 망원경동을 정면에서 바라볼 수 있는 연구동 옆 바위 절벽으로 올라갔다. 행성이 달과 함께 일렬로 늘어선 모습을 찍기 위해서다. 1.8미터 망원경동도 같이 넣어서 파노라마로 일출 전 여명의 선명한 색상이 나오도록 찍었다. 다섯 행성과 달까지 보기 좋게 나란히 놓인 장면은 이전에는 본 적이 없는 상당히 귀한 사진이 되었다.

무슨 미련이 그리 많은지 날이 맑으면 집에 갈 생각을 못한다. 연구동 앞에 추적이 되는 작은 망원경 가대를 설치해 망원경 대신에 카메라를 얹었다. 노출을 길게 주어서 겨울 은하수를 따라 보이는 여러 가지 성운과 별자리를 잘 찍어 보려고 마음먹고 준비했다. 그런데 관측을 시작하니 습도가 너무 빨리 올라가버렸다. 카메라 렌즈 앞을 성에

가 덮어버리고, 닦아내면 초점이 틀어지는 등 애를 먹었다. 결국 중간에 포기했는데 써먹기도 영 애매한 사진이 되었다.

연말을 보내는 아쉬움에 시작한 겨울 밤하늘 사진 찍기는 이쯤에서 멈추었다. 그동안 별로 생각하지 않았던 겨울 별자리 공부도 했고 용자리 유성우의 밝은 화구도 구경하고, 희미하지만 혜성도 보고, 더불어 다섯 행성이 달과 함께 일렬로 서는 보기 드문 장면까지 담을 수 있었다. 무엇보다 보현산천문대에서도 호주 사이딩스프링 천문대에서 찍은 것만큼 좋은, 달 궤적을 넣은 일주운동 사진을 얻을 수 있었다. 달이 밝아서 밤하늘 사진을 찍기 어려울 때 오히려 달을 그 안에 넣는 색다른 즐거움을 찾았다. 날씨도 비교적 잘 도와줘서 밤하늘 사진 찍기를 즐긴 한 달이었다.

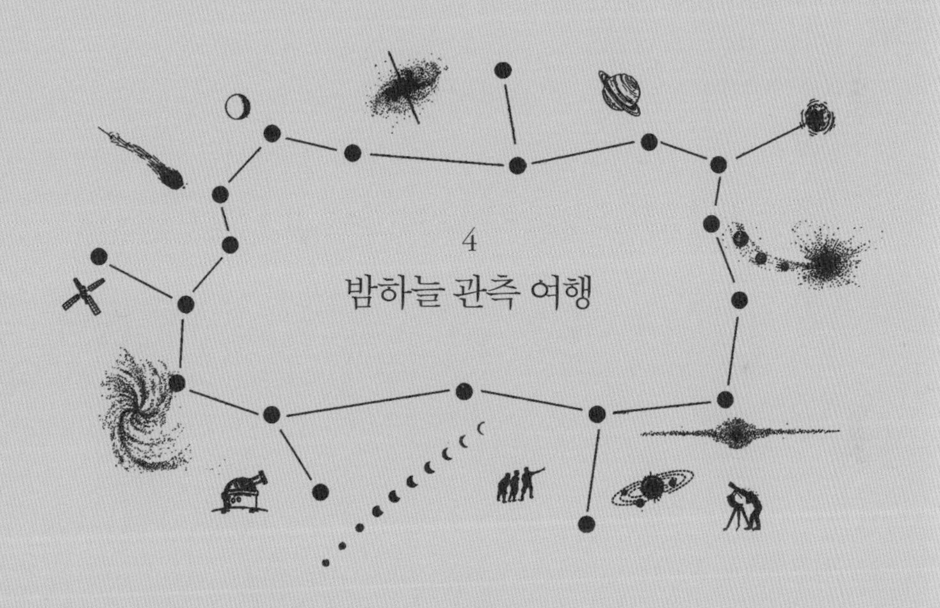

4
밤하늘 관측 여행

소백산천문대 탐사

소백산천문대는 우리 세대의 천문학자라면 누구에게나 마음의 고향일 것이다. 관측천문학을 전공했든 하지 않았든, 광학천문 전공자든 아니든 밤새 이야기꽃을 피울 수 있는 그런 장소다. 30년쯤 전에, 손으로 전화기의 발전기를 돌려서 당직 보고를 하던 시절에 대해 이야기하려고 한다.

요즘은 모든 관측 장비의 검출기로 CCD 카메라를 사용하지만 당시에는 광전측광기와 천체사진기가 주 관측 기기였다. 광전측광기는 망원경을 통해 들어온 극히 미약한 별빛을 진공관같이 생긴 광증배관에서 수백만 배 증폭시켜서 검출 가능한 세기로 높인 뒤 밝기를 측정하는 장비다. 모든 별의 기준이 되는 밝기인 표준 등급은 이 장비로 시작되었고, 지금도 표준 등급을 얻을 때 사용한다. 나는 주로 광전측광기로 별의 밝기를 측정하는 측광 관측을 했고 한편으로는 사진 관측도 했다.

광전측광기는 온도가 변하면 증폭량이 달라져서 측정하는 별의 밝기가 바뀐다. 그래서 드라이아이스로 온도를 일정하게 낮추어서 안정시킨다. 즉, 강제로 섭씨 영하 80도에 가까운 온도로 유지해 바깥 대기 온도가 바뀌어도 광전측광기의 온도는 변화가 없도록 하는 것이다. 때로는 천체사진을 찍을 때 건판의 감도를 높이고, 또 안정을 유지하려고 드라이아이스를 사용하기도 했다. (CCD 카메라는 드라이아이스가 필요 없지만 CCD 소자를 안정시키기 위해 더 낮은 온도까지 내릴 수 있는 액체질소가 필요하다. 이때 영하 100도 이하로 냉각한다. 최근에는 냉매 순환 방식을 사용해서 액체질소조차 필요 없이 전기로 냉각하는 경우도 많다.)

당시에는 도로 사정이 좋지 않아서 겨울이면 차량 통행이 안 되었고 걸어서 천문대까지 올라가야 했다. 문제는 광전측광을 위해 드라이아이스가 필요한데 직접 지고 가야 하는 것이었다. 드라이아이스는 가만히 두어도 승화해 날아가버리기 때문에 천문대에 장기간 보관할 수가 없었다. 그래서 필요할 때마다 관측자가 직접 보충해서 사용했다. 또한 서울에서나 구할 수 있었기에 오지의 소백산천문대에서 자체적으로 구해두기도 어려웠다. 소백산천문대로 향하기 전날 밤에 드라이아이스 덩어리를 사두는데 정육면체 형태로 크기는 작아도 무게는 30킬로그램이었다.

소백산천문대로 오르는 죽령고개까지 가는 동안 드라이아이스는 조금씩 날아가고 약간 가벼워진다. 지게처럼 생긴 배낭에 드라이아이스 덩어리를 지고 천문대까지 올라가면 처음 두꺼운 종이 상자에 꽉 들어차 있던 드라이아이스가 부피가 줄어 점점 움직이기 시작한다. 드라이아이스가 한쪽으로 쏠리면 몸도 따라서 휘청거렸다. 겨울에는 도로에 눈이 많이 쌓여서 때로는 길 옆 축대 위로 다니기도 했는데 이때 한순간 발을 헛디디면 1미터 넘게 쌓인 눈에 푹 빠지기도 한다. 그러면 드라이아이스의 무게 때문에 다른 사람 도움 없이는 도저히 빠져나올 수가 없다.

오기로 한 관측자가 하도 안 올라와서 찾아 내려가보니 눈 속에서 못 나와 허우적대고 있었다는 전설 같은 이야기를 지금도 한다. 하지만 어렵게 드라이아이스를 가지고 올라가도 정작 날씨가 좋지 않아 써보지도 못하고 공기 중으로 날려버리는 것이 대부분이었으니 안타까울 따름이었다.

가끔은 천문대에서 소백산 정상인 비로봉과 너머에 있는 국망봉까지 긴 산책을 다녀오기도 했다. 편도 2시간 30분 거리인데 주로 능선길이라서 뛰다시피 다녀올 수 있었다. 한번은 같이 간 관측자와 라면, 버너, 코펠을 배낭에 넣고 비로봉으로 향했다. 관측하러 가면 날씨가 좋지 않아도 혹시나 하는 마음에 새벽까지 대기하기 때문에 보통 점심시간에 맞추어 억지로 일어난다. 하지만 이날은 오전 10시쯤 급하게 일어났다. 우리는 주목 군락지에 있는 대피소 부근에서 라면을 끓여 먹고 비로봉을 올랐다. (아직 국립공원이 되기 전이어서 대피소 부근의 취사는 문제가 되지 않았다.) 주목 군락지 안에는 상쾌한 물이 흐르는 샘이 있어서 일부러 마시러 다니기도 했다.

비로봉 정상에는 국망봉과 하산하는 방향, 천문대와 죽령까지의 거리를 표시한 이정표가 있었다. 며칠 전 낮에 소백산 61센티미터 망원경의 고도를 한계치 이하로, 거의 수평까지 내려서 보기도 한 이정표였다. 61센티미터 망원경은 일정 고도 아래로 내려가면 비상 신호음이 울리면서 멈춘다. 더 내리려면 신호음을 끄고 강제로 내려야 한다. 며칠 동안 별은 못 보고, 오랜만에 날이 개서 망원경을 가동해보고 싶은 욕심에 낮 시간 하늘에서는 달리 볼 게 없으니 아예 망원경을 내려서 비로봉 정상을 본 것이다. 초점을 맞추니 눈앞에 '죽령'이라는 글자가 시야에 꽉 차게 들어왔는데, 그다음 글자는 작아서 제대로 읽을 수 없었다. 비로봉에 직접 올라 보니 죽령까지 거리가 나온 이정표였다. 천체망원경의 성능을 다시 한 번 가늠할 수 있었다.

그림 4.1 소백산천문대에서 찍은 초신성 SN 1993J. 일본의 〈천문 가이드〉 1993년 7월호에 실렸다.

1993년 3월 28일, 천체사진가들이 무척 좋아하는 외부은하인 M81에서 초신성 SN 1993J 폭발 소식이 들렸다. 연구소에서 사진을 찍어 오라는 임무를 받았다. 나는 암실로 가서, 천문대에 들어오자마자 6개월간 연구한 초증감 처리 기술을 이용해 필요한 건판을 준비했다. 초증감 처리는 보통 건판을 사용하기 직전에 해야 효과가 크기 때문에 미리 만들어 두지 않는다. 다음 날 기차를 타고 소백산으로 향했는데 하늘을 올려다보니 봄철 황사 때문에 마치 구름이 낀 듯 해가 잘 보이지 않을 정도로 안 좋았다. 하지만 소백산천문대로 올라가며 고도가 높아지니까 하늘이 점점 파랗게 변했다.

쉴 틈도 없이 관측을 준비했고 감도가 좋으면서 건판 입자도 좋은 IIa-O 건판과 감도가 더 좋은 103a-O, 103a-D 건판을 준비했다. 소백산천문대 61센티미터 반사망원경은 구경비가 F/13.5로 사진 관측을 하기에는 어둡다. 그래서 좋은 사진을 얻기 위해서는 1시간 이상의 긴 노출이 필요했다. 그런데 자동 추적 시스템이 없어서 장시간 노출을 하려면 수동 가이드를 해야 했다. 즉, 눈으로 가이드 접안렌즈를 들여다보면서 노출하는 동안 내내 키패드 버튼을 양쪽 엄지손가락으로 1~2초에 한 번씩 계속 눌러서 보정하는 것이다. 3월 말이었지만 당시 소백산의 기온은 영하 5도로 떨어져서 1시간에서 2시간씩 노출하다 보면 눈이 아픈 건 사소한 문제고 엉덩이가 차서 앉아 있기도 어려워지며 손가락은 감각이 없어진다.

혼자 밤새 건판과 필터를 바꾸면서 관측했고 다음 날 소백산천문대 암실에서 곧바로 현상한 뒤 내려왔다. 여러 장의 사진 가운데 IIa-O 건판에 *B* 필터를 사용해 2시간 노출한 사진을 보도 자료로 발표했다. 4인치×5인치 건판 사진이었으며 관측 시간은 1993년 3월 29일 새벽 3시부터 2시간이었다. 일본의 유명한 잡지 〈천문 가이드〉에서 게재 요청을 해 그해 7월호에 실렸다.

건판은 유리판에 감광유제를 바른 유리로 만든 필름이라고 보면 된다. 감광유제의 종류에 따라 Ia-O, 103a-O, 103a-D, IIa-O, IIa-D, IIIa-J, IIIa-F, IV-N 등 다양한 종류가 있는데 I, 103, II, III, IV 순서로 ISO 감도가 낮고, 감광 입자가 작아서 정밀한 사진을 얻을 수 있다. 부수적으로 붙은 'a'는 천문학을 뜻하는 'astronomy'의 약자이며 천문 관측용으로 약한 빛에 반응하도록 만든 것을 뜻한다. 뒤에 붙은 O(*U*, *B*필터), D, J(*V* 필터), F(*R* 필터), N, Z(*I* 필터, 적외선까지)는 감광 파장 대역을 나타낸다.

따라서 가급적 쉽게 찍으려면 103a형을 택하고, 각 필터에 맞는 종류의 건판을 선택하면 된다. 요즘은 스캐닝과 디지털 합성이 보편화되어 쉽게 할 수 있지만 당시에 컬러 합성을 하려면 암실에서 필터별로 따로 찍은 3가지 흑백 건판을 사용해 복잡한 과정을 거쳐 컬러 필름을 만들어서 다시 인화했다. 보도 자료로 내보낸 외부은하 M81 초신성 사진은 컬러 영상을 만들지는 못했다. 하지만 소백산천문대에서 나선팔이 잘 드러나게 찍은 M81은 초창기의 명품 사진이다.

3분의 황홀한 우주 쇼

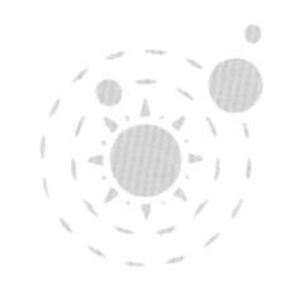

개기일식은 전 세계적으로 매년 1회 정도 발생하지만 관측 가능한 지역이 제한되어서 보기 어려운 천문 현상이다. 칠레 안데스산맥, 아프리카 오지, 이집트 사막지대, 몽골의 허허벌판, 가보지는 못했지만 남극의 빙원 등 다양한 곳에서 발생한다. 무거운 장비를 챙겨서 다녀야 하고 과정이 힘들기는 해도 3분 전후의 개기일식은 황홀한 우주 쇼를 보여준다.

물론 나로서는 보는 이상으로 일식 과정 전체를 기록해야 해서 온전히 쇼를 즐기지는 못한다. 그저 카메라를 들여다보면서 여러 날 연습한 대로 노출 시간을 바꾸고 셔터를 누르고 다시 노출 시간을 바꾸고, 다시 누르고……. 카메라 1대가 끝나면 다음 카메라로 옮겨서 반복한다. 어쨌든 정해진 계획대로 오차 없이 진행해야 한다. 어떨 때는 시간이 남아서 멍하니 하늘을 보기도 한다. 또 어떤 때는 한참을 찍다가 이상해서 고개를 들면 벌써 해가 다시 나오기 시작한다. 머릿속에 처음부터 끝까지 노출 계획을 가지고 있고 그것을 얼마나 잘 수행하

그림 4.2 2006년 3월 29일, 이집트 개기일식. 자기장에 따르는 홍염의 모습이 또렷이 보인다.

그림 4.3 태양의 대기인 코로나가 잘 드러났다.

느냐가 성공 조건이다.

가끔 초점을 점검하려고 망원경을 들여다보면 구름 같은 태양의 코로나 속에서 이글거리는 붉은 홍염을 볼 수 있다. 황홀함 그 자체다. 눈을 떼고 하늘을 올려다보면 마치 환상 속의 풍경처럼 뿌연 코로나에 둘러싸인 해를(실제로는 해를 가린 달이지만) 볼 수 있다. 넋을 잃고 바라본 하늘에는 별도 보인다. 어지간한 도시에서 바라보는 밤하늘 정도는 될 것이다. 달 주변으로 은하수가 있다면 희미하게 볼 수 있는 어둠이다. 개기일식 소식이 들리면 이 우주 쇼를 잊지 못해 전 세계에서 많은 사람이 몰려든다. 겨우 3분이지만 어떤 이는 그동안 마음껏 고함을 지르고 어떤 이는 정신없이 셔터를 누른다.

이 3분을 위해 우리는 보통 일주일 내외로 여유를 가지고 출발한다. 현지에서 장비를 설치하다 보면 예기치 않은 어려움이 발생하기도 하고, 처음 예상과 달리 관측 장소가 좋지 않아서 새로 찾아다니기도 한다. 무엇보다 관측 장비를 현지에서 여러 날 사용해 봄으로써 익숙해지려는 이유가 크다. 그래야 3분 사이에 발생할 수 있는 실수를 하나라도 막을 수 있다. 그러나 보면 개기식을 관측할 때는 본능적으로 손이 움직인다. 가기 전에 한 달을 준비하고 경우에 따라서는 거의 1년 전부터 시작한다. 현지에 가서 다시 일주일가량 준비해도 마지막 3분 사이에 구름이 지나가면 그것으로 끝이다.

2016년 인도네시아 개기일식

2016년 2월 초, 개기일식 관측팀으로부터 3월 9일 인도네시아 개기일식 관측에 같이 가자는 연락이 왔다. 2006년 이집트 관측 이후 잊고 지냈는데 뜻밖의 제안이 반가웠다. 지나간 개기일식 관측은 전부 필름을 이용한 것이었는데 이제는 디지털카메라로 훨씬 다양한 관측을 할 수 있어서 기대가 컸다. 하지만 머리가 복잡해졌다. 무엇보다 장비가 충분하지 않았다. 가장 먼저 1994년부터 20여 년을 같이한 105밀리미터 구경 굴절망원경을 점검했다. 평소에는 보현산천문대에서 조금 더 큰 망원경의 보조로 사용하고 있었는데 분리해서 휴대용 마운트 위에 얹고 시험 관측을 해서 잘 작동하는지 확인했다. 1994년 칠레의 개기일식을 관측하기 위해 구매한 장비로, 개기일식 관측에 가장 중요한 물품이 되어왔다. 너무 오래되어 현지에서 문제를 일으킬까 걱정이었다.

보통 개기일식 원정 관측은 기계 부분 전문가, 관측 부분 전문가,

태양 연구자 등으로 구성된다. 내가 담당한 부분은 개기일식 장면을 담는 것이다. 더불어 장비 구성과 관측 방법 등에 도움을 주는 관측 전문가 역할을 한다. 나는 추적이 되는 굴절망원경 외에 삼각대 2대를 챙겼고, 기록용으로 디지털카메라 3대와 각각에 맞는 렌즈를 챙겼다. 태양 연구팀에서는 동영상 촬영 장비와 태양 코로나 분광 장비를 준비했다. 관련 장비를 모두 포함한 전체 무게는 대략 150킬로그램이었고 적당한 분량으로 나누어 각각의 가방에 넣었다.

이렇게 가게 된 2016년 개기일식 관측 장소는 인도네시아 테르나테(Ternate)였다. 울릉도 크기의 화산섬이다. 이 섬의 가운데에는 가말라마(Gamalama: 1715미터)라는 화산이 있는데 가끔 지진도 일어나고 폭발도 있는 활화산이다. 약 20만 명이 거주하며 정향(丁香)이라는 향신료로 유명하다. 근처에 훨씬 큰 섬이 있지만 정작 대부분의 사람들은 이 좁은 섬에서 산다. 바로 옆에 비슷한 크기의 티도레(Tidore)섬이 있고, 테르나테에서 바라본 이 섬의 모습이 인도네시아 화폐에 등장한다. 이는 테르나테가 북위 0.7도에 위치해 적도 근처이고 티도레섬으로 적도가 지나는 상징성 때문인 듯하다.

10시쯤 기상 센터에 도착했는데 이미 해는 중천이었다. 시험 관측을 위해 장비를 설치하려고 했지만 햇살이 너무 강해서 땀은 비 오듯 흐르고 정신이 없었다. 장비만 옮겼을 뿐인데 벌써 지쳤다. 그늘막부터 치고 장비를 조립만 한 뒤 그날 시험 관측은 포기했다. 오후에는 장비가 열을 받지 않도록 둘러쌀 은박지와 망원경 가대용 배터리, 먹거리 등을 사고 일정을 마쳤다. 개기일식까지 나흘 남았는데 벌써 하루를 써버렸다. 다음 날은 오전 8시부터 시험 관측을 시작했다. 장비를 모두 설치했고 시험 삼아 태양을 찍어보았다. 하지만 이날도 정오를 넘기지 못하고 시험 관측을 종료했다. 오후에는 새로운 관측 장소를 찾기 위해서 사전 조사 때 둘러본 곳을 한 번 더 보려고 섬을 한 바퀴 돌았다.

기상 센터 사람들이 관측 장소로 정한 알무나와르 사원(Almunawwar Mosque) 뒤쪽은 바닥이 콘크리트라 밑에서 올라오는 열기가 엄청나 그늘막 설치도 어려워서 일찌감치 포기했다. 먼저 섬의 유일한 종합대학교인 카이룬(Kairun) 대학을 살펴보고 구내식당에서 점심을 먹었다. 야자수가 멋진 해변을 지나 유명한 관광지인 산 중턱의 토리레(Tolire) 호수를 거쳐 바닷가 후보지 가운데 한 곳으로 갔다. 방파제에서 본 바다 풍경은 좋았지만 전원을 공급하기가 어려웠고, 주변에 사람이 몰리면 통제가 어려울 것 같았다. 이어서 톨루코(Tolukko), 오란제(Oranje), 칼라마타(Kalamata) 등 세 군데를 더 둘러보았다. 모두 과거에 전쟁을 대비했던 요새다. 장소는 좋았지만 같은 문제가 있었다.

섬을 완전히 한 바퀴 돌았다. 섬이 크지 않아서 나중에 일식 사진과 합성해 사용할 풍경도 찍었고 여유 있게 돌아도 오후 한나절이면 충분했다. 이날 밤은 테르나테에 머문 일주일 가운데 유일하게 밤하늘이 보이는 비교적 맑은 날이었다. 저녁 식사 후 모두 밤하늘을 보러 칼라마타 요새로 갔다. 가로등이 밝고 날씨가 습해서 좋은 사진을 얻기는 어려웠지만 남십자성과 에타카리나성운이 보였다.

적도 근방이어서 별이 수직으로 떠오르고, 양쪽으로 원을 그리는 일주운동을 기대했지만 습한 날씨 때문에 포기했다. 이후 다시 별을 볼 기회는 없었다. 낮에는 찌는 듯이 해가 비치다가 해만 지면 천둥이 치고 번개가 번쩍였다. 기상 센터는 마을 한가운데 있어서 개기식 발

그림 4.4 칼라마타 요새에서 바라본 남쪽 하늘 은하수. 밤이면 천둥 번개를 동반한 비가 와서 밤하늘 보기가 어려웠는데 단 하루 구름 사이로 남십자성과 에타카리나성운이 뚜렷한 은하수를 보았다.

생 시점에는 문제가 없겠지만 해가 뜰 때부터 상당 시간 동안 시야 확보가 어려웠다. 문득 기상 센터에서 뒤를 올려다보니 덩그러니 건물 하나가 있었다. 정부 관사로 사용하다가 이제는 방치하다시피 한 곳이었다. 전기 공급도 문제없었고 관리하는 사람이 있어 야간에 장비를 지킬 수 있어서 좋았다. 마을 전체가 내려다보이고 멀리 주변의 섬도 잘 보여서 전망이 좋았다. 우리는 2층에 있는 테라스에 관측 장비를 설치했다.

오전에는 장비 점검과 시험 관측을 하고 오후에는 관측 장소를 찾거나 필요한 물품을 사러 다녔다. 시험 관측 첫날 한두 시간 만에 얼굴이며 팔이며 벌겋게 타버렸다. 매일 해를 보면서 시험 관측을 하다 보니 갈수록 심해졌다. 마지막으로 정한 전망 좋은 관측지에서 모든 장비를 마지막으로 점검했다. 하늘도 맑아서 실제 상황에 대비한 시험 관측을 할 수 있었다. 일식 전날 저녁 무렵이 되니 일반 관광객도 올라오고 건물 옆 넓은 마당에 교사로 보이는 몇몇 사람의 인솔 아래 학생들이 텐트를 치고 있었다. 일몰이 멋진 분위기를 만들었다. 그런데 짙은 구름에 비까지, 다음 날 예보가 심상찮았다. 그동안 낮에는 내내 맑았는데…….

개기일식을 기록하다

개기일식 날이 되었다. 새벽에 비가 왔다. 해 뜨기 전에 서둘러 관측지로 이동했다. 개기일식까지 아직 시간이 많이 남았지만 일출부터 전체를 기록하려고 준비했다. 새벽의 조용한 모습이 보기 좋았다. 갑자기 구름이 잔뜩 몰려와서 해가 안 보였다. 하지만 계획한 대로 14밀리미터 광각렌즈를 이용한 카메라로는 인터벌 촬영 방법으로 노출을 시작했다. 하늘 밝기가 변할 것을 예상해서 ±9 단계의 노출을 차례로 찍었다.

해 뜨기 전이었지만 개기식을 지나 다시 해가 나올 때까지 찍을 계획이었다. 8밀리미터 어안렌즈를 부착한 카메라도 위치를 잡았고, 같은 방법으로 노출을 시작했다. 그러고 나서 가장 중요한 망원경 장비에 신경을 집중했다. 1994년부터 함께해서 정이 많이 든 망원경을 보고 있으면 뿌듯하면서도 낡아서 안쓰럽기도 했다. 관측 장소가 적도 근방이니 마운트의 극축을 수평으로 낮춘 뒤 나침반으로 북쪽을 찾아서 고정했다. 추적이 되는 하나의 마운트에 2대의 망원경을 장착했다. 본래 망원경인 초점거리 600밀리미터(구경 105밀리미터, F/5.6) 굴절망원경과 나란히 위쪽에 부착한 400밀리미터(F/2.8) 망원렌즈다. 굴절망원경에는 바로우(Balow)렌즈로 초점거리를 1200밀리미터로 늘려서 개기

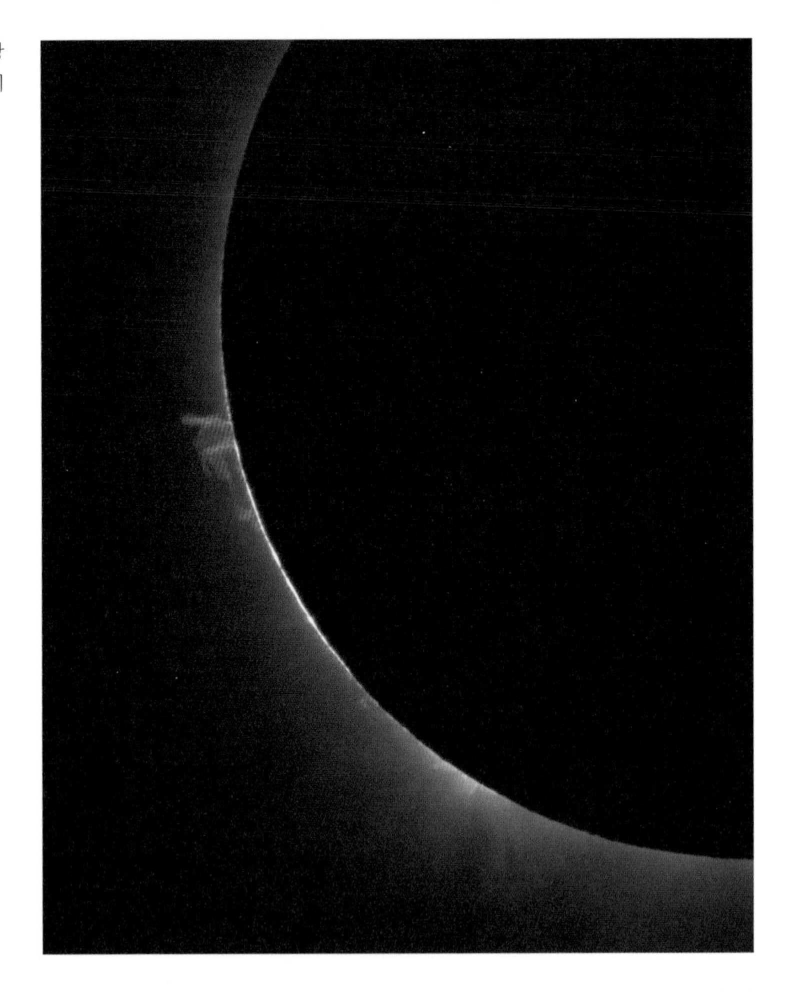

그림 4.5 다이아몬드 반지 현상이 끝나고 개기식이 시작하는 시점에 나타난 화려한 홍염.

식 모습을 확대해 볼 수 있도록 했고 400밀리미터 망원렌즈로는 시야를 넓게 해 멀리 퍼져 나가는 코로나를 찍을 계획이었다.

전원을 연결해 추적을 시작했다. 하지만 극축이 정확하지 않고, 무거운 장비를 무리하게 장착했기 때문에 관측 내내 해가 가운데 들어오도록 조금씩 조정해야 했다. 두 망원경의 렌즈 앞에는 밝기를 1만분의 1과 1000분의 1로 줄여주는 태양 필터를 각각 부착해 부분일식 때 해를 찍을 수 있도록 준비했다. 모든 준비가 끝나고 해가 뜨기를 기다리면서 주변 풍경을 둘러보니 어제 설치한 텐트에서 학생들이 나와 주변을 정리하고 기도를 시작했다. 일반 관람객들도 많이 모였다. 구름 사이로 해가 나타났다. 해 주변의 하늘이 점점 걷혀서 초조하던 마음이 누그러졌다.

마침내 부분식이 시작되었다. 시작 5분 전부터 3단계 노출로 인터벌 촬영을 시작했다. 인터벌 노출 사이사이에 전체 장비에 이상이 없는지 계속 점검했고, 혹시나 하는 마음에 초점을 다시 확인했다. 학생들 기도 소리는 더 커졌다. 모두 해를 등지고 정해진 기도를 진행했다. 궁금한 학생들은 일식 안경을 끼고 몸을 돌려 해를 보기도 했다. 어느새 공터에 사람이 꽉 찼다. 시간이 흐르면서 주변이 어두워지고 조

그림 4.6 2017년 3월 9일. 옅은 구름이 개기일식을 품었다. 5등급 정도 되는 주변 별들이 많이 보였다.

그림 4.7 개기일식이 끝나는 시점에 발생한 다이아몬드 반지.

금 시원해졌다. 햇빛을 가리려고 쓰고 있던 모자를 벗었다. 부분식 동안 이따금 구름이 지나다녔지만 거의 쾌청한 하늘이었다. 그러다가 큰 구름이 몰려왔다. 아무래도 개기식 순간에 해를 덮을 듯해 기운이 빠졌다.

개기식 5분 전. 14밀리미터 광각과 8밀리미터 어안렌즈를 부착한 카메라의 노출을 개기식에 맞게 조정했다. 400밀리미터와 1200밀리미터 망원경 앞에 붙인 태양 필터를 제거했고, 초점을 다시 맞추었다. 개기식에 맞게 노출과 초점을 조정하려고 들여다본 순간의 태양은 환상적이었다. 아직 완전히 가리기 전이었지만 붉은 홍염이 해 주변을 둘러싸고 있었다. 이미 구름이 들어왔지만 코로나도 멋졌다. 조마조마하게 한 구름은 한순간에 잊어버렸다.

달이 태양을 가리는 마지막 순간에는 이른바 '다이아몬드 반지'라고 부르는 멋진 빛을 뿌렸다. 세상에서 가장 큰 다이아몬드 반지다. 이런 현상은 달의 산과 산 사이의 깊은 골짜기로 해가 떨어지기 때문에 일어난다. '다이아몬드 반지'가 나타나기 전 넓게 퍼진 모습은 '베일리의 목걸이(Baily's Beads)'라고 한다. 만약 달이 가리는 마지막 부분이 평평한 면이거나 낮은 골이 이어지면 마치 목걸이처럼 보석 부분이 길게 빛을 뿌리거나, 작은 빛이 여러 개로 멋지게 나타난다. '베일리의 목걸이'의 마지막 순간에는 붉은 루비 같은 홍염이 보이기도 한다. 다이아몬드 반지의 마지막 빛이 사라지면, 순간적으로 깜깜해져서 아무것도 안 보인다. 조그만 손전등을 준비하는 것이 필수다.

시간이 지나면 눈이 어둠에 익숙해져서 다시 보이지만 시작하는 순간은 신기할 정도로 전혀 안 보인다. 우리는 여러 번의 경험으로 아예 시작 전부터 조그만 등을 목에 걸고 있었다. 가끔은 주변에서 닭 울음소리가 들리고 갑작스러운 상황에 개가 놀라서 짖기도 한다. 아프리카 잠비아에서는 시험 관측 동안 한 번도 나타나지 않았던 모기가 갑자기 몰려서 온통 물린 기억도 있다. 이런 일들에 신경을 쓰다가는 3분도 안 되는 개기식 관측을 망치기 쉽다.

400밀리미터로 원하는 노출을 2세트 모두 얻고 나서 다시 1200밀리미터를 조정했는데 순간 해가 다시 나타났다. 멋진 다이아몬드 반지가 다시 보였지만 나는 벌써 끝났다는 안타까움에 한숨을 쉬었다. 400밀리미터 렌즈에 신경을 더 많이 쓰다 보니 1200밀리미터로는 다이아몬드 반지 영상과 자동 노출에 의한 짧은 노출 영상만 얻었다. 북

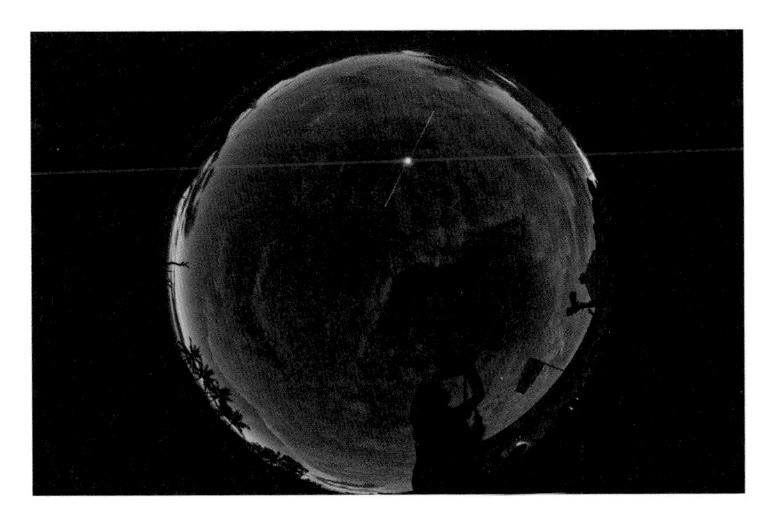

그림 4.8 전천 카메라에 잡힌 개기일식. 구름이 있어서 아쉽다. 부분일식은 합성해서 넣었다.

그림 4.9 개기일식 전 과정을 1장에 모았다. 2016년은 태양의 극소기에 가까워서 흑점이 많지 않았다.

쪽에 나타난 아주 큰 홍염과 코로나가 잘 어울린 좋은 영상이었다. 구름 때문에 완벽하지는 않았지만 400밀리미터 렌즈로 얻은 영상은 아주 잘 나왔다. 하지만 긴 노출의 영상에서는 코로나가 구름에 묻혀버렸다. 개기식이 끝나고도 한참 동안 부분식 촬영을 계속했다.

이날 개기식은 현지 시간으로 2016년 3월 9일, 오전 9시 51분부터 약 2분 40초간 진행되었다. 정확하게 51분 39초에 시작하여 54분 20초에 끝났다. 개기식을 포함한 전체 부분식 진행 시간은 약 2시간 40분이었다(오전 8시 36분~11시 20분). 개기식이 발생한 2분 40초 동안 구름이 지나갔다. 30초만 개기식이 더 진행되었어도 구름이 지나가서 깨끗한 코로나를 담을 수 있었을 것이다.

개기식이 끝나고 즉시 사진을 한국으로 전송했다. 그동안 개기일식 관측에서 한 번도 성공하지 못했는데 데이터 통신이 되도록 개통해 둔 휴대전화 덕분에 그 자리에서 보낼 수 있었다. 나머지 사진 가운데 중요한 부분은 그날 오후에 정리해서 다시 보냈다. 개기식이 끝난 조금 뒤부터 구름 한 점 없이, 약 올리듯 맑아졌다. 가까이 있는 티도레섬이 어떤 날보다 깨끗하게 보였다. 그 너머 수평선 같은 큰 섬도 선명했다. 하지만 숙소로 돌아와 잠시 쉬는데 천둥 번개를 동반한 폭우가 내렸다. 개기식 때의 구름이 그 정도였던 것은 오히려 행운이었다.

마지막 부분일식 관측까지 마치니 오후 2시였다. 오후 내내 관측한 영상을 백업하고 부분식과 개기식을 차례로 나열한 합성사진, 홍염부터 가장 바깥 코로나까지 한꺼번에 보여주는 등 필요한 사진을 먼저 처리했다. 비록 구름이 쉬였지만 코로나가 멋지게 뻗어 나가고 주변의 별도 보였다. 아름답기로만 따지면 이전의 깨끗한 사진보다 오히려 더 좋아 보였다.

이후 관측한 사진들을 정리하고 처리해서 개기식의 모든 과정을 담은 다중 노출 영상, 다이아몬드 반지, 베일리의 목걸이, 코로나 합성, 홍염 그리고 부분일식 전 과정을 모은 사진 등 다양한 결과를 얻었다. 그 밖에 개기식을 넣은 다양한 풍경도 얻을 수 있었는데, 관측 기간 내내 틈틈이 찍은 풍경 사진들을 이용했다. 특히 관측 장소 주변의 풍광도 개기일식 하루 전날 많이 찍어두어서 여러모로 활용할 수 있었다. 이글거리는 홍염은 잊을 수 없는 경험이었다.

개기일식 관측은 무척 힘든 일정이지만 즐거움이 따른다. 이번 관측 여행에서는 개기일식 관측 다음 날, 월령 1.3일밖에 안 된 초승달이 수평선 아래로 지는 모습을 카메라에 담을 수 있었다. 수평선으로 지는 초승달은 이날 처음 본 것 같다. 성공적인 관측을 마치고 난 뒤라서 여유롭게 보낼 수 있었던 한나절이었다.

그림 4.10 개기일식 전 과정을 티도레 화산섬과 합성했다. 관측 장소가 북위 0.7도로 거의 적도였고, 관측 시기가 춘분에 가까운 3월 9일이어서 해가 동쪽에서 수직으로 떠올랐다.

완벽한 칠레의 밤하늘

고민 없이 관측하고 싶다

천체관측은 언제나 즐겁다. 관측할 일이 있으면 늘 마다않고 나선다. 그런데 들뜬 마음으로 열심히 준비해도 제대로 관측하기는 참 어렵다. 특히 우리나라는 날씨 때문에 1년 중 거의 절반은 관측이 안 되고, 나머지 절반도 좋은 조건은 아니다. 소백산천문대, 보현산천문대뿐만 아니라 호주의 사이딩스프링 천문대 등 여러 나라에서 관측할 기회가 있었는데 아쉬운 점이라면 계획을 세운 대로는 전혀 관측이 안 된다는 것이었다. 어렵게 시간을 따냈으니 꼼꼼하게 계획을 세운다 해도 부질없는 일일 수 있음을 알았다. 오히려 날씨 상황에 맞게 관측 방법을 적당히 조정하는 것이 무엇보다 중요했다.

호주도 우리와 날씨 조건이 비슷했다. 1995년에 1미터 망원경의 관측 시간을 얻었고 첫 국외 관측이어서 긴장해 준비를 많이 했다. 하지만 천문대에 도착한 날부터 비가 와서 하루도 관측하지 못했다. 나보다 먼저 온 관측자도 같은 상황이었던 것 같았다. 보통은 하루쯤 일찍 가서 앞선 관측자에게 망원경 사용법과 관측 방법을 배우곤 하는데, 하루 먼저 찾아갔다가 그의 짜증 섞인 말투에 돌아오고 말았다. 사전에 관측자 매뉴얼을 읽어보았지만 그 당시에 내가 누구에게 관측하는 법을 배웠는지는 잘 모르겠다. 날씨가 안 좋았으니 배울 필요도 없었지만.

1997년에 다시 관측 시간을 얻어서 사이딩스프링 천문대에 갔는데 이번에는 일주일 내내 날씨가 맑았다. 그렇다고 아주 좋기만 한 것은 아니어서 습한 날도 있었고 바람이 강한 날도 있었으며 구름이 조금씩 지나다니는 날도 있었다. 시상이 좋은 날은 하루 반나절뿐이었고 일주일 사이에 온갖 날씨를 다 경험했다. 내가 할 관측은 구상성단이라는 별이 밀집된 지역을 보는 것이어서 시상이 무엇보다 중요한데, 일주일 내내 변화가 심해서 애를 먹었다.

결국 계획대로 관측이 이루어지지 않았고 상황에 맞게 열심히 하는 수밖에 없었다. 아마도 이때부터 이런저런 고민 없이 마음껏 관측하고 싶다는 소원이 생긴 듯하다. 어쩌면 모든 관측자가 이런 마음으로 천문대를 찾을 것이다. 지금도 많은 관측자가 보현산천문대에 오지만 이런 바람은 잘 이루어지지 않는다. 그래서 같은 주제를 2~3년씩 반복해서 관측하는 경우도 종종 발생한다.

세로톨롤로 천문대

이런 점에서 2008년 12월의 칠레 세로톨롤로 천문대 방문은 기대가 컸다. 세계 최고의 날씨 조건을 가진 곳이어서 계획대로 마음껏 관측할 수 있을 거라고 생각했다. 관측 대상은 대마젤란은하에 속한 5개의 구상성단이며 그 안에 있는 RR Lyrae 변광성을 찾아서 특성을 연구하는 것이었다. 캐나다 연구자의 책임 아래 칠레 연구자와 나의 공동 연구로 관측 시간을 얻었다. 우리는 0.9미터 망원경의 관측 시간을 9일이나 얻었다. 특별한 정책적인 과제가 아니면 이렇게 긴 시간을 얻는 것은 아주 어렵다. 이 시간은 경쟁을 통해 얻었고 서비스 관측은 안 되어서 직접 관측해야 했다.

연구 특성상 0.9미터 망원경은 아쉬운 크기다. 칠레에는 의외로 적당한 크기의 망원경이 귀하다. 물론 세계 최고의 4미터, 8미터급 망원경이 즐비하지만 우리와 같은 고전적인 연구에 관측 시간을 주지 않을 것이다. 적당하게 2미터 또는 4미터급 정도가 좋은데 2미터급은 망원경이 드물고 4미터급만 해도 경쟁이 심해 시간을 얻기가 쉽지 않다.

2007년부터 시작된 과제였는데 캐나다 연구자가 먼저 관측을 다녀왔고 2008년과 2009년에는 내가 했다. 그 뒤 2010년과 2011년에는 새로 합류한 칠레 연구자가 했다. 비록 0.9미터 망원경이었지만 밤하늘이 안정되고 자동 추적 장치를 이용한 긴 노출도 가능해 어두운 외부 은하의 RR Lyrae 변광성을 관측하는 데 큰 어려움은 없었다. 그동안 학회 관련해서 국외 출장은 많이 다녔지만 관측 출장은 1997년 호주 이후 오랜만이어서 준비부터 다소 긴장했다. 처음 사용해보는 망원경과 관측 장비를 잘 다룰 수 있을지 걱정이었다. 그래도 호주의 1미터 망원경은 관측 시작한 지 한두 시간 만에 익숙해진 기억이 있는데 우연히 호주의 1미터 망원경도, 칠레의 0.9미터 망원경도 소백산천문대 61센티미터 망원경과 같은 회사에서 만들었고 크기만 달랐다. 그래서 걱정과 달리 쉽게 익숙해진 듯하다.

미국을 거쳐 칠레의 수도 산티아고를 지나 천문대가 있는 가까운

그림 4.11 0.9미터 망원경 돔의 모습. 위로는 뒤집어진 오리온자리와 남반구 별들이 떠 있다. 붉은색은 때마침 옆 동에 들어온 차량의 후미등 불빛이다.

도시인 라세레나에 도착하니 천문대 차량이 기다리고 있었다. 1994년 개기일식 관측 이후 두 번째 칠레 방문은 어색한 웃음으로 시작했다. 포장도 안 된 길을 시속 100킬로미터 이상으로 달려 공항에서 1시간 반이 걸렸다. 천문대에 도착하니 집 떠난 지 정확히 40시간이 흘렀다. 멀리 안데스산맥의 높은 산꼭대기에는 한여름이었지만 만년설이 보였다. 주변을 빙 둘러보니 어느 곳이든 천문대 후보지로 손색이 없었다. 전 국토를 다 뒤져서 보현산을 찾은 우리로서는 부러울 뿐이다.

하루 여유가 있어서 망원경과 CCD 관측법을 배웠고 직원들과도 인사를 나누었다. 우리나라 천문대와 비교해서 이것저것 물어보고 기웃거렸다. 산꼭대기에 구급차가 있고, 의료팀이 있었다. 망원경도 직원도 많았고 천문학 연구자는 운영 본부가 있는 라세레나에서 근무한

그림 4.12 0.9미터 망원경(좌)과 관측 장비에 액체질소를 주입 중인 4미터 망원경의 앞부분(우). 0.9미터 망원경은 관측자가 직접 CCD 카메라를 냉각하기 위한 액체질소를 매일 주입을 해야 했다.

다. 그래서 산에는 관측하러 온 천문학자 외에는 운영 요원뿐이었다. 0.9미터 망원경은 모든 것을 관측자가 혼자 다루어야 했지만 오퍼레이터 1명이 나를 도와주기 위해 같이 머물렀다. 간혹 장비에 문제가 생기면 야간 도우미에게 연락해 즉시 해결했다. 야간 도우미는 기술진 중 1명이며, 새벽 2시까지 돌아다니면서 각 망원경에 이상이 없는지 확인하고 문제가 발생하면 바로 도움을 준다. 낮에도 각 돔을 돌면서 점검하고, 액체질소를 담아서 가져다준다.

나는 매일 관측 시작 전과 후에 CCD 카메라의 냉각을 위해 액체질소를 직접 주입했다. 천문대에 근무하는 나는 많이 해본 작업이라 익숙했다. 오랜만에 직접 하니 기분이 새롭기도 했다. 관측 전에 돔을 열어 환기하는 것부터 관측 직전에 망원경 경통의 덮개 열기까지 단순한 일을 마쳤다. 그러고 나서 관측실로 돌아와 망원경을 초기화하고, 플랫 영상을 얻고, 관측 대상으로 망원경을 옮겨서 초점을 맞춘 뒤 가이드 별을 찾아 자동 추적을 가동한 뒤 관측을 시작했다.

망원경이 작아서 노출을 400초까지 주고 *B*와 *V*, 두 필터를 사용해야 하기 때문에 1세트 찍는 데 약 1000초가 걸렸다. 2개의 성단을 돌아가면서 찍었는데 대상을 바꿀 때마다 자동 추적용 기이드 별을 찾아 넣기를 반복해야 해서 밤새 긴장했다. 그래도 다행히 *B*와 *V*의 두 필터만 사용하고 각각 두 번씩 찍고 대상을 옮겼기 때문에, 40여 분에 한 번씩 망원경을 옮기고 자동 추적 별을 찾고 노출하기를 반복하면 되었다. 그런데 망원경과 CCD 카메라가 오래되어(실제로는 CCD 카메라를 구동하는 컴퓨터가 오래되어) 수시로 문제를 일으켰다. 오류가 한 번 발생하면 10분, 경우에 따라서는 20분이 날아갔다.

9일 내내 날씨가 허락한 최고의 밤이 이어졌다. 내가 바라던 소원을 이루었는데 조금 아쉬웠다. 아마도 조금 더 좋은 망원경이었으면

그림 4.13 4미터 망원경 돔 위의 일주운동. 디지털카메라로 필름으로 찍듯이 40분 정도 노출했다. 은하수와 대마젤란은하, 소마젤란은하가 희미하게 보인다.

하는 마음이었을 것이다. 같은 대상의 2010년 관측 자료는 10일 치 중에서 8일 치가 아주 좋은 표준화가 가능했다. 표준화는 관측한 별의 등급을 기준이 되는 표준 등급으로 환산하는 과정이며 대기 변화가 없이 아주 안정된 날이어야 좋은 결과를 얻는다. 이런 날을 보통 '측광 관측일'이라고 부르는데 보현산천문대에서는 드물다. 이때 구한 표준화 정밀도를 고려하면 우리나라에서는 거의 만날 수 없는 날이다. 그런데 칠레에서는 너무나 쉽게 10일 가운데 8일이 최고의 하늘을 보인 셈이다. 안 좋은 이틀도 보현산의 좋은 표준화 정밀도 수준이었다. 그저 부러운 하늘이다.

칠레의 밤하늘

역시 나에게서 떼어놓지 못하는 즐거움, 과연 세계적인 천문대의 밤하늘은 어떨까? 디지털카메라와 중형 필름 카메라 등 총 3대를 챙겼다. 가벼운 여름옷만 넣어 왔는데 2000미터가 넘는 산꼭대기의 밤 기온이 생각보다 낮아서 관측 내내 출발할 때 입고 간 겨울옷을 걸치고 있어야 했다. 카메라 3대를 건물 밖에 설치해 필름 카메라와 디지털카메라 1대는 주로 일주운동을 찍는 데 사용했고 또 다른 1대로는 풍경을 담았다.

어둠에 눈이 익숙해지니 남쪽 하늘 은하수가 수직으로 솟은 모습이 보였다. 대·소마젤란은하와 에타카리나성운은 맨눈으로도 보였다. 깜깜한 밤하늘인데 한참을 서 있으면 이상하게 발아래가 어슴푸레 보였다. 분명 달은 졌고, 하늘에는 별뿐이었다. 오래전 호주에서 머리 위의 밝은 은하수 때문에 그림자를 본 듯했는데 이곳에서는 은하수가

그림 4.14 칠레의 여름 은하수. 남반구 은하수가 수직으로 솟았고, 은하수 왼쪽에 대각선으로 올라가는 빛줄기는 황도광이다.

거의 안 보이는 상황인데도 비슷한 느낌이 들었다.

새벽에는 은하수 왼쪽으로 밝은 빛줄기가 뻗어 올라갔다. 도시 불빛인가 싶었는데 살펴보면 아무것도 없었다. 안데스산맥 위로 솟아오른 남쪽 하늘의 은하수와 빛줄기가 거의 수직으로 갈라졌다. 알고 보니 황도광이었다. 오래전에 소백산천문대에서 간혹 보이던 황도광이 여기에서는 쉽게 보였다. 그것도 관측에 지장을 줄 것처럼 밝았다. 태양계의 황도대를 따라 먼지가 모여 있고 그 먼지가 태양 빛을 밝게 반사해서 나타나는 것이 황도광이다. 보통 해 지고 난 뒤 한두 시간, 해 뜨기 전 한두 시간 동안 마치 도시 불빛처럼 빛난다.

관측실에서 400초 노출로 B, V 영상을 1장씩 연속 노출하면 20분 가까이 다음 노출을 위해 기다려야 해서 이 시간에 밖에 나가 밤하늘 사진을 찍었다. 더 많이 노출해두면 더 오래 밖에서 머물 수 있지만 컴퓨터가 종종 오류를 일으켜서 보통 2장 정도만 연속 노출해놓았다. 밤새 들락거리면서 혼자 바쁜 시간을 보냈다. 바람은 안 불고, 여름이지만 쌀쌀하게 느껴지는 기후였다. 어떤 날은 멀리 안데스산맥 너머로 번개가 번쩍거렸다. 그래도 천문대에는 별만 반짝거렸다.

이곳에서의 관측은 보통 일몰부터 시작된다. 해 질 녘이 되면 각 망원경 돔에서 사람들이 모두 나와 구경한다. 같은 장소에 4미터, 1.5미터, 1미터, 0.9미터와 그보다 작은 망원경들이 있다. 보현산천문대도 일몰이 멋지지만 이곳 역시 장관이다. 하늘이 깨끗해서 수평선으로 떨어지는 마지막까지 눈이 부시다. 그래서 우리가 일몰이면 늘 보는 둥그런 해를 여기서는 기대하기 어렵다. 해가 수평선으로 사라지면 관측을 하기 위해 모두 한순간에 사라진다.

보통 보현산천문대에서는 해가 지고 20여 분은 여유가 있는데 여기는 5분만 지나도 하늘이 어두워져서 플랫 영상을 관측하기 시작했다. 그래서 약간의 여명이 있는 이 시간에 보현산천문대에서 하던 대로 단파장 필터로 성운 사진을 찍을 계획이었는데 하늘이 너무 빨리 어두워져서 포기했다. 하루는 플랫을 찍고 조금 이르게 노출을 시작한 뒤 다시 밖으로 나갔는데 누군가 열심히 사진을 찍고 있었다. 때마침 그믐이 지나 초승달이 떴고, 바로 위에 수성과 목성이 멋진 분위기를 만들었다. 조금 떨어진 위쪽에는 금성이 밝게 빛났다.

다음 날은 달이 조금 더 위로 올라가서 수성과 목성이 달 아래에 있고, 그 위에 금성이 놓였다. 그런데 의외로 행성이 작게 찍혀서 의아했는데 다녀와 생각하니 디지털카메라의 특징이었다. 시상이 좋은 곳이어서 더 작게 찍힌 것이었다. 소프트 필터 등으로 행성이 조금 더 크게 나오도록 조정했으면 좋았을 텐데 아쉬웠다. 그래도 남반구 하늘에서 우리와는 정반대로 보이는 달의 모습이 새로웠다.

연일 망원경이 한계 고도 이하로 내려가서 경계음을 낼 때까지 관측했다. 여름이어서 낮에 여유가 있었다. 점심 식사를 하고 관측실로 가서 문을 활짝 열고 앉아 있으면 약간 서늘하게 느껴질 정도로 시원했다. 한 걸음만 나가면 멀리 수평선도 보인다. 관측자를 위한 별도의 공간이 없기 때문에 시간이 비면 관측실로 가서 간밤에 찍은 자료를 백업하고, 아예 한국으로 보내버렸다.

같은 생활을 매일 반복하다 하루는 날 잡아서 주변의 돔을 모두 돌아보았다. 4미터 망원경부터 시작해서 1.5미터 망원경의 분광기를 살펴보았고, 1.0미터와 0.6미터는 비슷했다. 다른 날에는 조금 아래에 있는 여러 돔까지 둘러보았다. 오후 시간이 한가하면 도로를 따라 멀리까지 돌았다. 여름 햇볕이 따가워서 다니기 썩 좋지는 않지만 그늘에 들어가면 서늘해질 정도였다. 말로만 듣던 전형적인 사막 기후다. 관측일 중간에 크리스마스를 맞이했다. 식당 홀에 멋진 장식을 했고

그림 4.15 2008년 12월 28일, 서쪽 하늘에 뜬 초승달. 달의 모양 때문에 그믐달로 보일 수 있지만 남반구 하늘이어서 초승달이 지는 모습이다.

모두의 잔에 축하 와인이 채워졌다. 조촐한 축하 파티를 했다.

2009년에 다시 관측을 갔을 때는 2008년보다 한 달 앞선 일정이었는데, 내내 긴 구름 띠가 지나다녀서 관측이 어려웠다. 그러고 보면 어디나 날씨는 하늘에 맡기는 수밖에 없는 것 같다. 대신 여유롭게 성운 사진도 찍었고 서쪽 하늘에 뜬 은하수의 화려한 모습도 보았다. 멋진 일몰의 구름 사진, 안데스산맥을 배경으로 일출의 여명을 담은 풍경도 얻을 수 있었다.

관측을 진행하는 동안 처음 3명이던 공동 연구자가 5명으로 늘었고 나중에는 4미터 망원경의 관측 자료까지 추가되어 연구가 복잡해졌다. 그동안 얻은 자료로 캐나다 연구자가 1편, 내가 1편, 또 나중에 참여한 연구자가 1편의 논문을 썼다. 2편은 남반구 구상성단 안의 RR Lyrae 변광성의 특성을 연구한 결과였고, 나는 5개 구상성단의 표준화에 대해 썼다.

그림 4.16 2009년 칠레 세로톨롤로 천문대 0.9미터 망원경으로 찍은 대마젤란은하에 있는 타란튤라성운.

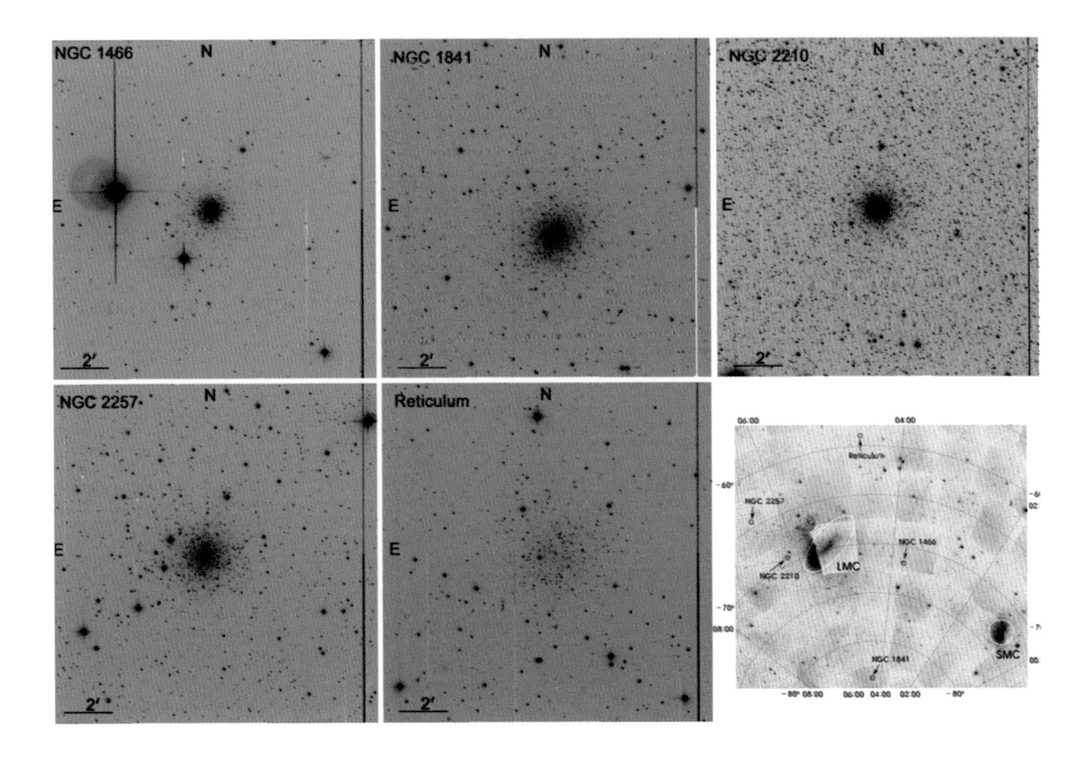

그림 4.17 대마젤란은하에 속한 5개의 구상성단 영상. 오른쪽 아래 자료는 하늘에 놓인 위치를 보여준다. 정밀한 표준화 결과를 2014년에 〈천문학 저널(The Astronomical Journal)〉(R10)에 게재했다.

0.9미터 망원경으로 논문 3편을 쓴 셈이다. 그런데 2009년부터 케플러 우주망원경으로부터 정밀한 변광성 관측 자료가 나오면서 비슷한 연구를 하는 연구자가 대부분 케플러 관측 자료를 이용한 연구에 매달렸고 우리도 비슷한 상황이 되었다. 그래서 아직도 당시의 많은 관측 자료가 그대로 쌓여 있다. 오늘도 나는 내가 맡은 성단 하나의 논문 작성을 위해 그때 관측한 자료를 들여다보고 있다.

KMTNet을 찾아서

오랫동안 사진을 찍었지만 오로지 사진에만 몰두할 여유가 없어 좋은 천체사진을 찍는 데는 많이 부족하다고 생각해왔다. 그러던 어느 날, 멋진 밤하늘을 보았던 2008년과 2009년 칠레 관측 이후 내내 목말라 하던 중 기회가 왔다. 한국중력렌즈망원경네트워크(KMTNet에 대해서는 48쪽 참고)의 1.6미터 망원경 설치와 관련한 장기 출장이었다. 이 망원경은 호주, 칠레, 남아프리카공화국에 각각 1대씩 설치했고 가장 먼저 2014년에 칠레부터 시험 관측을 시작했다.

그림 4.18 1.6미터 KMTNet 망원경. 세로톨롤로 천문대에 건설한 외계 행성 탐사용 우리나라 망원경이다.

나는 2014년 칠레, 그다음 해 호주 관측에 각각 한 달씩 참가했다. 시험 관측을 하려면 매일 밤을 새워야 하지만 한 달 동안 밤하늘을 마음껏 볼 수 있는 기회이기도 했다. 칠레는 9월 초순부터 10월 초순까지였고 호주는 2015년 5월 하순에서 6월 하순까지였다. 이 연구와 관련된 모든 연구원이 매년 두 달 이상 참가해야 했지만 나를 특별히 배려(?)해서 한 달씩 줄여주었다.

환상적인 세로톨롤로 천문대의 밤하늘

시험 관측이야 다른 일행이 있고, 나는 전체 상황만 잘 챙기면 되니 밖에서 밤하늘 사진을 찍을 기회가 많았다. 카메라 장비를 모두 챙겼다. 그래 봤자 카메라는 2대뿐이었다. 개인 카메라 1대, 보현산천문대 카메라 1대, 렌즈 5개, 간이 추적기 1대, 삼각대 2대와 릴리스 2개. 물론 추가 배터리와 충전기, 여분의 SD 카드와 외장 하드디스크가 따랐다. 2015년 호주 관측 때는 전천을 찍을 카메라 하나를 다른 부서에서 빌려서 총 3대를 사용할 수 있었다. (필름 카메라는 잔뜩 있었지만 포기하고 가져가지 않았다.)

출발한 지 40시간 만에 칠레의 세로톨롤로 천문대에 도착했다. 5년 만의 방문이었다. 숙소에서 바라본 안데스산맥에 산불이 난 듯 붉게 노을이 졌다. 우리나라에서 이렇게 노을이 지면 대개 다음 날 날씨가 안 좋다고들 하는데 정말 밤새 폭설이 내렸다. 시차 때문에 새벽에 깨서 보니 눈이 내렸고, 날이 밝아서도 오전 내내 눈이 왔다. 9월에 눈을 보다니, 크리스마스를 좀더 빨리 만난 기분이었다.

일찍 일어나 멍한 상태로 카메라를 들고 2킬로미터쯤 떨어진 우리 망원경 돔까지 혼자 찾아갔다. 2200미터 고지에 바람까지 불었지만 포근했다. 보현산천문대에서는 상상할 수 없는 일이다. 돔에 들어서니 망원경이 생각보다 훨씬 컸다. 그러고 보면 구경이 1.6미터로, 보

현산천문대 1.8미터와 크게 차이가 없기도 하다. 이리저리 살펴보고 다시 나왔는데 여전히 눈이 내렸다.

정오를 넘기고 숙소에 돌아오니 먼저 와서 생활하던 직원은 아직 자고 있었다. 3시를 넘겨 일어나 저녁을 직접 지어 먹고 모두 함께 돔으로 향했다. 관측 첫날은 돔 안에 스며든 눈 녹은 물을 쓸어 내는 일부터 시작했다. 그사이 구름이 조금씩 걷혔고 많던 눈이 거의 녹았다. 한번 오면 겨울철 내내 눈이 쌓여 있는 우리나라와 비교하니 신기했다.

KMTNet 망원경과 CCD 카메라는 아직 완전한 상태가 아니어서 점검과 관측을 반복하고 있었다. 당초 계획은 표준 별 관측과 변광 천체 관측이었는데 상황을 고려해서 CCD 카메라와 전체 시스템이 안정되도록 시험 관측을 하는 데 시간을 썼다. 프로그램을 수정하면 시험 관측을 통해 변화 여부를 확인하고 개선 방향을 찾는 데 도움을 주는 방식이었다. 그리고 일주일 정도 밤낮으로 망원경 광축 조정을 했다.

그림 4.19 에어글로가 심각한 날. 은하수가 멋지게 떴지만 밤하늘이 온통 붉게 물들었다. 하지만 실제 관측에 큰 영향을 주지 않는다.

관측에 사용하는 CCD 카메라는 10센티미터×10센티미터 크기의 센서 4장을 붙여 3.4억 화소를 가지는 20센티미터×20센티미터의 넓은 면적이 되어, 센서 자체의 평면 가공 정밀도와 이들을 고정하는 아래쪽 판의 정밀도까지도 결과에 영향을 주었다. 그래서 4장 가운데 1장의 센서에 초점을 맞추면 나머지가 조금씩 안 좋아지고, 다른 쪽에 맞추면 또 다른 쪽이 문제를 일으켰다. 이러한 문제를 최소화하기 위해 망원경의 거울을 조정한 것이다.

출장 기간 중 기록을 보면 한 달 가운데 20일이 맑았다. 겨울의 끝이어서 날씨가 점점 좋아지는 상황이라 이 정도 관측이 가능했다. 보통 한겨울에는 절반 정도 관측이 가능하고 여름에는 한 달 내내 관측할 수 있다. 하지만 장비 점검 때문에 실제 관측한 날은 열흘 정도였다.

칠레의 밤하늘은 언제나 환상적이다. 시험 관측을 하면 너무나 쉽게 1초각 시상이 나왔다. 1.5초각만 되어도 시상이 안 좋다고 투덜거린다. 앞서 언급했듯 보현산천문대는 최고 시상이 1초각 정도여서 1.5초각 이하면 최고의 밤하늘이다. 이런 곳의 밤하늘이니 그저 노출만 하면 작품이 될 거라고 생각했는데 이상하게 무언가가 많이 떠다녔다. 매일 밤하늘 사진을 찍었는데 배경 하늘이 깜깜하게 나오지 않았다.

분명 맨눈으로는 깜깜한데, 카메라로 찍으면 초록색과 붉은색이 뒤섞여 마치 오로라가 있는 것 같은 느낌이 들었다. 에어글로(airglow)였다. 태양으로부터 오는 강한 에너지 입자가 지구 대기 이온층의 산소나 질소를 건드려서 여러 색의 산란광으로 나타난다. 황도광과 더불어 하늘을 밝게 만드는 요인이며 이 때문에 배경이 검게 나오지 않은 것이다. 한동안 이유를 몰라 고민했다. 이 지역이 특히 에어글로가 심한지 대부분의 사진에서 나타났다. 디지털카메라의 높은 감도에서 나타나는 현상이다. 어떤 이는 오히려 이런 장면이 특이해서 아름답다고 하는데 나에게는 안 좋은 현상일 뿐이다.

밤하늘 관측은 삼각대에 카메라를 고정해서 찍는 방법을 사용했다. 주로 14밀리미터와 18밀리미터 광각렌즈를 썼고 종종 24밀리미터와 35밀리미터 렌즈도 이용했다. ISO 6400에 10~30초 정도의 노출 시간으로, 조리개는 가능한 열어서 F/2.8~F/4로 찍었다. 때로는 간이 추적 장치에 카메라를 고정해서 120초 이상 긴 노출로도 찍고 동영상을 위해 카메라를 미세하게 회전시키면서 인터벌 촬영도 했다.

인터벌 촬영을 할 때면 적당한 장소에 카메라를 세워두고 원하는 시간만큼 노출한 뒤 2~3시간에 한 번씩 나가서 확인하면 되었다. 특별히 도난 우려도 없는 곳이고 카메라에서 계속 소리가 나기 때문에 산짐승들을 걱정할 필요도 없었다. 산짐승이라고 해야 대개 작은 여우와 토끼인데 낮에는 식당 주변에서 종종 나타났지만 밤에는 이들을

그림 4.20 세로톨롤로 천문대에 있는 유칼립투스 위로 뜬 대(좌)·소(우)마젤란은하. 사막이어서 일부러 물을 주며 키우는 귀한 나무다.

본 적이 없었다.

은하수 파노라마 사진을 찍을 때는 삼각대를 고정해서 일정 간격으로 좌우 360도를 모두 담았다. 이렇게 찍은 사진으로는 전 하늘을 둥글게 담는 영상도 만들 수 있기 때문에 마지막에는 반드시 천정을 향해서 1장 더 찍는다. 좌우로만 찍다 보면 간혹 천정 부근의 영상이 부족해서 둥글게 어안렌즈 영상처럼 전천 사진을 만들면 가운데 구멍이 뚫려버리기도 한다. 보통 14밀리미터와 18밀리미터 렌즈를 사용하면 7장에서 10장을 찍으면 된다. 초점거리가 길면 더 많은 사진을 찍어야 전 하늘을 포함할 수 있다.

이렇게 여러 장 찍다 보면 10초 이상 긴 노출을 사용하기 때문에 처음 찍은 것과 나중에 찍은 사진 사이에 5~10분 차이가 생긴다. 그 사이에 별이 움직여서 별의 위치로 합성하고 나서 자세히 들여다보면 지평선이나 수평선이 어긋난다. 그래서 특별히 그 부분을 더 자세히 맞추어야 한다. 이런 현상을 해결하기 위해서는 같은 카메라 여러 대로 한 번에 동시 관측을 하면 되지만 1대로 관측하는 나는 할 수 없는 방법이다.

세로톨롤로 천문대 탐험

한 달 동안 이따금 구름이 끼는 날도 있었지만 대부분 별을 볼 수 있었다. 관측을 마친 새벽이면 늘 낮은 구름이 발아래에서 장관을 이루었다. 아래로 펼쳐진 구름과 그 위로 솟은 은하수는 경이롭기만 했다. KMTNet 망원경은 하늘이 걷혀 습도가 떨어져야 관측할 수 있지만 밤하늘은 그저 별만 보이면 이곳저곳 다니면서 다양한 풍경과 어우러지게 담을 수 있었다. 다만 달이 밝으면 은하수가 희미해져서 찍을 수 있는 사진에 제약이 있다. 그래서 아예 달을 넣어 은하수와 같이 찍기도 하고, 달이 흐르는 일주운동을 찍기도 했다. 보름달 가까운 시점에는 이마저도 포기했고, KMTNet으로도 망원경 상태를 점검하기 위한 영상을 한두 장 찍었을 뿐, 정상적인 관측은 포기하다시피 했다.

그 시점에 인터넷 접속 문제가 발생해 KMTNet으로는 며칠 밤 제대로 관측하지 못했다. 모두 관측실에서 상황 점검을 하다가 일찍 숙소로 돌아왔다. 덕분에 낮에 여유가 생겨서 세로톨롤로 천문대를 구석구석을 둘러보았다. 20개는 되는 망원경 돔도 둘러보고, 가장 높

은 곳에 있는 4미터 망원경 돔 안으로 들어가서 자세히 살펴보았다. 2008년 관측 때 이미 망원경과 주변 시설물을 봤지만 그동안 관측실은 현대적으로 바뀌었고 휴식 시설도 훨씬 안락하게 꾸며져 있었다.

식당에서 인사했던 관측자의 안내를 받아 모두 4미터 망원경과 관련된 장비에 대해 이야기를 주고받았고 일몰 시간에 맞추어 밖으로 나왔다. 이 천문대에서 가장 높아서 시야가 탁 트인 곳이다. 멋진 일몰을 보고 나서 여러 돔을 배경으로 은하수를 담았다. 멀리까지 걸어가서 깜깜한 밤하늘을 바라보며 숙소에 돌아왔다.

보름달 뜨는 날, 우리나라에서는 개기월식 소식에 들떠 있었다. 칠레에서는 새벽에 시작해 해 뜰 무렵까지 40~50퍼센트에 지나지 않은 부분월식이 발생했다. 구름도 조금 있었지만 그래도 모두 일어나서 시

그림 4.21 세로톨롤로 천문대 4미터 망원경 돔을 배경으로 한 일주운동. 붉은 불빛은 순찰을 도는 차량의 궤적이다. 안전을 위해 순찰을 돌 때면 전조등 대신에 비상등을 켠다. 천문대에서는 불빛을 가능한 사용하지 않는다.

야가 가장 잘 트인 4미터 망원경 돔 옆으로 올라갔다. 우리밖에 없었다. 멋진 장면은 아니었지만 월식은 이곳에서 본 새로운 풍경이었다.

부분월식을 제외하면 다소 심심한 한 주를 보내고 돌아올 시점이 되어서 마지막 밤에는 일행 1명과 함께 건너편 8미터 제미니 망원경 돔에 갔다. 이곳은 세로톨롤로 천문대보다 500미터쯤 더 높이 고도 2700미터가 넘어 그동안 올려다보기만 했다. 늘 우리를 도와주던 직원이 데려다주었다. 낮에 도착하자마자 곧바로 8미터 제미니 망원경과 겨우 400미터 떨어진 4미터 SOAR 망원경(The Southern Astrophysical Research Telescope)을 둘러보았다. 이 망원경은 브라질, 미국국립천문대, 노스캐롤라이나 대학교, 미시간 대학교, 칠레가 공동 운영 중이다. 주경 뒤에 잔뜩 붙어 있는 능동광학 기술을 위한 액추에이터들이 인상적이었고, 적응광학까지 갖추어서 0.25초각의 시상을 얻는 등 4미터급 망원경 가운데서는 가장 좋은 시상을 가지고 있다고 자랑했다.

저녁 시간에 관측자와 같이 다시 제미니 망원경 돔으로 올라갔다.

그림 4.22 은하수 중심에 위치한 전갈자리 안타레스 주변의 멋진 성운. 가운데 노란 별은 화성이다. 화성과 안타레스가 만나면 그해는 뜨거워서 가뭄이 든다는 이야기를 들었는데 이때는 이미 9월이니 걱정 안 해도 될 것이다. 먼지에 의해 빛이 흡수되어 나타난 검은 줄기와 다양한 색의 성운이 잘 어우러져서 천체사진가들이 좋아하는 대상이다.

그림 4.23 황도광은 태양계의 행성이 돌고 있는 황도대에 있는 먼지에 의해 태양 빛이 산란되어 나타난다. 마치 비행접시가 하강하는 듯 밝은 모습이다. 보통 해가 지고 난 후(서쪽 하늘)와 뜨기 전(동쪽 하늘)에 볼 수 있다.

이 망원경은 하와이 마우나케아에 똑같은 시스템이 있어서 쌍둥이(Gemini)라는 이름을 붙였다. 칠레의 망원경은 남제미니(GEMINI-South), 하와이는 북제미니(GEMINI-North)다. 관측실은 망원경과 관측 장비 구동을 위한 각각의 넓은 모니터 여러 대가 아래위로 펼쳐져 있었다. 한쪽에는 북제미니 관측 모습을 실시간으로 보여주는 모니터도 있었다. 우리 연구원에서 제미니 망원경 운영에 참여하는 계획이 진행 중인 시점이었다. 2016년 12월에 다른 연구 모임 때문에 갔을 때 보니 돔으로 올라가는 엘리베이터 옆에 제미니 망원경 운영에 공동 참여한 세계 여러 나라의 국기와 태극기가 같이 걸려 있었다.

해가 지기 직전에 무정전전원장치(UPS), 발전기 등 전원 공급 장치와 환기를 위한 공조 시설 등을 둘러보았고 망원경 돔으로 올라갔다. 안내해주던 관측자가 사다리를 통해 8미터 거울 바로 옆까지 올라가서 기다리도록 했다. 우리가 지켜보는 가운데 돔 옆 벽을 빙 둘러 있는 환기창을 열었는데 창이 접히는 부분을 제외하고 300도 가까이 활짝 열렸다. 쭉 이어서 차례로 열리는 창을 통해 차가운 바깥 공기가

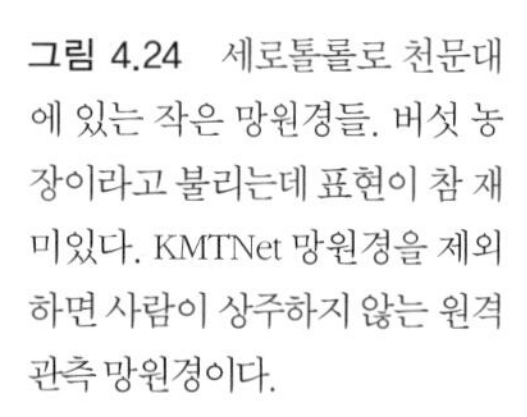
그림 4.24 세로톨롤로 천문대에 있는 작은 망원경들. 버섯 농장이라고 불리는데 표현이 참 재미있다. KMTNet 망원경을 제외하면 사람이 상주하지 않는 원격 관측 망원경이다.

붉었고, 그 뒤에 세로톨롤로 천문대로 지는 해의 노을이 영화 속 장면처럼 나타났다.

그림 4.25 8미터 제미니 망원경.

망원렌즈로 당겨서 보니 우리가 머물던 숙소 건물도 보이고 KMTNet 망원경도 뚜렷이 나타났다. 시선을 돌리니 SOAR 망원경 돔이 의외로 가깝게 보였다. 그 사이에는 양쪽이 깎아지른 듯한 절벽이었고 차 2대가 넉넉하게 다닐 정도의 긴 능선이 이어졌다.

창을 열고 수동으로 주경 덮개를 열었다. 엄청난 크기에 놀랐지만 깨끗한 거울 표면에 또 놀랐다. 8미터 거울 옆에서 기념사진도 찍었다. 망원경에서 내려오니 사진 찍기 좋은 각도로 망원경을 기울여주어서 8미터 망원경의 거대한 모습을 보기 좋게 찍을 수 있었다. 돔에서의 관측 준비를 모두 마치고 걸어 내려오면서 나머지 시설물을 살펴보았다. 특히 내가 관심이 많은 진공증착기를 자세히 들여다보았다. 세척 시설도 함께 있었다. 안내해주던 관측자는 사용법이나 증착 과정은 몰랐지만 UFO를 숨겨두었다고 농담을 했다. 그 모습이 비행접시를 꼭 닮기는 했다.

이곳은 2명의 관측자가 각각 망원경을 조정하고 관측한다. 이들은 천문학자이며, 그날그날 날씨와 대기 상태를 고려해서 시간 배정을 받은 프로그램 가운데 적합한 것을 고른다. 관측 프로그램을 이해해야 할 수 있기 때문에 천문학자가 관측을 대행한다. 하루의 일과는 아직 여명이 있을 때 찍는 플랫 관측부터 시작하는데 이때는 바쁘기 때

그림 4.26 제미니 망원경 돔에서 바라본 세로톨롤로 천문대.

문에 방해하지 않기 위해 밖으로 나왔다.

나가기 전에 무전기를 주며 항상 휴대하도록 했고 2700미터 고지대에서 주의할 사항을 적은 교육 서약서에 서명했다. 이때부터 달이 뜨기 전까지 SOAR 망원경 돔까지 왕복하면서 부지런히 돌아다니면서 은하수 사진을 찍었다. 바람이 세지고 기온도 내려가고 달이 뜨기 시작하는지 동쪽 하늘이 밝아졌다. 갑자기 무전기를 통해 안부를 물어 관측실로 돌아오니 밤 10시가 넘었다. 3시간여를 밖에서 보냈다.

10시 반쯤 관측실로 돌아와 관측 과정에 대해 설명을 들었다. 이 망원경도 레이저를 이용한 적응광학 장치가 있었고, 주경 뒤에는 능동광학을 위한 약 120개의 액추에이터가 있었다. 시시각각으로 대기 변화에 따라 초점을 보정해주고 수차도 보정해서 최상의 조건으로 관측이 가능했다. 바람이 점점 강해져서 부는 쪽의 환기창은 이미 닫았다. 자정 무렵 SOAR 망원경의 오퍼레이터 차로 숙소로 내려왔다.

SOAR 망원경은 원격 관측을 하며 야간에는 망원경 돔에 유지 관리를 위한 오퍼레이터가 있어 자정까지 지켜본다고 했다. 2.5킬로미터 떨어진 거리에 숙소와 관리 시설이 있다. 숙소 근처에서 일주운동과 하늘 사진을 찍고 싶었지만 달도 밝고 구름이 몰려왔으며 무엇보다 바람이 세서 포기했다. 숙소에서도 바람 소리 때문에 잠을 설칠 정도였다. 그래도 마지막 날에 8미터 망원경을 보는 숙원을 풀었다.

관측 연구를 위해 왔던 2008년과 2009년에는 사실 관측 중에 여유를 만들어야 했기에 좋은 밤하늘 사진을 얻기가 어려웠다. 특히 필름 카메라를 많이 사용하던 때였고, 디지털카메라도 천체사진을 찍기에 그다지 성능이 좋지 않아 어려움이 많았다. 1997년 호주 관측 때도 마찬가지였다. 이때는 날씨 변화가 커 관측 내내 지켜봐야 해서 밖에서 밤하늘을 찍을 여유가 전혀 없었다. 이때는 필름 카메라만 사용했는데

그림 4.27 4미터 SOAR 망원경의 주경 뒷모습. 주경을 받치는 많은 액추에이터가 붙어 있다.

기념사진 몇 장과 캥거루 사진이 전부였다.

한 달간 칠레에 머물면서 비로소 원하는 밤하늘 사진을 마음껏 찍을 수 있었다. 돌아올 때까지 시간 날 때마다 찍은 사진의 후처리를 해서 여러 종류의 사진을 만들었고, 20시간 이상 타는 비행기에서도 내내 영상 처리를 하면서 지겹지 않게 돌아올 수 있었다.

이때 찍은 사진을 정리하며 다양한 천체사진을 만들 수 있었다. 여러 장을 이어 붙인 은하수 파노라마, 다양한 일주운동 사진에서 비행기 궤적을 하나하나 지워 깨끗하게 만들기도 하고 은하수나 별자리가 같이 나오도록 조정도 했다. 둥근 전천 영상으로 마치 어안렌즈로 밤하늘을 찍은 듯 만들었고, 별이 회오리처럼 도는 사진도 작업해보았다. 간이 추적기로는 노출을 길게 주어 은하 중심부의 여러 성운과 별자리가 잘 나오도록 찍을 수 있었다. 또한 카메라를 회전시켜서 단순한 별의 움직임이 아니라 마치 촬영자가 움직이면서 찍은 듯 역동적인 동영상도 만들 수 있었다.

달이 밝아지면서는 은하수 가운데 들어간 달의 모습부터, 아예 달 궤적을 같이 담은 일주운동을 얻을 수 있었다. 일주운동을 위한 사진들은 밝기를 적당히 조정해서 별과 달과 은하수가 흘러가는 동영상으로 만들 수 있다. 디지털카메라로 초점을 잘 맞추어 별자리를 찍으면 의외로 별이 작게 나와 실망한다. 이럴 때는 소프트 필터를 사용하여 별이 조금 퍼지게 찍으면 좋다. 칠레에서 지낸 한 달 동안, 천체사진으로 작업할 수 있는 거의 모든 '데이터'를 얻은 셈이다.

사이딩스프링 천문대

그다음 해 방문한 호주 사이딩스프링 천문대에서는 망원경과 카메라가 많이 안정되어 전담 관측자가 정상적인 관측을 시작했기 때문에 여유가 있었다. 다만 매일 발생하는 여러 문제점을 같이 논의하고 그다음 일정을 정하는 등 한 달간 운영을 같이 했다. 시드니에서 하루 자고, 다음 날 기차와 버스로 가까운 도시인 쿠나바라브란(Coonabarabran)까지 가서 다시 택시를 타고 올라갔다. 집 떠난 지 거의 50시간 만에 도착했다. 칠레보다 더 많이 걸린 셈이다. 하지만 시차는 1시간이어서 적응이 훨씬 쉬웠다. 천문대의 해발고도도 1100미터로 보현산천문대와 거의 같다.

밤하늘을 찍기 위한 카메라 장비는 전천을 모두 담을 수 있는 카메

그림 4.28 호주 KMTNet 망원경이 있는 사이딩스프링 천문대. 2.3미터 망원경 돔 위로 밝은 유성이 떨어졌다. 대·소마젤란은하가 돔 위로 멋지게 떴다.

라 1대를 더 가지고 간 것을 제외하면 같다. 이곳은 1997년에 관측을 다녀온 뒤 처음 방문이어서 18년 만이다. 그사이 1997년 관측에 사용했던 1미터 망원경이 문을 닫았고 사진 관측 전용 UK슈미트 망원경도 가동을 멈춘 상태였다. 무엇보다 큰 산불로 오래되고 멋진 숙소와 식당이 불에 타서 없어진 것이 아쉬웠다. 하지만 KMTNet 망원경을 포함해 전 세계에서 우리처럼 설치하고 원격 관측으로 운영하는 망원경이 10여 기가 되어 운영하는 사람은 줄었지만 천문대는 오히려 복잡해졌다.

도착하는 날부터 나흘 연속 비가 왔다. 우리나라에서는 참 익숙한 풍경인데 칠레를 생각하면 아쉬운 상황이었다. 6월 1일, 도착한 지 5일 만에 하늘이 맑아져서 관측을 시작했다. 망원경이 정상적으로 돌아갈 때 모두 같이 관측하면 한 달 내내 전혀 쉴 수 없기 때문에 2명씩 나누어 교대했다. 하지만 전담 관측자가 아직 장비에 익숙하지 않아서 처음 며칠은 다 같이 관측했다. 모두 함께 들어서니 관측실이 북적거렸다. 나중에는 결국 1명이 관측해야 한다. 사람은 많아도 이때가 오히려 여유롭고 좋아 보였다. 관측자가 익숙해질 때까지 돔 안에서 같이 지켜보았다.

오히려 CCD 카메라 제작사에서 작업을 한 뒤 문제가 생겨서 관측을 못하고, 열심히 망원경 주경을 조정해 광축을 다시 맞추기도 했다. 연구원 1명은 이 일을 위해 KMTNet 망원경이 있는 세 나라와 제작사가 있는 미국을 돌아다닌 지 벌써 수년째다. 우리나라에서는 못 보고 칠레에서 만났고 여기 와서 또 만났다.

열심히 3일 동안 조정하고 난 뒤 관측에서 0.7초각의 시상을 얻었다. 밤새 평균 1.3초각의 시상을 보였는데 이곳에서 관측한 이래 가장

그림 4.29 KMTNet으로 관측하러 가는 길. 반사경 주변 별은 회오리 형태로 회전하도록 영상 처리를 했다.

좋은 시상이었다. 수년간 축적된 기술이 빛을 발했다. 관측 후반부에는 전담 관측자도 이제 1명만 관측실에 왔다. 다른 1명은 일정에 따라 비근무로 자유 시간이었다. 나는 날만 맑으면 관측실에 와서 바깥 하늘 사진을 찍으러 들락거렸다.

칠레는 사막이라 주변에 어울리는 풍경을 얻기 어려웠지만 여기는 사막에서 조금 벗어난 국립공원 지역이어서 나무도 많고 풍경이 좋으며 캥거루가 많았다. 밤에 돌아다니면 수시로 만났다. 처음에는 놀라기도 했지만 점차 무뎌져서 반가웠다. 달이 없는 날 밤하늘 밝기는 칠레보다 더 어두운 듯했다. 한 가지, 문제는 날씨였다. 비가 오거나 습도가 높은 날이 자주 있어 관측을 많이 하지 못했고 덩달아 밤하늘 사진도 많이 얻지 못했다. 간혹 번개가 치면 극도로 긴장했고 이런 날은 비바람이 너무 거세어 잠을 설쳤다. 관측 일정이 끝나가는 마지막 3일 동안 폭우가 와서 돔으로 비가 스며들었다. 덕분에 생각지 못한 누수 부분을 점검했고 이후 문제를 보완할 수 있었다. 아직은 문제가 여럿

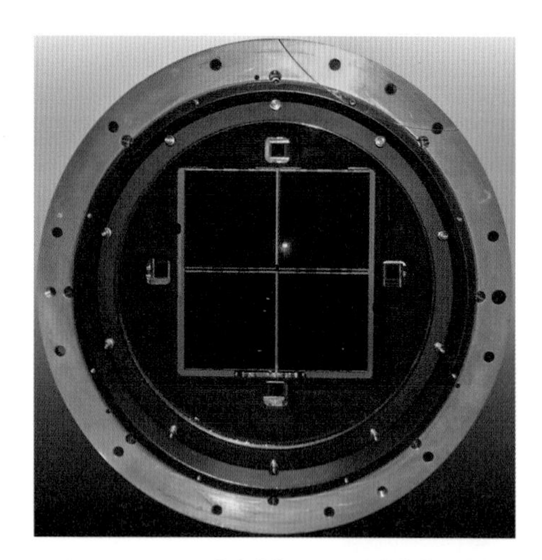

그림 4.30 KMTNet 망원경의 CCD. 10센티미터×10센티미터 CCD 4장을 붙였다.

그림 4.31 손상된 거울을 새로 증착해서 반사 거울이 깨끗해진 모습.

있었지만 관측은 점차 안정적으로 진행되었다.

호주 망원경의 거울 면에 관측 전부터 반점이 많이 보였다. 한 달 내내 신경이 쓰여서 중간에 자세히 사진도 찍고 살펴보았다. 표면이 부식된 것이었다. 그래서 2017년 2월, 이 망원경의 거울을 재증착하기 위해 일주일간 호주에 다녀왔다. 망원경에서 거울을 분리했다가 다시 부착하는 작업은 처음이라 4명이 함께 갔는데 현지 관측자와 중간에 합류한 1명까지 포함하면 모두 7명이 참여한 셈이다.

재증착 작업은 이곳 천문대 직원들이 했지만 분리하고 부착하는 것은 전적으로 우리가 했다. 증착 과정은 먼저 표면의 반사 물질을 약품으로 벗겨내고 깨끗이 세척한다. 그 뒤 증착기에 넣고 진공 배기를 해서 일정한 진공도에 도달하면 내부의 방전 장치로 표면을 한 번 더 깨끗하게 처리한다. 그리고 고진공 배기를 다시 하고 마지막으로 알루미늄을 녹여서 날리면 거울 표면에 증착된다. 다음 날 꺼낸 거울은 티끌 한 점 없이 깨끗해서 속이 시원했다.

보현산천문대에서 매년 여름에 하는 작업이며 여기도 다르지 않았다. 우리는 아직도 끊임없이 더 좋은 방법은 없을까 고민 중인데 이들은 40년간 해온 방식을 따르고 있었다. 성공적으로 망원경을 재조립한 뒤 시험 관측해서 망원경 광축을 맞추었고 원래대로 되돌렸다. 정신없이 일주일을 보냈다.

그림 4.32 KMTNet 돔 옆의 나무 위로 솟은 은하수.

나는 달이 밝아지고 있어서 저녁에 일찍 자고, 달이 지고 난 새벽에 일어나 혼자 천문대를 돌아다니면서 밤하늘 사진을 찍었다. 달빛이 남은 시간, 숙소 건물 지붕 위에 오리온자리가 보였다. 남반구의 오리온자리는 머리가 아래로 향해 뒤집어져 보인다. 우리나라에서는 보기만 해도 오래 산다는 노인성이 시리우스와 함께 밝게 빛났다. 이 두 별은 밤하늘에서 가장 밝은 별이다.

달이 지고 은하수 중심부의 전갈자리가 올라오기를 기다리는데, 서쪽에서는 나오면서 본 오리온자리가 조용히 지고 있었다. 사냥꾼 오

그림 4.33 왼쪽에서 전갈자리가 뜨기 시작했고 오른쪽 끝에 오리온자리가 조용히 지고 있다.

리온이 전갈에 물려 죽었기 때문에 전갈자리가 뜨면 오리온자리가 진다는 이야기가 딱 맞아떨어지는 모습이었다. 평소 크고 뚜렷해 우리나라 겨울(남반구는 여름)을 대표하는 별자리인데 서쪽으로 지고 있는 오리온자리는 왠지 초라해 보였다.

2015년에 방문했을 때는 6월이었지만 이번에는 2월이라 새벽에 떠오른 은하수의 모습이 많이 달랐다. 이때가 아니면 이 두 별자리를 동시에 보기는 어렵다. 새벽으로 좀더 시간이 흐르면 망원경 돔 위로, 멋진 나무 위로, 국립공원의 계곡 위로 은하수가 솟았다. 특히 여명이

그림 4.34 남쪽 하늘 은하수. 왼쪽의 검은 흔적 옆에 남십자성이 있고, 붉은 것은 에타카리나성운이다.

밝아오는 시간에 빛나는 은하수가 마음에 들었다. 낮 동안 작업에 지치고 자정 너머까지 달이 밝아서 아쉬운 일정이었지만 좋은 밤하늘 사진도 많이 얻었다.

호주의 2월은 햇살이 뜨거워서 작업 기간 내내 그늘만 찾아다녔다. 1100미터 산 정상이지만 기온은 35도 이상 올라갔다. 아랫동네는 연일 40도를 넘겼다. 언제든 산불이 발생할 수 있는 상황이었는데 떠나기 전날 저녁에 결국 산불 발생 위험 경보가 났다. 여기서는 위험 경보가 내리면 안전 요원 외 천문대 내 모든 사람은 산 아래로 대피해야 한다. 대피하기 전에 불이 나서 긴박한 상황이면 방공호 같은 특별한 장소에 모여 불을 피할 수 있다.

현지의 전담 관측자는 마을에 숙소를 예약했고, 우리는 귀국일이어서 모두 일찍 일어나 더보(Dubo) 공항으로 갔다. 이날 섭씨 42도를 넘겼던 기억이다. 텔레비전에서는 산불 관련 뉴스가 계속 나왔다. 공항에 군용 수송기 같은 거대한 소방용 항공기가 물을 가득 채우고 떴다 내렸다를 반복했다. 공항 건물 밖으로 나가면 카메라 장비가 녹아내릴까 걱정이 될 정도였다. 영하 20도 이하에서 카메라가 얼어붙을까 봐 걱정은 해봤지만 더위 걱정은 처음이었다. 우리가 돌아오고 난 뒤 확인해보니 다행히 천문대에는 산불이 나지 않았다.

여전히 관측 출장은 즐겁다. 비록 시험 관측 일정이었지만 KMTNet 망원경 덕분에 밤하늘 사진을 많이 얻었다. 그래도 아쉽다. 욕심일까?

해발 5000미터 전파천문대

내가 열심히 다니는 학회가 있다. 맥동변광성 관련 학회인데 2년에 한 번씩 열린다. 2016년에는 칠레의 산페드로 데 아타카마에서 개최되었고 22회째였다. 나는 2001년 벨기에 학회부터 참가했으니 8번째 방문이다. 국외 출장은 일정이 빠듯해 밤하늘을 보기가 어렵다. 대부분 도시에서 열리고 달의 밝기도 잘 맞아야 하기 때문에 더더욱 어렵다.

2016년 학회가 열린 산페드로는 칠레 북부의 아타카마사막에 위치한 작은 도시다. 세계에서 가장 건조한 지역으로 알려져 있다. 가까이에 ALMA(Atacama Large Millimeter/submillimeter Array) 본부가 있고 5000미터 고지대에 ALMA 천문대가 있어서 학회 일정에 이 두 곳 방

문이 예정되어 있었다. ALMA는 66개의 전파망원경으로 구성된, 천문학자가 꿈꾸는 최고의 전파천문대이며 우리나라도 운영에 참여하고 있다.

해발 5000미터의 천문대는 어떤 모습인지 궁금했고 가능하다면 밤하늘 사진도 찍고 싶어서 무척 기대하고 있었다. 게다가 학회 기간의 월령이 그믐에 가까워 멋진 밤하늘을 볼 수 있을 듯했다. 다만 11월 말은 계절적으로 은하수 중심을 볼 수 없는 점이 약간의 아쉬움이었다. 그래도 남반구에서만 볼 수 있는 옅은 은하수(우리나라 겨울 은하수), 남십자성과 대·소마젤란은하, 에타카리나성운 등이 있다.

이미 2014년과 2015년에 KMTNet 천문대의 시험 관측을 위해 칠레와 호주를 방문해 화려한 은하수를 충분히 보았기에 오히려 옅은 반대쪽 은하수에 대한 기대도 컸다.

앞서 언급했듯 KMTNet 천문대는 넓은 시야의 망원경으로 중력렌즈 효과를 이용해 지구를 닮은 외계 행성을 찾는 것을 목적으로 만들어졌다. 구경 1.6미터의 똑같은 망원경 3대를 칠레, 호주, 남아프리카 공화국에 각각 건설해 남반구 하늘을 24시간 끊어지지 않게 관측해 외계 행성을 찾고 있는데 이때 부산물로 많은 변광 천체 관측 자료가 나온다. 이번 학회의 주제도 광시야 망원경을 이용한 변광성 탐사와 관련된 내용이어서 나는 KMTNet 망원경을 이용한 연구 내용을 소개

그림 4.35 ALMA 천문대의 전파망원경들.

했다.

전 세계의 변광성 연구자들이 모여서, 광시야 망원경으로 관측한 변광 천체 탐사 관련 내용을 아침 9시부터 저녁 6시까지 발표했다. 여기에는 지상망원경과 우주망원경이 모두 포함되며 그동안 개인적으로 연구를 진행하면서 이야기로만 들었던 망원경들의 자세한 특징과 흥미로운 연구 결과 등을 한꺼번에 볼 수 있었다. 마지막에는 90세의 마이클 피스트(Michael M. Feast) 박사가 학회에서 발표된 모든 내용을 정리해 30분 동안 이야기했는데 그분의 열정에 다들 비행기 시간도 잊은 채 자리를 뜨지 못했다.

고지의 천문대

이러한 국제 학회는 일정 중간에 인근 명소를 골라서 반나절 여행 일정을 가진다. 이번에는 ALMA 천문대 방문이었다. ALMA 천문대는 고지대에 있어 한 번에 방문 가능한 인원이 제한된다. 그래서 학회 참가자는 오전, 오후로 나누어 방문했다.

아침 7시에 나서서 먼저 해발 3000미터에 위치한 ALMA 본부에 들렀다. 여기서 ALMA 천문대의 관측 시스템 전반 설명을 듣고 본부 내부를 둘러보았다. 한쪽에서는 천문대로 올려 보낼 전파망원경을 조립해 점검 중이었다. 지름 12미터의 거대한 접시형 안테나를 보았는데 ALMA는 이러한 안테나 66개로 구성되어 있었다.

의사의 문진과 혈압, 맥박 수 등의 건강검진을 거쳐서 통과한 사람만 천문대로 올라갈 수 있었다. 만약을 대비해 방문자에게는 모두 작은 휴대용 산소통이 지급되었고 사용법을 배웠다. 반드시 휴대하고 다니라는 경고도 들었다. 물도 2통씩 가지고 다니면서 수시로 마시도록 권했으며 ALMA 본부와 천문대에서는 어디서나 쉽게 물을 구할 수 있었다. 해발 5000미터의 천문대 방문은 처음에는 기분 좋은 관광으로 시작했지만 점점 생존 게임으로 변하는 느낌이었다.

구불구불 산길을 1시간가량 올라서 천문대에 도착했다. 휴대전화에 있는 GPS 고도계로 5079미터였다. 대부분의 안테나가 한 곳에 모여 있고 몇몇이 흩어져 있는데 가장 먼 안테나는 7킬로미터 거리에 있다. 이 말은 지름 7킬로미터급 전파망원경의 분해능을 기대할 수 있음을 뜻한다. 7킬로미터 떨어진 곳에 망원경을 가져가기 위해 시속 1킬로미터의 속도로 7시간이 걸렸다는 뉴스를 본 기억이 났다.

세계에서 가장 건조한 지대에 건설한 천문대지만 우리가 방문한 날은 잔뜩 흐렸다. 바람도 많이 불고 예상은 했지만 무척 추웠다. 오후 팀은 차량이 고장 나서 밤 9시가 넘어서 하산했다는 소식을 듣고 밤하늘을 볼 수 있었겠다는 생각에 부러웠다. 하지만 그 팀도 짙게 낀 구름 때문에 해가 지는 것조차 못 봤다고 했다. 막상 천문대에 도착하니 상상했던 것처럼 특별한 분위기는 아니었다. 호흡하는 데 조금 긴장했지만 이미 4300미터를 경험해서인지 돌아다닐 때 어려움도 없었다. 또한 주변에 더 높은 산들이 빙 둘러싸고 있어서 고지라는 기분도 들지 않았다.

천문대 부지에서는 100미터 거리도 차를 타고 이동했다. 고지대에서 움직임을 최소로 하려는 조치였다. 그렇지만 거대한 전파망원경이 있는 모습을 자세히 보기 위해 모두들 한참을 움직였다. 나도 다소 흥분해서 이쪽저쪽 정신없이 돌아다녔다. 천문학자들도 궁금하기는 마찬가지다. (일반인은 관람객을 위한 별도의 건물에서 창을 통해 밖을 내다보지만 천문학자 모임이어서 가까이까지 접근할 수 있었다.) 고지대에서는 산소도 중요하지만 기압이 더 큰 영향을 주기 때문에 산소가 충분하다고 고산병을 안심할 수는 없다. 나는 일정이 끝났다고 생각해 먼저 차에 올라 있었는데 단체 사진을 찍으려고 모이고 있어서 뛰려는 순간 모두가 고함을 쳤다. 천천히, 천천히……. 기압 탓인지 다소 멍한, 마치 꿈꾸는 듯한 경험이었다.

ALMA 직원들도 건강검진을 거쳐서 천문대로 올라가는데 처음에는 2시간, 그다음에는 4시간 등 체류 시간을 점점 늘려서 천문대에는 하루에 최대 8시간까지 머문다고 했다. 실제 관측은 ALMA 본부에서 하는데 이곳도 해발 3000미터다. 경험해보니 해발 3500미터를 넘어서는 순간 호흡이 달라지는 느낌이었다. 내려올 때는 3500미터 지점에서 한숨이 저절로 깊게 나왔고 이후 편안해졌다. 그러고 보니 산페드로도 해발 2500미터 고지였기에 학회 장소와 호텔까지 걸어서 20분 정도 거리였지만 매일 차량을 제공한 것이 이해되었다. 절대 뛰면 안 되었던 것이다.

세 번째 밤이 되어서야 시차에 익숙해졌다. 저녁을 먹고 밤하늘 사진을 찍기 위해 1시간가량 걸어 나가서 마을 외곽의 벌판 지대에 자리 잡았다. 삼각대 3대와 카메라 3대를 가지고 뒤집어져서 떠오르는 오리온자리에 1대를 맞추고 전천에도 1대를 맞추어서 연속 사진을 노출해두었다. 나머지 1대로는 일몰 등을 찍었다.

그믐 시기여서 달은 없고 금성이 밝게 빛났으며 화성도 붉게 나타났다. 눈이 어둠에 조금 더 적응하고 나니 금성과 화성을 따라 황도광이 보였다. 우리나라에서는 하늘이 밝고 대기가 깨끗하지 않아서 거의 볼 수 없지만 이곳에서는 어지간하면 매일 나타나는 현상이다. 때로는 황도광이 은하수만큼 밝아져서 도시 불빛 이상으로 관측에 영향을 주기도 한다. 작은 구름이 지평선 가까이에 몰렸는데 점차 하늘을 덮었다. 밤 10시를 훌쩍 넘기니까 고립된 장소라 불안하기도 해서 철수했다. 그래도 학회에 온 뒤 처음으로 마젤란은하를 선명하게 볼 수 있었다.

산페드로의 별

학회를 마치고 나는 제미니 8미터 망원경 본부가 있는 칠레의 라세레나에 갔다. 한국-칠레-제미니 공동 워크숍에 참여할 계획이었다. 그러다 보니 전체 일정에서 하룻밤이 비었는데 미리 가까운 사설 천문대에 예약을 해서 그날을 보낼 수 있었다. 이 하룻밤을 위해 무거운

그림 4.36 해가 지고 난 뒤 초승달과 금성이 뜬 모습. 멀리 보이는 산은 높이가 4000미터가 넘는데 여기서는 지평선 위의 언덕처럼 보인다.

장비를 배낭 가득 가져간 셈이었다. 공항이 있는 칼라마로 나가서 차를 빌려 돌아왔다. 100킬로미터 떨어진 거리지만 돌아갈 때를 생각해 일부러 공항까지 가서 빌려왔다. 엉뚱한 길로 들어서는 바람에 한참 헤매다가 도착했다. 바람이 강했고 먼지가 풀풀 날렸다. 먼지를 잔뜩 뒤집어써서 차체가 안 보일 지경이었다. 해가 저물면서 시원해지고 바람도 잔잔해졌으며 공기가 쾌적해졌다. 주변을 둘러보니 6000미터 가까이 되는 주변의 산들이 먼 뒷동산같이 보였고 부드러운 햇살을 받아 봉우리가 보기 좋게 빛났다.

그림자가 점점 길어지고, 마침내 망원경을 점검하고 있는 사설 천문대 주인을 만났다. 주말이어서 그런지 분주해 보였다. 잠시 후 간이 추적 장치를 하나 가지고 와서 극축을 맞춰주고는 휑하니 가버렸다. 그 뒤 떠날 때까지 못 만났다. 사설 천문대라지만 돔이 10여 개가 넘었고 야외에 방치한 듯 세워둔 작은 망원경도 10여 기가 되었다. 학회장에서 우주망원경의 지상 관측 지원용 망원경 하나가 그곳에 있다고 들어서 관측 현황을 이야기해보고 싶었는데 기회가 없었다.

하루 종일 쉬지 못해서 피곤했다. 그런데 달과 금성이 어우러진 멋진 일몰을 보는 순간 전혀 다른 세상으로 바뀌었고 피로가 싹 풀렸다. 하늘이 어두워지니 먼지 풀풀 날리던 풍경은 어디론가 사라졌다. 갑자기 새로운 세상이 열린 것이다. 역시 아타카마사막에 위치한 해발 2500미터 산페드로의 밤하늘은 대단했다. 도심에서 직선거리로 5킬로미터쯤 떨어졌는데, 환상적인 하늘이다. ALMA 천문대가 이 지역에 있는 이유를 알 듯했다.

해가 지고 난 뒤 여명 속에서 밝게 빛나는 달과 금성의 환상적인 모습을 연속으로 담기 위해 카메라 하나를 설치해두었다. 그리고 나서

숙소 뒤쪽 공터의 한가운데로 갔다. 숙소 앞뒤로 공터가 폭이 100미터 이상 넓게 펼쳐졌는데 한가운데에서 보니까 멀리 지평선이 보이는 듯했다. 실제로는 6000미터 가까이 되는 높은 산으로 둘러싸인 곳이지만 광각렌즈를 이용한 시야에는 지평선처럼 더 멀어졌다.

카메라를 세워 한 바퀴 빙 돌아서 하늘 사진을 찍었다. 모두 모아서 주변 풍경을 담은 밤하늘 파노라마 사진이 벌써 머릿속에 그려졌다. 지상의 풍경은 숙소에서 나오는 불빛과 큰 나무가 조화를 이루었다. 혹시나 싶어서 또 한 바퀴 찍었다. 카메라가 흔들릴 수 있기 때문에 두 번은 찍는다. 그러고 나서 일주운동 사진을 위해 역시 그 카메라를 고정해 인터벌 촬영 모드로 연속 노출을 해두었다. 이번에는 반대쪽, 숙소 앞의 벌판으로 갔다. 불빛이 없어 깜깜했지만 숙소 뒤쪽과는 달리 시야를 가리는 것이 없으니 달리 풍경을 담기가 어려웠다. 더 가보려고도 했지만 여러 곳에 카메라를 설치해두어서 너무 멀리 갈 수는 없었다.

그림 4.37 산페드로의 밤. 숙소를 배경으로 한 은하수 모습이다. 우리나라에서 볼 때와 비교해서 뒤집어진 오리온자리가 가장 높게 올라와 있다. 오른쪽으로 파란 별이 시리우스와 노인성인 카노푸스다. 카노푸스는 우리나라에서 남쪽 바닷가의 수평선 가까이에서 겨우 보이는 별이며, 이 별을 보면 오래 산다고 해서 노인성이라는 이름이 붙었다.
여기서는 시리우스와 나란히 머리 위에 올라온 모습이 특이하다. 노인성 아래쪽(오른쪽)은 우리나라에서 볼 수 없는 영역이다.

어안렌즈로 밤하늘 전체를 담기 위해 카메라가 하늘을 향하도록 했다. 주변을 지나는 차량이 일주운동 사진 가장자리에 불빛 띠를 만들어주었다. 그러고는 돌아와서 다른 카메라를 가지고 천문대 주인이 설치해준 간이 추적 장비로 갔다. 가장 먼저 대·소마젤란은하를 찍었다. 그리고 오리온자리를 1분 노출로 30분가량 반복해서 찍었다. 방향을 바꾸어서 남쪽 하늘의 에타카리나성운에 맞추어 연속 노출해두고 잠시 쉬었다. 정도의 차이는 있지만 다른 카메라의 사진은 조금씩 흐른 별상을 보이지만 추적 장치를 이용하면 별이 흐르지 않고 점상으로 나타난다.

밖에서 별을 관측하는 동안 많은 관광객이 다녀갔다. 대형 버스가 계속해서 들락거렸는데 모두 전조등을 끄고 비상등을 켜 그 불빛으로 움직였다. 입구에 가까이 오면 그나마도 꺼버렸다. 대단한 광경이었다. 사람들이 북적거렸지만 불빛 때문에 하늘 사진을 망친 적은 없었다. 이상하게 이날따라 유성이 많이 떨어졌는데(그럴 때마다 사람들의 환호성이 들렸다) 나중에 조사해보니 바다뱀자리와 고물-돛자리 유성우 시기였다. 밝은 유성은 이유 없이 떨어지지 않고, 대부분 각각의 유성우 시기에 떨어지는 것을 한 번 더 확인한 셈이다.

그림 4.38 달과 금성이 질 때부터 밤새 찍은 일주운동. 대·소마젤란은하와 대략적으로 삼각형 지점에 남극이 있음을 알 수 있다. 주변의 불빛은 차량이 지나다닌 흔적이다.

자정 무렵에 인터벌 노출로 관측 중이던 카메라의 배터리도 모두 교체하고 장소를 바꾸어서 빙 돌아가면서 풍경을 담은 하늘 사진을 찍었고, 카메라는 다시 고정해 인터벌 노출을 했다. 설치해둔 카메라

그림 4.39 수직으로 치솟은 은하수. 지평선 가까이에 센타우리 알파와 베타 별을 따라 조금 위에 남십자성이 보인다. 그 위로 에타 카리나성운이 보이며 조금 위의 넓게 두른 붉은 띠는 검성운이다. 그 오른쪽으로 대마젤란은하와 소마젤란은하가 보이며, 위쪽으로 노인성와 시리우스로 이어지고, 오리온자리를 만난다.
왼쪽의 작은개자리의 프로키온과 오리온자리의 베텔게우스와 시리우스를 이은 삼각형이 우리나라에서 보는 겨울의 대삼각형이다. (이곳은 여름이다.)
오른쪽 위의 구석에 위치한 약간 붉고, 노란 별은 황소의 눈으로 불리는 황소자리 알파 별인 알데바란이다.

가 4대여서 돌아가면서 살펴보느라 바빴다. 그러던 가운데 남십자성이 떠올랐다. 조금 더 기다리니까 포인터라고 불리고, 남십자성을 찾는 가이드 별로 유명한 센타우리 알파와 베타 별도 지평선 위로 얼굴을 내밀었다. 알파와 베타 별은 순서대로 해당 별자리에서 밝은 별임

그림 4.40 숙소 건물 위로 별이 흐르고 있다.

을 뜻한다. 새벽 3시가 넘어가니 비로소 조용해졌다. 관광객 행사가 다 끝난 것이다. 마지막 버스도 빠져나갔다.

카메라는 모두 삼각대에 얹어둔 그대로 두고 숙소로 돌아왔다. 침대는 어른 키 3분의 2 높이로, 창문과 맞추어져 있었다. 눕는 방향도 창을 바라보는 방향이었는데 불을 끄고 커튼을 여니 별이 쏟아져 들어왔다. 일본 후지산을 닮았다는 5900미터의 리칸카부르(Licancabur) 화산 위로 별들이 떠올랐다. 잠시 누워서 별빛을 즐겼다. 새벽 4시가 넘으면서 피곤해져 관측을 끝내고 설치해둔 카메라들을 모두 철수했다. 해가 뜰 때까지 더 찍고 싶었지만 포기했다. 새벽 황도광을 놓친 게 무엇보다 아쉬웠다.

정신없이 푹 자고 일어나 커튼을 올리니 햇빛이 쏟아졌다. 한낮의

뜨거운 열기가 먼저 느껴졌다. 내리쏟는 햇살에 먼지투성이인 주변 풍경이 다시 눈에 들어왔다. 오후 2시가 넘어서 느긋하게 숙소를 나섰다. 마음은 붕 뜬 기분이었다. 칠레와 호주의 천문대에서 관측도 해봤고 멋진 하늘 사진도 찍어보았지만 그날 밤만큼 환상적인 기분은 처음이었다. 비어 있는 일정을 오롯이 즐기기도 처음이 아니었나 싶다. 30년 넘게 천문학을 하면서…….

비 내리는 보현산천문대

그림 4.41 일몰을 앞두고 이슬비가 약하게 내렸다. 곧 해가 지는 반대 방향으로 쌍무지개가 운해 위에 나타났다.

밤사이 비가 오고, 출근길에 하늘이 개면 발아래에 놓인 능선으로 안개가 넘어 다니는 것이 일상적인 풍경이다. 때때로 내가 서 있는 곳을 뒤덮기도 한다. 상쾌한 공기가 기분 좋다. 미세먼지에 세상이 시끄러워도 여기서는 다른 나라 이야기 같다.

보현산천문대에 비가 내리면 그동안 얼굴을 보기 어렵던 관측자가

나타난다. (어떨 때는 일주일 관측 온 관측자가 떠나는 날이 되어서야 얼굴을 비치기도 한다. 연구동 건물은 달랑 하나고 식사도 같은 곳에서 하지만 관측자와 낮밤을 반대로 지내다 보니 마주치기 어렵다.) 비가 오면 가끔 식당에서 전도 부쳐준다. 관측이 멈추면서 모든 이에게 여유가 생긴다.

피할 수 없는 낙뢰

물론 비가 심하게 내리면 모두 긴장한다. 특히 천둥, 번개를 동반할 경우 피해를 입기 쉽다. 한번은 진공증착실에서 작업을 마치고 비가 많이 와서 그치기를 기다리는데 눈앞에 번개가 치면서 엄청난 굉음이 울렸다. 벼락이 바로 앞 전시관 지붕에 떨어진 듯한데 워낙 순간적으로 발생해 정확한 위치는 알 수 없었다.

벼락이 우려되는 날은 모두 실내에서 대기하고 밖으로 나가지 않기 때문에 지금까지 낙뢰 때문에 입은 인명 피해는 없다. 하지만 건물이나 연구 장비가 심심찮게 피해를 입는다. 특히 컴퓨터가 손상되면 복구하는 데 애를 먹고, 때로는 연구 자료를 모두 잃어버리기도 한다.

2015년 9월 2일, 출장 다녀오는 길에 대구 근방을 지나는데 보현산 방향으로 번개가 끊임없이 번쩍거리는 것을 보았다. 집에 돌아와서 천문대에 전화하니 아니나 다를까 엄청난 피해를 입었다. 전시관 옥상에 있는 두 돔 내부의 인터넷부터 작은 망원경과 구동 컴퓨터, CCD 카메라까지 온통 고장이 났다. 그 외에도 지구자기장 측정 장비를 포함해 개인용 컴퓨터가 대부분 크고 작은 손상을 입었고 CCTV가 여러 대 파손되는 등 피해 내용을 파악하기도 어려운 상황이었다.

이러한 상황을 잘 알기에 낙뢰가 예측되면 1.8미터 망원경은 전원을 완전히 차단해왔고 그동안 별다른 일 없이 지냈다. 이번에도 1.8미터 망원경은 '겉으로는' 무사했다. 이런 표현을 쓰는 이유는 낙뢰 영향이 심각하지는 않아도 오래된 구동 컴퓨터가 점점 성능이 떨어지고 있어서다. 어쨌든 천문대에서 1.8미터 망원경은 최우선으로 보호해야 할 대상이어서 가장 먼저 낙뢰에 대비한다.

산 정상에 위치한 보현산천문대는 낙뢰 피해를 피할 수는 없다. 특히 먼 곳에서 낙뢰를 맞아도 전선이나 인터넷 선을 타고 들어오는 경우가 많아서 대비가 더 어렵다. 그래서 천문대 내의 모든 안정기에 낙뢰 보호기를 달았고 인터넷 선은 중간에 광케이블을 연결해 낙뢰가 타고 들어오지 못하도록 안전장치를 해두었지만 여전히 문제가 발생한다. 대부분의 낙뢰 피해는 화재 감지기 등 전기 충격에 예민한 장비에서 발생하지만, 수년에 한 번은 개인용 컴퓨터가 손상되는 등의 피해를 입는다. 보현산천문대에 근무하면서 끊임없이 당했지만 해결하기 어려운 문제다.

태풍 루사와 매미

비가 오면 천문대는 별 볼 일 없어지고 그래서 여유가 생기지만 좋기만 한 것은 아니다. 낙뢰 외에도 여름에서 가을로 넘어가는 시점에는 태풍이 불어서 건물이나 도로에 피해를 준다. 아직도 기억에 생생한 때는 2002년 8월 31일과 2003년 9월 12일 밤에 불어닥친 '루사'와 '매미'다. 태풍 루사는 보현산천문대를 조금 비켜 갔기에 도로 훼손이 심했어도 쉽게 복구할 수 있는 수준이었지만 매미는 태풍 중심부가 그대로 관통해 도로뿐만 아니라 건물과 전기, 통신까지 큰 피해를 입었다. 태풍 매미가 불어닥친 2003년 추석 연휴는 주말까지 이어져서 보현산천문대에는 관측자와 당직자만 남아 있었다. 추석 다음 날 뉴스는 온통 태풍 이야기였다. 밤 9시쯤 천문대로 전화해 안전한지 확인하니 잠잠하다고 했다. 그래서 마음 놓았는데 난리가 났다.

태풍이 지나간 뒤 기상 장비의 기록을 보니 전화한 직후부터 폭우가 쏟아졌고 바람이 거세졌다. 1.8미터 망원경동은 관측자 출입문 외에 1.8미터 거울을 포함한 큰 장비를 넣고 꺼낼 수 있도록 4.5톤급 트럭이 들어가는 대형 문이 있다. 거세지는 비바람에 상황의 심각성을 인식한 직원들은 1.8미터 망원경동으로 들어가서 바람이 잦아들 때까지 차량 출입문에 버팀목을 괴어 밤새 지켰다. 연구실로 돌아가는 것도 불가능했을 것이다. 그들의 이런 노력이 없었다면 그날 1.8미터 망원경동의 대형 문은 부서져버렸을 것이고 안으로 들이친 비 때문에 곤란을 겪었을 것이다. 직원들은 나와 통화한 뒤로 전화를 받을 수도, 할 수도 없었다고 했다.

곧바로 천문대로 향했다. 영천 시내부터 보현산 아래 마을까지 가는 동안 살펴보니 개울물이 넘치기 직전이었다. (실은 이미 넘쳐서 마을은 침수되었고 물이 상당히 빠진 것이었다.) 천문대로 올라가는 도로 입구에 들어서자 입을 다물지 못할 정도로 처참한 상황이 펼쳐졌다. 도로 옆 계곡까지 흙과 자갈로 완전히 덮여서 어디가 도로였는지 구분이 안 되었다. 직원들과 천문대까지 걸어 올라가면서 일일이 피해 상황을 살피고 기록했다. 이후 일주일가량 발전기로 전기 공급을 했고 숲길로 긴급 통신선을 깔았다. 한 달 이상을 포장되지 않은 임도로 출퇴근했다. 그 뒤로도 도로가 완전히 복구되기까지는 반년이 넘게 걸렸다.

보현산천문대에는 관측을 위해 기상 측정 장비가 1.8미터 망원경동 건물 옆에 설치되어 있다. 평소에는 단순히 관측 여건을 살피기 위해 습도와 풍속, 기온을 보지만 태풍이 불거나 큰 피해를 입힐 때면 지나간 기록을 찾아서 상황을 파악한다. 태풍 루사는 하루 동안 542밀리미터의 강수량을 기록했고 시간당 최대 67밀리미터였다. 그런데 매미 때는 하루 동안 652밀리미터의 강수량과 시간당 최대 152밀리미터(밤 10시~11시)를 기록했다. 12일 밤 9시부터 자정까지 3시간 동안 무려 353밀리미터의 강수량을 보였으니 루사와는 비교할 수 없었다. 바람 속도는 기상 측정 장비의 측정 가능한 한계치가 대략 초속 30미터인데 두 태풍 다 한계를 넘겼다. 특히 매미 때는 풍속 측정용 프로펠러가 부서져버렸다.

6월부터 시작된 장마가 8월 말까지 이어졌고 태풍이 오기 전까지 40일 이상 계속 비가 왔다. 그 와중에 어렵게 1.8미터 망원경의 주부경 증착은 했지만 날씨가 안 좋아서 다시 조립을 못하고 미루다가 8월 말이 되어서야 겨우 조립한 상태였다. 그러고도 별을 보아야 할 수 있는 마지막 광축 조정을 마무리 짓지 못한 상황에 태풍 매미가 불어닥친 것이다. 이해는 9월 하순이 되어서야 겨우 광축 조정을 끝냈다. 돌이켜보면 관측이 가장 어려웠던 해였다.

이 시점이면 왜 이렇게 날씨가 안 좋은 곳에 천문대를 지었느냐고 할 수 있다. 천문대를 굳이 산꼭대기에 지어서 낙뢰, 태풍 피해를 입느냐고 물을 수 있다. 하지만 전국의 산을 조사했고 기후 조건이 가장 좋은 곳이 보현산이었다. 그럼에도 연간 겨우 160일의 관측일을 기록한다. 우리나라가 살기 좋은 금수강산이라고 하지만 천문 관측에는 그다지 좋지 않다. 세계적으로 유명한 천문대는 사막 근처나 하와이의 높은 산꼭대기 등 사람이 살기 어려운 곳에 자리 잡았다. 그래야 날씨는 물론이고 도시와도 멀어서 밤하늘이 어둡고 대기가 안정적이기 때문이다.

1.8미터 망원경의 여름 정비

천문대에 비가 오면 관측자 입장에서는 속이 탄다. 어렵게 관측 시간을 얻었고, 관측하기 위해 멀리서 찾아왔기에 더하다. 대개 자신의 관측 시간에서 절반만 건져도 성공했다고 생각할 정도로 보현산천문대의 날씨 여건은 좋지 않다. 세계적으로 좋은 천문대는 대부분 연중 250일 이상, 경우에 따라서는 300일까지도 관측할 수 있다. 앞서 말했듯 우리는 연간 160일 정도에 7월, 8월 두 달은 아예 관측 시간조차 배정하지 않는다. 이때 1.8미터 망원경은 여름 정비를 위한 긴 휴식에 들어간다. 무더운 여름에는 간혹 날씨가 맑아도 밤이 되면 기온이 떨어지면서 습도가 올라가는 경우가 대부분이어서 관측 가능한 날이 거의 없기 때문이다. 그래서 이 기간에 보현산천문대에서는 1.8미터 망원경을 완전히 분해하고 다시 조립하다시피 정비를 한다.

천체망원경에서 가장 중요한 부분은 빛을 반사시켜서 모으는 역할을 하는 거울이다. 오목거울인 주경과 볼록거울로 된 부경은 표면에 알루미늄이 약 0.1마이크로미터 두께로 얇게 증착되어 있는데 각각의 반사율이 90퍼센트가 넘는다. 알루미늄 코팅을 한 주경과 부경은 1년 정도 지나면 황사와 송홧가루 등 먼지가 내려앉아 표면이 뿌옇게 변해 반사 효율이 크게 떨어진다. 주경과 부경의 반사율이 각각 10퍼센트만 떨어져도 이들을 곱한 효과가 나타나기에 반사율의 감소는 훨씬 크다. 그래서 여름이면 가장 중요한 작업으로, 주경과 부경을 망원경

그림 4.42 주경 재증착 과정
1. 1998년, 처음 증착을 하기 위해 주경을 분리했을 때의 표면. 먼지가 많이 쌓여서 상당히 흐리다. 증착 후 파장대에 따라 15배 이상 밝기 차이가 나기도 했다.
2. 세척 전, 표면의 알루미늄을 녹여서 벗겨낸다. 10퍼센트의 묽은 수산화나트륨 용액을 사용한다.
3. 진공 증착 과정. 24개의 텅스텐 필라멘트에 알루미늄을 거는 모습이다. 모두 합치면 8그램 정도다.
4. 1.8미터 주경을 증착기에 넣는 모습. 세척 천을 덮어서 옮기는 동안에 떨어질 먼지 등에 대비한다.
5. 증착 중 글로 방전 처리. 보라색 이온 빔으로 거울 표면을 최종적으로 청소한다.
6. 1.8미터 주경의 증착 후 모습.

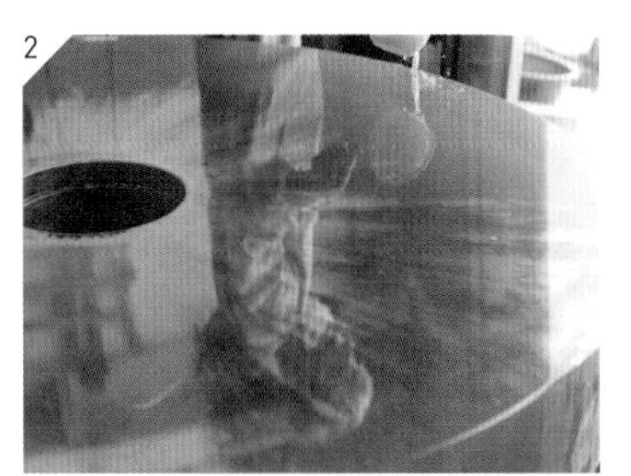

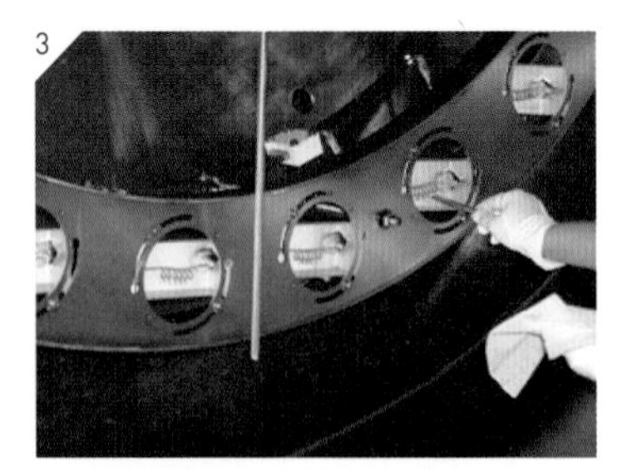

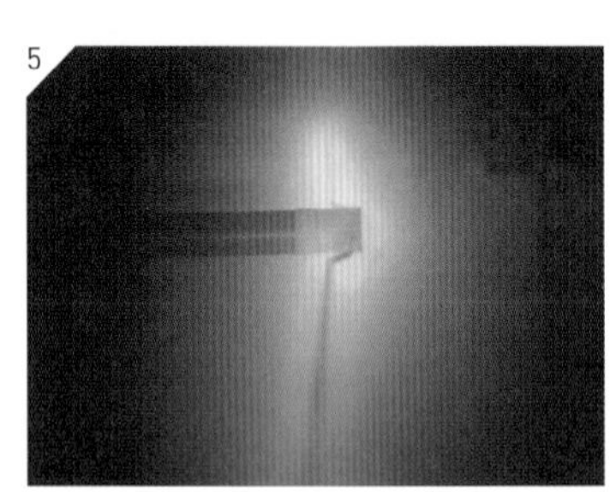

에서 분리해 표면의 알루미늄을 벗겨내고 다시 증착한다.

이 과정은 무척 조심스럽다. 구경 1.8미터 주경의 경우 가장자리 두께가 25센티미터이고 무게만 1.5톤인 유리 거울이다. 중형 승용차 무게다. 그냥 들고 옮길 수 없어 크레인이 장착된 차량을 이용해 증착실로 옮기고 전 직원이 붙어서 깨끗하게 세척해서 증착기에 넣고 재증착한다. 증착을 마치면 다시 조립할 때까지 진공증착기 안에 보관한다. 다시 주경을 망원경에 부착하려면 날씨가 좋아야 운반이 가능한데 주경은 달리 둘 곳이 없어서 곧바로 꺼내지 못하는 것이다.

그래서 진공 증착은 부경과 소백산천문대 61센티미터 주경을 먼저 증착해서 꺼낸 뒤 1.8미터 주경을 증착한다. 소백산천문대에는 진공 증착기가 없어서 해마다 보현산천문대의 일정에 맞추어서 새로 증착하며 가끔 대학의 여러 망원경의 거울도 증착해준다. 증착을 하고 나면 약간의 습기에도 거울 표면의 새로운 알루미늄 막이 쉽게 손상되기 때문에 증착실에서 망원경동까지 이동하는 동안 습기에 노출되지 않도록 조심해야 한다. 하지만 증착하고 일정 시간이 지나면 알루미늄 표면에 산화막이 형성되는데, 이 막은 습기에도 강하고 반사율도 전혀 떨어뜨리지 않기 때문에 실제 관측을 시작할 시점이면 습도를 크게 걱정하지 않아도 된다. (그래서 대부분의 반사경은 알루미늄 증착을 한다.) 여름 정비 기간에는 증착과 더불어 망원경의 기계부와 전자부도 모두 점검한다. 경우에 따라서는 시스템 전체를 새로 교체하기도 한다. 망원경과 더불어 돔도 점검하고 돔 전체를 깨끗하게 청소한 뒤 1.8미터

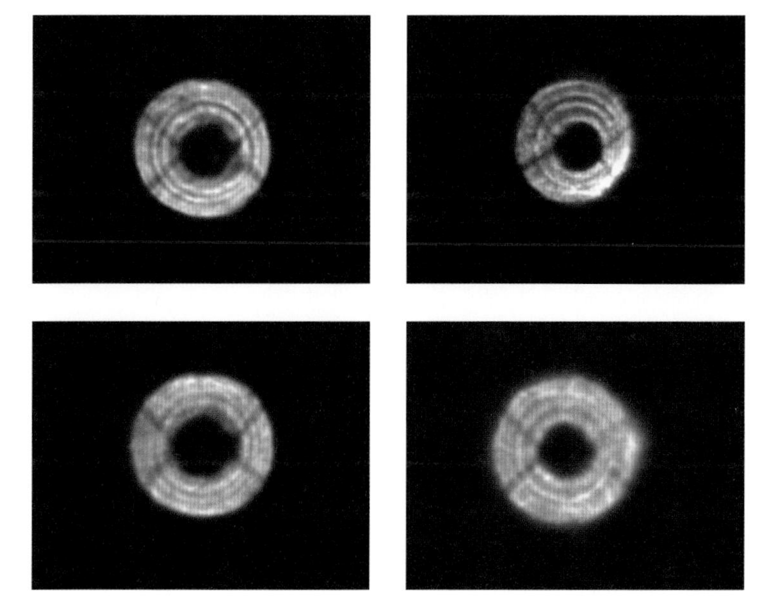

그림 4.43 1.8미터 망원경 광축 조정 영상. 위에 2개는 광축 조정 전에 초점을 안과 밖으로 흐려서 찍은 상이며 아래는 광축 조정이 완료된 뒤의 영상이다. 균질하게 동심원으로 나오면 성공이다.

주경과 부경의 재조립에 들어간다.

망원경을 재조립하고 나면 마지막에는 밤에 별을 관측해서 주경과 부경의 광축을 정확하게 맞추어야 한다. 물론 낮 동안 이루어지는 주경과 부경의 부착 과정에서도 가능한 세밀하게 육안으로 광축을 맞추는데, 최종적으로는 별을 직접 관측해 정밀하게 광축을 보정한다. 아직 다 끝난 것이 아니다. 망원경이 원하는 대상을 정확히 찾아가도록 마운트 모델을 다시 잡아주어야 한다. 여기까지가 여름 정비 일정이다.

여름에는 맑은 날이 드물어서 주부경 재조립 일정을 잡기 어렵다. 특히 밤에 별을 볼 수 있는 날이 귀해서 여름 내내 대기하는 경우도 있고 어떤 해는 9월까지 넘어가서 관측 일정이 뒤로 밀리기도 했다. 천문대에 근무하면 연구원으로서 자신의 연구도 하지만 천문대 고유 임무도 하나씩 맡는다. 진공 증착과 망원경 광축 조정은 내가 보현산 천문대에 근무하면서 맡은 가장 중요한 고유 임무다. 그래서 여름만 되면 더위보다 이 작업 때문에 내내 신경이 쓰인다.

천문대에 비가 오면 마음 급한 관측자를 제외한 모두에게 여유가 생긴다. 하지만 장비를 운영하고 관리해야 하는 우리는 망원경 거울이 손상되지 않도록 습기 제거에 주의를 기울이고 혹시라도 몰려올 천둥 번개에 대비해야 하며 정기 점검까지, 여러 가지 일이 일상처럼 기다린다.

눈 쌓인 천문대

긴 장마가 끝나고 여름이 물러나면 가장 먼저 억새가 피기 시작한다. 그러면 문득 겨울이 생각난다. 가을이 이제 시작인데 벌써부터 눈이 와서 얼어붙을 겨울을 생각한다. 보현산천문대는 단풍이 산 아래까지 채 내려가기도 전에 첫눈이 오기도 한다. 일단 눈이 오면 개인 승용차로 출근하는 직원들은 산 아래 마을에 모인다. 그리고 사륜구동 통근차로 모두 같이 올라가고 저녁에는 다시 산 아래까지 함께 내려간다. 통근차는 매년 겨울이 되기 전에 스노타이어로 교체해 눈 위를 다니기 좋게 준비해둔다. 가끔은 쌓인 눈 때문에 산을 오르다가 내려서 삽으로 눈을 치우기도 하고 타이어에 체인을 채우기도 한다. 요즘은 출근하자마자 제설 장비로 도로 위의 눈을 양쪽으로 밀어서 사륜 차량 정도면 쉽게 다닐 수 있다. 즉, 아무리 눈이 많이 와도 출퇴근을 못하는 경우는 없다.

제설 장비가 없던 시절, 하루는 눈이 너무 많이 와서 천문대를 오르는 중턱에 쌓인 눈 위로 통근차 차체가 올라가버린 적이 있었다. 아무

그림 4.44 보현산 서봉으로 가는 능선 양쪽으로 눈꽃이 핀 곳과 안 핀 곳이 대비를 이루었다. 습한 공기가 동풍으로 부는 날 나타나는 현상이다.

리 사륜구동이어도 이런 상황이면 모든 바퀴가 헛돌기 때문에 더 이상 올라갈 수 없다. 삽으로 눈을 치우는 것도 한계가 있어 다시 내려왔다. 그리고 산 아래 마을에 사는 직원 집에 모여서 해결 방안을 논의했다. 하지만 논의만 하고 결국 못 올라갔다. 그다음 날, 포클레인으로 산 아래부터 눈을 치우기 시작했다. 어차피 통근차는 중턱까지 갈 수 있었기에 먼저 갈 사람은 중턱부터 걸어갔고, 나머지 사람들은 통근차로 포클레인 뒤를 따라 올라갔다. 눈길이어서 힘들게 걸어 올라갔는데 아무리 기다려도 포클레인이 안 올라왔다. 하루 일과를 마치고 퇴근 시간이 다 되어서야 겨우 포클레인이 천문대에 도착했다. 뒤따라 통근차가 보였다. 이날 통근차에 탄 사람들은 하루 종일 출근하고 그대로 다시 퇴근했다.

그 뒤로도 종종 도로가 얼어서 차가 미끄러지는 바람에 걸어서 올라갔다. 도로 전체가 빙판이니 걷기도 힘들었다. 오르막길이어서 발 한번 잘못 디디면 한참 미끄러져 내려가 다시 올라가야 했다. 요즘도

도로가 빙판이 되어서 출근길에 고생하는 경우는 종종 있다. 제설 장비로 눈을 치우고 나면 가끔 식당의 가스도 산 아래에서 받아오고 관측 장비에 필요한 액체질소도 직접 싣고 올라온다. 뿐만 아니라 관측자를 포함해 보현산천문대를 방문하는 모든 이를 산 아래까지 태우러 가야 하기에 차량 운행이 훨씬 많아지는 계절이다.

영하 20도

우리나라 천문대의 겨울은 너무 춥다. 전 세계에 이렇게 추운 천문대가 또 있을까 싶다. 보현산천문대에서 기온이 낮을 때는 영하 25도까지도 내려간다. 영하 25도를 기록한 날, 당시 바람까지 더하면 체감온도는 예측하기 어려웠다. 지속된 추위 끝에 지하수 관정의 계량기가 얼어버렸다. 지하수 관정에는 정온전선이 감겨 있어 그동안 이런 문제가 생기지 않았는데 이때는 정온전선의 용량이 부족했나 보다. 하지만 더 큰 문제는 겨울이 끝나가는 시점에 발생했다.

너무 추우면 내리는 눈이 바람에 날리기 때문에 시설물에 들러붙지 않는다. 그래서 오히려 큰 문제를 만들지 않는다. 하지만 겨울이 끝나는 시점이면 낮에는 비가 내리다가 밤이 되어 기온이 내려가면 얼음으로 바뀐다. 그러면 시설물에 얼음이 들러붙어서 온 세상이 반짝반짝 빛난다. 한 해는 전깃줄에 너무 많은 얼음이 붙어서 무게 때문에 전신주가 부러졌다. 일주일 동안 발전기를 돌리면서 전신주가 다시 세워지길 기다렸다. 이런 날은 망원경 돔의 외벽도 두껍게 얼어붙는다. 그러면 날씨가 개도 돔이 안 열려서 관측을 할 수 없다. 망치로 돔에 붙은 얼음을 깨뜨려서 열기도 했는데 아주 위험한 작업이다.

영하 20도의 기온은 무엇이든 얼어붙게 한다. 이런 날씨에 쇠붙이에 손을 대면 쩍쩍 들러붙는다. 망원경은 이런 기온에도 잘 작동하지만 돔은 언다. 또한 관측 장비, 특히 분광기의 복잡한 구조물이 오작동하기 쉽다. 돔을 따뜻하게 하면 되지 않을까 싶지만 그렇게 하면 햇빛이 내리쬐는 아스팔트 위의 아지랑이처럼 대기가 흔들려서 별의 상이 엉망이 된다. 항상 바깥 대기 조건과 돔을 같게 유지하면서 관측해야 좋은 결과를 얻는다. 그래서 보현산천문대 1.8미터 망원경은 영하 15도, 습도 90퍼센트면 오퍼레이터가 극도로 긴장하고, 영하 20도에 습도 95퍼센트면 무조건 돔을 닫는다. 참고로 사막 근처의 천문대라면 습도가 80퍼센트만 넘어도 문을 닫는다. 아무리 추워도 대기가 습하면 제습을 해야 한다. 그렇지 않으면 망원경 본체는 물론 반사경들

그림 4.45 보현산천문대에서 주변을 보는 망원경에 눈꽃이 잔뜩 피었다.

이 하얗게 성에로 뒤덮인다.

겨울철 관측자는 특히 제한 규정을 잘 지켜야 한다. 밤하늘에 별이 아무리 초롱초롱해도 습도가 올라가면 돔을 닫아야 한다. 거울 면에 얼어붙은 성에는 쉽게 없어지지 않기 때문에 무시하면 그다음 날까지도 성에가 남아서 관측이 어렵다. 지금은 냉각 제습 장치를 설치해 제습을 하더라도 돔 안의 온도가 올라가지 않는다. 하지만 예전에는 열풍 방식의 제습을 했기에 간혹 돔 안의 온도가 올라가서 막상 관측을 할 때 별상이 흔들려서 영상이 엉망이 되기도 했다. 천문대를 건설하는 시점부터 냉각 제습 장치를 설치했으면 좋았겠지만, 돔 내부 공조 시설의 중요도를 제대로 몰랐고 예산 문제도 컸다. 그래서 공조 시설 자체가 없던 초기에는 돔 내부의 제습 방법을 많이 고민했다. 가장 쉬운 방법이 따뜻한 바람을 내서 돔 내부의 기온을 높이는 방법이었다. 하지만 별상에 안 좋은 영향을 끼쳐 결국 냉각 방식의 제습기를 다시 설치한 것이다.

천문대 건설 초창기에는 외국의 천문대에 가면 가장 먼저 망원경 돔의 제습 장치부터 살펴보았다. 특히 겨울에 어떻게 제습을 하는지 궁금했는데 어디에서도 속 시원한 답을 얻을 수 없었다. 생각해보면 대부분의 천문대가 우리만큼 습도 문제가 심각하지 않았고 기온도 영하로 내려가는 경우가 드물기 때문이었다. 호주나 칠레의 큰 망원경 돔은 내부를 관리하는 거대한 공조 시설을 갖추고 있었지만 우리처럼 영하 20도일 때의 제습 문제를 고민하지 않았다. 우리도 공조 시설을 갖추고 싶어도 추운 겨울 기후 때문에 기술적으로 힘들고 비용이 많이 들었다. 현재의 냉각 제습 방식은 용량이 충분하지 않아 망원경의 주경으로 직접 찬 공기를 불어넣는 방식이다. 그리고 여름

그림 4.46 천문학자의 꿈은 대형 망원경(8미터 제미니 망원경)과 멋진 하늘이다. 이제는 25미터, 30미터, 39미터 망원경을 기다리고 있다.

장마철에 너무 습하면 열풍 방식의 옛날 제습기도 동시에 사용한다. 관측을 못하는 시기에는 돔 내부의 기온에 크게 신경 쓰지 않아도 되기 때문이다.

보현산천문대의 겨울 설경은 천문대 생활의 즐거움이다. 아무도 지나지 않은 눈을 처음 밟고, 발을 헛디뎌서 허벅지까지 푹 빠지기도 한다. 하얀 눈과 눈이 시리도록 새파란 하늘의 대비된 모습은 카메라 셔터를 누를 생각까지 잊게 할 정도로 환상적이다. 구름이 걷히기 전에는 온 세상이 그저 하얗게 보이는 화이트아웃(whiteout)을 경험하기도 한다.

꽃 피는 봄, 비가 너무 많이 내리는 여름, 겨울이 걱정되는 가을, 폭설이 오는 겨울. 보현산천문대에서 지내다 보니 할 말은 참 많다. 사계절 번거롭고 힘들기도 하지만 이제는 익숙한 일상이다.

참고 문헌

R1 B. P. Abbott et al. 2016, "Observation of Gravitational Waves from a Binary Black Hole Merger", *Physical Review Letters*, vol. 116, 061102.

R2 TMT Observatory Corporation 2007, "Thirty Meter Telescope Construction Proposal", p. 111.

R3 R. Conan et al. 2016, "The GMT active optics control strategies", *Proceedings of SPIE*, Vol. 9909.

R4 Antonin H. Bouchez et al. 2014, "The Giant Magellan Telescope Adaptive Optics Program", *Proceedings of the SPIE*, vol. 9148.

R5 Leavitt in Pickering, Edward C. 1912, "Periods of 25 Variable Stars in the Small Magellanic Cloud", *Harvard College Observatory Circular*, vol. 173, p. 2.

R6 J. Kaluzny 1990, *The Astronomical Journal*, vol. 99, p. 110.

R7 P. Jenniskens 1995, *Astronomy & Astrophysics*, vol. 295, p. 206.

R8 J. Meeus & A. Vitagliano 2004, *Journal of British Astronomical Association*, vol. 114, p. 3.

R9 Donald V. Etz 2000, *Journal of the Royal Astronomical Society of Canada*, vol. 94, p. 174.

R10 Y.-B. Jeon et al. 2014, *The Astronomical Journal*, vol. 147, p. 155.

찾아보기